軍事研究を哲学する

科学技術とデュアルユース

出口康夫
大庭弘継 編

Edited by
Yasuo DEGUCHI
Hirotsugu OHBA

Philosophy of Military Research:
Dual-use of Science & Technology

昭和堂

目次

第Ⅰ部　歴史から考える

第Ⅱ部 個別の技術から考える

序論　デュアルユースとＥＬＳＩに取り組む総合知にむけて

出口康夫

1　ことの起こり

二〇一五年、防衛装備庁が「安全保障技術研究推進制度」（以下「安保研究制度」）の創設を発表した。この制度は、同庁が大学等の防衛省外部の非軍事研究機関に資金を提供し、軍民両用技術（デュアルユース技術）の研究を委託する仕組みである。*1

少なからぬ学界関係者は、この安保研究制度を、我が国の非軍事研究機関のあり方を大きく変える可能性（ないしは危険性）を孕んだ新制度だと受け止めた。結果として、「日本の非軍事研究者や研究機関が、我が国の軍事予算を用いて軍民両用技術の研究を行うべきか」という問題（以下「狭義のデュアルユース問題」）をめぐって、学界内外で様々な論議が巻き起こった。

その一環として、内閣府に属す一方で政府からの独立性をも謳う日本学術会議が、二〇一七年三月「軍事的安全保障研究に関する声明」（以下「声明」）を公表した。この声明は安保研究制度への懸念を表明するとともに、非軍事研究機関に対して、軍事研究一般の実施にあたって、一定の基準やガイドラインを設定するなどの慎重な対処を求めるものであった。

一方、安保研究制度は、その後も、着実に実施され続けている。初年度の二〇一五年度には、例えば「海中での光通信技術の確立」といった潜水艦への装備をも念頭においた技術を含めた七つの研究テーマに関して総額三億円の予算枠が設定され、それに対する一〇九件の応募（大学等五八件、公的研究機関二二件、企業等二九件）のうち三件が採択された。同制度の予算枠は二〇一七年に一気に増えて一一〇億円となり、二〇二一年度は一〇一億円の予算枠に対して九一件の応募があり、そのうち二三件が採択されている。

2　本書のあらまし

本書は、これら安保研究制度をめぐる一連の動向を踏まえ、またそれに触発されつつも、その制度の是非や狭義のデュアルユース問題には焦点を当てず、むしろ「デュアルユース」や「軍事研究」をめぐるファクトを洗い出す一方、それらの概念を哲学的に掘り下げることを目指す。

本書が取り上げるデュアルユースや軍事研究をめぐるファクトは、（一）デュアルユースにまつわる国内外の歴史的経緯（第1章、コラム①、コラム②、コラム③）、（二）安保研究制度やそれに対する学界の反応（第2章、第11章）、

（三）学問研究とデュアルユースひいては軍事研究一般の関わり、という三つの論点にわたる。第三の論点で取り上げられるトピックには、原子力技術（第3章）、宇宙技術（第4章）、バイオテクノロジー（第5章、コラム④）、情報セキュリティ技術（第6章）、医学（コラム②）といった先端科学技術のみならず、正戦論（第10章）、論理学（コラム③）といった広い意味での人文学も含まれる。

またデュアルユースや軍事研究を哲学的に掘り下げる、すなわち「哲学する」とは、具体的には（一）それらに対する概念的な交通整理を行ったり、それらにまつわる隠れた論点を摘出することや（序論、第12章）、（二）科学技術研究の倫理（第8章、第9章）や、（三）科学技術と人間の関わり方（第7章）を問うことを意味する。

このような「ファクトの切り出し」と「哲学的深掘り」は相補的な関係にある。論ずる事柄の歴史的経緯や同時代的動向を踏まえない哲学など単なる空論であるし、概念的なオリエンテーションがないと、我々は往々にして事実の森の中で目指すべき方向を見失いがちになるからである。

このように、本書では、多くの章が、科学技術研究が持つデュアルユース性を問うことで、技術が社会に対して与える正負様々な影響が複雑に絡み合っている状況を見極め、それをなんとか解きほぐそうと努力を重ねている。その意味で、本書は、先端技術の社会実装が引き起こす倫理的・法的・社会的諸問題（Ethical, Legal and Social Issues: ELSI）に取り組む人文学の挑戦の一環でもある。とはいえ本書には人文系のみならず理系の研究者も寄稿している。ここにあるのは、文理の垣根を超えた総合知の試みなのである。

3 デュアルユースとは何か

以下では、哲学的深掘りの一環として、「デュアルユース」や「デュアルユース問題」といった本書の主要テーマに対する分析を試み、その概念的解像度を上げておく。まずは「科学技術ないしその研究（以下「技術」）の軍民デュアルユース（両用）性」に焦点を絞りつつ、「デュアルユース（両用）」概念を検討しておこう（詳しくは第12章を参照[*2]）。

「デュアル（dual）」すなわち「二重」という語が示すように、「デュアルユース」とは同じ一つの事物・事柄（以下「被使用物」）が、二つの異なったカテゴリー（以下「デュアルカテゴリー」）に属する使用（使途・利用）に供される（供されうる、ないしは供されることが予想される）ことを意味する。それは、例えば大気圏再突入技術という一つの技術が、大陸間弾道ミサイルの着弾という軍事的使途と、宇宙探査機の地球帰還という非軍事的（すなわち民生的）使途の両方に用いられる事態を表しているのである。ここで重要なのは、これら二つの使用が（一方が存在しなくとも他方が存在しうるという意味で）独立別個であること、さらにそれらの一方が純粋な軍事利用であり、他方がこれまた明白な民生利用であることである（何が軍事利用かの基準についても第12章参照）。このように、両用性は技術と使用の間に一対二という関係が成り立っていることを意味するのである。

「デュアルユース（両用）」に対立する概念としては「シングルユース（単用）」や「ミックスドユース（混用）」が考えられる。シングルユースとは、一つの被使用物に対して、デュアルユースで登場していた二種類の用途のうち一方のみが対応する事態を意味している。例えば、軍事的使用にのみ供され、民生的使用には供されない核爆発技術がこのケースに該当する。ここでは技術と使用の間に一対一対応が成り立っているのである。

被使用物と使用が一対一対応している点では、「ミックスドユース（混用）」も同様である。だがこの場合、被使用物に対応しているのは、それ自身、問題となっているデュアルカテゴリーのいずれかに明確に振り分けることができない使用、例えば、ある種の情報セキュリティ技術のように、軍事的とも民生的とも言い切れない（ないしは軍事的とも民生的とも言いうる）「混用」的使用なのである。

ある被使用物が用いられている使途のカテゴリーは、そのままその被使用物のカテゴリーとなる。例えば、軍事的（民生的）に用いられる技術が軍事（民生）技術なのであり、またそのような技術を研究することが軍事（民生）研究となるのである。結果として、ある技術が単用的に用いられている場合、それはデュアルカテゴリーのどちらか一方に問題なく収まる。だが両用的ないし混用的に使用されている技術（ないし被使用物一般）については話は別である。両者ともカテゴリーによる線引きを容易に許さない存在、カテゴリー的区分に対して中立的な存在となる。ここにあるのは、例えば軍民ボーダーレス的な技術であり研究なのである。

とはいえデュアルユース研究とミックスドユース研究では、ボーダーレス化の機序が異なる。デュアルユースの場合、例えば技術は純粋に軍事的な使用と純粋に民生的な使用を持つことでボーダーレス化している。ここでは使用のボーダーレス化は未だ生じていない。他方、ミックスドユースの場合、使用そのものがボーダーレス化している。そして技術は軍民ボーダーレスな使用に供されることで、それ自身もボーダーレス化されるのである。

デュアルユースとミックスドユースの違いは単なる概念上の差異に留まらない。詳細は第12章に譲るが、例えば前記の安保研究制度は、技術の軍民区分は前提していないが、使用の軍民区分は踏まえている。その上で、それは民生的使用に関わる更なる開発は民間に委ね、軍事的使用に関する研究は軍事部門で進めるという軍民の分業を想定しているのである。このような分業体制はデュアルユースに関しては成立するが、ミックスドユースの下では成り立たない。安保研究制度は、デュアルユースという技術の軍民ボーダーレス化の一特殊形態においてのみ有意味な仕組みなのである。

4　軍事研究の多義性

何をもって軍事研究と見なすのか。軍事研究と民生研究の分水嶺となるファクターとは何か。それに関しては、これまで、先で触れた研究が開発した技術の使途以外にも、研究予算の出所、研究者の身分や所属先といった様々な要因が挙げられてきた（第10章、第12章参照）。当然、どのファクターを重視するかによって「軍事研究」という言葉の意味も変わってくる。「軍事研究」とは多義的な概念なのである。

ここでは、シングルユース・デュアルユース・ミックスドユースという前記の区別に即して「軍事研究」の多義性を改めて確認しておこう。まず単用的に用いられる技術を開発する研究を「単用的研究」、両用的技術を生み出す研究を「両用的研究」、混用的技術に関わる研究を「混用的研究」と呼ぶことにする。これらのうち単用的研究には、軍事的使途にのみ供される技術を生み出す「軍事的単用研究」と、専ら民生的用途に関わる技術を開発する「民生的単用研究」の下位区分が成り立つ。また両用的研究には、軍事的用途と民生的用途の双方に応用可能な基礎的技術を扱う「プロパーな両用的研究」と、その基礎技術の軍事的ないしは民生的使途への応用をそれぞれ担う「軍事的両用研究」「民生的両用研究」が含まれる。

これら六種類の研究のうち、例えば「軍事的単用研究」と「軍事的両用研究」のみを「軍事研究」と見なすというオプションや、それら二つに加えて「プロパー両用研究」ないしは「混用研究」をも（一定の条件下で）「軍事研究」に含めるという選択肢も可能である。これらのうち、どのオプションを採用するかによって、例えば「プロパー両用研究」が「軍事研究」に算入されたりされなかったりすることになる。実際、先に触れた「狭義のデュアルユース問題」の一つの論点は、これらのうち「プロパー両用研究」を「軍事研究」と見なすべきかどうかをめぐるものだったとも言いうるのである。*3

確かに、どの研究が「軍事研究」で、どの研究がそうでないかを明確に区別しうる基準を疑問の余地のない仕方で設定することは難しい。「軍事研究」とも「民生研究」とも言える（ないしはどちらとも言えない）グレーケースは数多いのである（第12章参照）。また前記のように、そもそも「プロパー両用研究」と「混用研究」は、軍事的とも民生的とも言い切れない研究であった。いずれにせよ「軍事研究」の多義性をも踏まえると、「プロパー両用研究」のような境界事例に関してその言葉を用いる際には、それに込められている意味を、そのつど（ある程度ないしは何らかの仕方で）明らかにしておくことが望ましいのである。

5　デュアルユースの多義性

次にデュアルユースが持つ多義性を見定めておこう。まず「デュアルユース」は、その定義自体、多義的である。またそれには、これまで触れてきた「技術の軍民両用性」以外にも、様々なバージョンがある。まずデュアルユースに供される被使用物も複数存在し、さらにデュアルカテゴリーにも様々なバリアントがあるのである。結局、デュアルユースは三重の意味で多義的なのである。

「デュアルユース」は様々な文脈で様々な仕方で定義されてきた。[*4] それらの定義は多かれ少なかれ曖昧な部分を含み、また互いに細部のニュアンスを異にするケースも見られる。[*5] 従来から指摘されてきたように、確かに「デュアルユース」は明確で一義的な定義を欠いているのである（Resnik 2009; 片岡・河村 二〇二一）。このことは、どれがデュアルユース技術（研究）で、どれがそうでないかを判定する基準自体が曖昧で多義的であることを意味する。だがこのような判定は、あくまで個別の具体的な文脈に即して、そのつど行われるべきであり、予め厳密すぎる基準を設定することは、個々の技術や研究が抱える特殊な事情を無視してしまうという弊害を招きかねない。また定義にいたずらに細かい規定を盛り込めば、結果として、その適用範囲を不当に狭めてしまう恐れもある。[*6] そこでここでは、「同じ一つの被使用物が、二つの異なったカテゴリーに属する使用に供される（供されうる、ないしは供されることが予想される）こと」という先に示した大雑把な定式を、「デュアルユース」に対する既存の様々な規定の最大公約数的な定義として採用しておくこととする。[*7]

次に、技術以外にも様々な被使用物がデュアルユース性を持つことは明らかである。例えば戦意高揚映画を芸術作品の軍事利用と捉えれば、我々は「芸術」の軍民両用性について語ることもできる。前記のように本書も医学や人文学という技術以外の被使用物に言及する。また使用カテゴリーとしては、本書では「軍民」両用性に加え、「善悪」両用性、「商用／非商用」両用性、「政治／学術」両用性についても論じられることになる。

これら複数の使用カテゴリーは、原則的に互いに独立である。例えば同じ技術の軍事的使用であっても、味方によるものは「善用」、敵対勢力によるものは「悪用」とされる。また民間軍事会社の登場を受け、同じ軍事技術に対して商用と非商用の区別を立てることも可能である。民生技術に関しても同様である。同じ医薬品の治療における適切な使用は「善用」、犯罪目的での使用は「悪用」、対価として診療費が得られる使用は「商用」、そうではない使用は「非商用」となるのである。

一方、個々の文脈に応じて、これらのカテゴリーが互いに独立ではなくなることもありえる。例えば、科学技術の軍事使用をすべて悪と捉える（第8章で言及される「軍事研究パシフィズム（平和主義）」と類比的な）立場に立てば、軍事利用イコール悪用という図式が成り立つ。また第5章で論じられるように、生物兵器の開発・保有・使用を禁止する「生物兵器禁止条約」の枠組みでは、バイオテクノロジーの軍事利用はすべて「悪用」とされるのである。

6　デュアルカテゴリーの曖昧性・恣意性・社会性

軍民、善悪といったこれらのデュアルカテゴリーはいずれも多かれ少なかれ曖昧で、どちらか一方に容易に分類できないグレーゾーンを許すものである。またこれらのカテゴリーの間に一定の線引きがなされる場合であっても、それらは、カテゴリーの曖昧さを反映して、これまた多かれ少なかれ恣意的な境界画定とならざるをえない。また線引きの根拠としては、（例えばある技術の性能といった）被使用物に備わった「客観的」な性質に加え、社会的な慣習や規約といった要因が介在するケースも多い。結果として、例えば同じ技術のカテゴリー区分が時代や地域によって異なることもままある。使用カテゴリーは優れて社会的な区分なのである。

軍民両用技術の古典的なケースである散弾銃を例にとろう。もともとは多数の小弾丸を一定範囲に散開させて飛ぶ鳥を撃ち落とすために開発された散弾銃は、現在、軍事活動、（「暴徒」鎮圧等の）治安維持、狩猟、護身など、幅広い用途に供されている（Britannica 2013）。これらの使途のうち、国家公認の軍事組織（軍隊）によって担われる軍事活動と治安維持活動が軍事的使用と見なされ、文民組織である警察が行う治安維持活動や民間人による狩猟・護身目的での使用が民生的使用とされるケースが多い。散弾銃（技術）は軍民両用性を持っているのである。

散弾銃に関しては、殺傷能力などの銃の性能に応じて軍用銃と民間銃を分ける（その結果、両者に共通する散弾銃技術の軍事的使用と民生的使用を区分する）という対応が各国でとられている。だが、具体的に銃のどの性能に着目するのか、またその性能の量的指標のどこまでを軍事用（ないし民生用）とするのかは地域・国によってまちまちである。散弾銃の軍民仕様（したがって、またその軍民使用）の線引きは、多かれ少なかれ恣意的で社会相対的なのである。

また前述のように、例えば催涙弾やゴム弾といった「弱致死性」の弾丸を使った治安維持目的での散弾銃の使用は、軍隊が実施する場合は（正当・不当を問わず）軍事的使用（軍隊の治安出動）と見なされ、警察が行った場合は民生的な治安維持活動における使用とされる（第12章参照）。ここでは、同じ仕様を持った技術の軍民使用カテゴリーが、どの組織を軍事的（文民的）とするのかという社会的・制度的慣習に依存して決められているのである。

7　社会問題としてのデュアルユース問題

先で見たように、デュアルカテゴリーは一定の社会的慣習・規則・制度によって支えられているという側面を持つ。それは一種の社会的カテゴリーなのである。そして、すべての社会カテゴリーがそうであるように（善悪カテゴリーは言うまでもなく）デュアルカテゴリー一般もまた一定の（正負様々の）社会的意味や価値を担わされている。そのような中で、デュアルカテゴリーを構成する二つのカテゴリーの社会的意味や価値が異なっていた場合、言い換えると両者の社会的位置価が非対称ないしは不均衡である場合にデュアルユースが「問題」として立ち現われることになる。

例えば、軍事技術は、しばしば、人員を殺傷したり人工物を破壊するという侵襲性を伴う。また敵対勢力に対する情報優位を確保するため、軍事技術に関する情報は秘匿されることも多い。これらの点で、侵襲性を持たず、情報も原則的に公開される民生技術に比べて、軍事技術の研究開発にはより制約が課されるべきだとする立場をとる限り、軍民デュアルユース技術の研究開発には、民生的シングルユースのそれにはない問題が発生することになる。一方、軍事技術に関わる研究も、最終的には国や地域さらには人類社会の安全保障に資するものである限り、民生技術の開発に比べて特に問題はないという見地に立てば、デュアルユース技術の研究を問題視する理由はなくなる。このようにデュアルユース問題は、そもそもそれを問題化するべきかどうか自体が問題となるという特性を持っている。問題視すること（ないしはしないこと）自体が一定の社会的価値観を背負っているという意味で、それは真正の社会問題なのである。

8　様々なデュアルユース問題

デュアルユース問題と一口にいっても様々な問題がありうる。ここではそれらをまず大きく、狭い問題と広い問題に分けておこう。ここでいう狭義の問題とは、すでに触れたように、安保研究制度を念頭において「日本の非軍事研究者や研究機関が、我が国の軍事予算を用いて軍民両用技術の研究を行うべきか」を問う問題である。前記のように、本書でこの問題が表立って問われることはほとんどない。また安保研究制度に言及される場合でも、それに対する評価や態度は論者によって様々である。

代わりに本書の多くの章で、前景的であれ後景的であれ問われるのが広義のデュアルユース問題、すなわち「デュアルユースはどこまで普遍的（ないしは特殊）なのか」という問いである。この問題は、（デュアルユースの対立概念である）シングルユースに言及して、「そもそもシングルユースはありうるのか」と言い換えることもできるし、また（もう一つの対立概念である）ミックスドユースを視野に入れて、「ミックスドユースはどこまで普遍的（ないし特殊）か」と問い直すこともできる。

シングルユースを意識した前者の問いは、本書で、原子力技術・宇宙技術・バイオテクノロジーなどの先端科学技術に即して陰に陽に問われる。そして本書の多くの章は、シングルユースの存在に多少なりとも懐疑的な立場をとることになる。一方、ミックスドユースを考慮に入れたバージョンは、情報セキュリティ技術や正戦論を扱う章で問われる。例えば後者では政治／学術というデュアルカテゴリーに即して、人文学のミックスドユースの広がりの射程が見積もられるのである。

デュアルユースが思った以上の広がりを見せ、ミックスドユースすら登場しつつある現状は、我々が、例えば軍民、善悪といった分かりやすい二項対立がもはや容易には維持できない世界に足を踏み入れつつあることを告げている。第12章で確認するように、デュアルユースとは、このようなデュアルカテゴリーのボーダーレス化というより普遍的な事態の一つの現れにすぎないのである。このように考えると、デュアルユース問題とは、「このようにボーダーレス化した世界といかに向き合うべきか」「善悪カテゴリーの融解を目の当たりにしつつも、それでもなお、いかにしてより『善い』社会を目指す努力を続けるべきか」という問題として捉え直すこともできる。これこそが、最も広いないしは最も深い意味でのデュアルユース問題なのである。

9　思考停止から思考駆動へ

狭義であれ広義であれ最広義であれ、ここでは何らかのデュアルユース問題に対して一定の共通見解が表明されているわけではない。さらにいえば、本書は、これらのデュアルユース問題を解決したり、それらについての論争を調停することすら意図していない。我々の意図は、むしろ問題をより深くより正確に考えるための視座を提供することにある。問いを閉じるよりそれを開くこと、思考停止ではなく思考駆動を。これが本書のスタンスである。この想いが読者の方々に伝わることを、私としては願ってやまない。

注

＊1　ここでいう非軍事（non-military/civilian）研究機関には、例えば企業などの民間の（private）研究機関や国立大学等の公的（public）機関の双方が含まれる。

＊2　日本学術会議の「科学・技術のデュアルユース問題に関する検討委員会」はデュアルユースに対応する日本語として「用途の両義性」を提案している（日本学術会議 二〇一二：五）。それに対して、本書では、後で触れる「シングルユース（単用性）」や「ミックスドユース（混用性）」といった関連する概念を視野に入れ、「両用性」という用語を採用する。

＊3　例えば「軍事研究を行わない」という「基本方針」を採用した研究機関が、安保研究制度を利用した研究を認めたことを自らの基本方針に「背く」決定であるとする批判がなされたことがある（軍学共同反対連絡会 二〇一九）。この場合、批判者側は「プロパー両用研究」である当該研究は当然「軍事研究」に含まれるべきだと主張しているのに対し、研究機関側は必ずしもそのような立場をとっていないことになる。

＊4　「デュアルユース」概念が辿った歴史的経緯については、本書の第1章の他、川本（二〇一七）、喜多（二〇一七）、夏目（二〇一八）を参照。

＊5　例えば、デュアルユースを構成する二つの使用のうち問題のない使用のみを意図して、ある特定の技術を開発した「オリジナルな」研究者と、それを問題含みの使用へと転用する「二次的な」研究者の区別を織り込んだ定義がなされる一方（National Research Council 2004; Miller and Selgelid 2007）、そのような区別には言及しない定義も存在する（Atlas and Dando 2006; Council Regulation (EC) No 428/2009; 日本学術会議 二〇一二、European Commission, Horizon 2020, 2014; UK International Chemical, Biological, Radiological and Nuclear Security Assistance Programmes 2015; WHO, "Dual Use Research of Concern (DURC)"）。またデュアルユースの一端をなす問題含みの使用を、問題のない使用と一定の、ないしは一定程度以上の関係を有するものに限る定義もあれば、特にそのような制限を設けない定義もある。さらに前者の場合、その「制限」は、問題のない使用から「直接」に悪用へと転用されるもの（National Research Council 2004）、その使用から「容易」に悪用されうるもの（WHO, "Dual Use Research of Concern (DURC)"）、悪用が「合理的に予測されうる」もの（National Research Council 2004）といった様々な仕方で表現されている。だが、これらの「直接」「容易」「合理的に予測されうる」といった表現はいずれも、多かれ少なかれ曖昧なものである（Resnik 2009）。

＊6　「デュアルユース」に付加的な規定を盛り込んだ定義の一例として、「善悪デュアルユース」研究を「善用も悪用もなされうるが、善用の可能性を低減することなく悪用の可能性を低減する明確な方法が存在しない研究」に限る規定がある（片岡・河村 二〇二二：五八）。この定義によれば、たとえ善用にも悪用にも供されるとしても、善用を阻害せずに悪用を防ぐ手立てが存在するケースは、デュアルユース研究から除外されることになる。

いまこの定義を「軍民デュアルユース」技術に適用すると、民生的使途を阻害することなく軍事転用を防ぐ方法が存在する技術、右記の文言を借りれば「民生用の可能性を低減することなく軍事用の可能性を低減する明確な方法が存在する」技術は、軍民デュアルユース性を持たないはずである。一方、例えば（この後触れる）散弾銃や（第4章で言及される）地上観測衛星技術のケースのように、軍需品に対しては一般に（通常は民生品よりも高度の性能を要求する）特殊な規格（ミリタリースペック）が設定されている（夏目 二〇一八：一九一）。この場合、あえてミリタリースペックを満たさない製品のみを開発・製造することで、技術の軍事転用を防ぎつつ民生活用を図ることは十分可能である。言い換えると、ここには「民生用の可能性を低減することなく軍事用の可能性を低減する明確な方法が存在する」ことになる。だが、スペックを変えるだけで軍事用にも民生用にも容易に適用可能な技術は、まさに軍民デュアルユース技術の典型例である。典型例を定義的に除外してしまうという点で、右記の定義は（少なくとも）軍民デュアルユースの定義としては不適格なのである。

＊7　例えば、詳しくは論じないが、＊3で言及した諸定義はいずれも、この最大公約数的な規定を共有していると言える。

参照文献（ウェブサイトの閲覧日は、すべて二〇二二年二月一二日）

片岡雅知・河村賢　二〇二一「デュアルユース研究の何が問題なのか――期待価値アプローチを作動させる」『年報科学・技術・社会』三〇：三五―六六。
川本思心　二〇一七「デュアルユース研究とRRI――現代日本における概念整理の試み」『科学技術社会論研究』一四：一三四―一五七。
喜多千草　二〇一七「戦後の日米における軍事研究に関する議論の変遷――『デュアルユース』という語の使用を着眼点に」『年報科学・技術・社会』二六：一〇三―一二六。
軍学共同反対連絡会　二〇一九「News Letter」三九、http://no-military-research.jp/wp1/wp-content/uploads/2020/01/NewsLetter_No39.pdf
夏目賢一　二〇一八「デュアルユース技術研究の大学への期待と外交問題――日本の防衛技術外交と科学技術外交を通じた政策導入」『科学技術社会論研究』一六：一九一―二〇九。
日本学術会議　二〇一二「報告　科学・技術のデュアルユース問題に関する検討報告」https://www.scj.go.jp/ja/info/kohyo/pdf/

kohyo-22-h166-1.pdf

Atlas, R. and M. Dando 2006. The Dual-Use Dilemma for the Life Sciences: Perspectives, Conundrums, and Global Solutions. *Biosecurity and Bioterrorism: Biodefense Strategy, Practice, and Science* 4(3): 276-286.

Britannica, The Editors of Encyclopaedia 2013. Shotgun. *Encyclopedia Britannica*, https://www.britannica.com/technology/shotgun

Council Regulation (EC) No 428/2009 2009. Official Journal of European Union, https://eur-lex.europa.eu/legal-content/EN/TXT/PDF/?uri=CELEX:32009R0428&from=EN

European Commission, Horizon 2020. How to Complete Your Ethics Self-Assessment, Version 2.0 13 July 2021, https://ec.europa.eu/info/funding-tenders/opportunities/docs/2021-2027/common/guidance/how-to-complete-your-ethics-self-assessment_en.pdf

Miller, S. and M. Selgelid 2007. Ethical and Philosophical Consideration of the Dual-use Dilemma in the Biological Sciences. *Science and Engineering Ethics* 13(4): 523-580.

National Research Council 2004. *Biotechnology Research in an Age of Terrorism*. Washington DC: National Academies Press.

Resnik, D. 2009. What is “Dual Use” Research?: A Response to Miller and Selgelid. *Science and Engineering Ethics* 15(1): 3-5.

UK International Chemical, Biological, Radiological and Nuclear Security Assistance Programmes and their Contribution to the Global Partnership Against the Spread of Weapons and Materials of Mass Destruction: Report 2013-2015, 2015, https://assets.publishing.service.gov.uk/government/uploads/system/uploads/attachment_data/file/472421/20151030_UC_CBRN_Security_Report.pdf

WHO, Dual Use Research of Concern (DURC), https://www.who.int/news-room/questions-and-answers/item/what-is-dual-use-research-of-concern

第Ⅰ部　歴史から考える

第1章　歴史学的手法で論点を整理する

喜多千草

1　歴史的観点の必要性

・受託者による研究成果の公開を制限することはありません。
・特定秘密を始めとする秘密を受託者に提供することはありません。
・研究成果を特定秘密を始めとする秘密に指定することはありません。
・プログラムオフィサーが研究内容に介入することはありません。

これは防衛装備庁の安全保障技術研究推進制度の令和三年版案内リーフレットおよびウェブサイトに掲げられている、制度運用に関する但し書きである（防衛装備庁 二〇二一）。

第二次世界大戦の敗戦後に軍備を解かれて以降、公的には軍隊が存在しない国として歩んで来た我が国において、二〇一五年度のこの制度の開始をきっかけに「軍事研究」の是非に関する議論が盛んに行われるようになった。この本もまさに、その論戦に一石を投じようとするものである。その第1章の冒頭にこの但し書きを示した理由は、これがこの間の論点のありようを端的に表しているからだ。つまり「軍事研究」にあたり、それが学問上好ましくないのは、成果公開ができないかもしれないから、あるいは特定秘密を始めとする安全保障上の機密に関わらざるをえなくなるかもしれないから、研究内容に安全保障上の観点から介入があるかもしれないから、といった様々な理由による批判に対する防衛装備庁からの回答が、ここに示されているのである。この但し書きではクリアできない既出の主な論点は、研究資金の出所が軍セクターである研究は「軍事研究」にあたるから、という点であろうか。

本章の役目は、まずは歴史を振り返ることだが、どうしてそれが必要なのか。それは、日本での近年の軍事研究に関わる議論のきっかけとなったこの安全保障技術研究推進制度では、冷戦後の米国の軍事研究予算のありようが踏まえてあり、そもそもの議論の前提を理解するために、戦後米国の軍事研究費に関する歴史を確認しておくべきだからである。そこで本章では、まず第2節で、日本の安全保障技術研究推進制度のお手本となったクリントン政権下のデュアルユース政策について触れ、さらにその背景を理解するために第二次世界大戦後の軍事研究費のありようについて概観する。次に第3節では終戦以降の日本での軍事研究の扱いに触れ、武装解除から始まった戦後の日本での敗戦国としての軍事研究に関する議論が、第2節で扱った戦勝国であった米国のそれとかなり異なるものであったことを指摘する。そして最後に第4節では、第1節で取り上げた米国の軍事研究のあり方に対する米国内の批判を取り上げつつ、結局いったん作り上げられた戦後体制は社会に深く組み込まれて、なかなか変えることができないことを示す。つまり、安全保障研究推進制度は軍隊を持つ国家のスタイルの踏襲であり、いったんそちらに舵を切ればその変化は不可逆であることを歴史的に示し、日本での軍事研究の是非論は、日本が軍隊を持つ国になるか否かという意思決定につながるものであることを指摘しようとするのが本章である。

2　冷戦後の米国における「デュアルユース」

クリントン政権と「魔法の言葉」

第二次世界大戦後、英米を中心とする西側の資本主義諸国とソ連を中心とする東側の社会主義諸国の間で、政治的・軍事的・経済的対立が続いた。双方が大量の核兵器を持ち牽制し合いつつ、互いに経済交流を最小限におさえたこの対立構造を、東西冷戦と呼ぶ。ところが一九八九年末に、分断国家となっていた東西ドイツを仕切るベルリンの壁が崩壊し、ソ連のゴルバチョフ大統領（Mikhail S. Gorbachev）と米国のブッシュ大統領（George H. W. Bush）によるマルタ会談で冷戦の終結宣言が出された。さらに翌年の東西ドイツの統一、一九九一年八月のソ連共産党の解体と年末のソ連崩壊により冷戦はほぼ完全に終結した。おりしも米国では、一九九二年末の大統領選挙で、現職の共和党のブッシュ大統領に代わって民主党のクリントン大統領（Willian J. "Bill" Clinton）が誕生し、冷戦後の新しい体制の模索が加速した。米国における一九九三年はそのような大きな変化の時期であった。

さてここで軍事研究（Military Research）の問題に関して注目すべきは、政府の予算のありようの変化である。冷戦という戦時体制が終わるとともに、軍事費の縮少が避けられない中、クリントン政権が打ち出したのが「デュアルユース政策」であった。この時期、議会の複数の委員会からの要請を受けた米国議会技術評価局（Congressional

Office of Technology Assessment, OTA）は、一九九二年と一九九三年に全二冊の冷戦後の経済・社会に関する報告書を出している。一九九三年に発行された二冊目の報告書は『国防からの転換』と題されており、「民生技術を進展させ、米国経済の国際競争力を高めるため、研究開発を国防目的からデュアルユース、または民生用目的へと転換させる可能性について検討」した結果を報告したものであった。特に主たる分析対象となったのは、エネルギー省下で核兵器開発を行ってきた三つの国立研究所で、合わせて三四億ドルの予算と二万四千人の雇用を抱えた大規模な研究所群である。これらを冷戦終結とともに大幅縮少するのではなく、これらの研究所との協働（Cooperative Research And Development Agreements：CRADA）を望む産業界からの希望に応えて、技術を民間企業に開いていく可能性を模索する内容となっている（U. S. Congress, Office of Technology Assessment 1993）。

ここで、さらに内容に踏み込んで検討を進める前に確認しておきたいのは、こうしてクリントン政権下で使われた「デュアルユース」という語は、軍民両用技術を指す点では近年の日本での用法と同じであるが、技術の軍事利用を悪用、平和利用を善用と見なすニュアンスを持たないことである。

そもそも米国では第二次世界大戦中の科学動員を経て、平時の政府による研究助成の体制をどうするかの議論がなかなかまとまらず、米国科学財団（National Science Foundation：NSF）の発足は一九五〇年になってからだった。その間、レーダーや原爆の開発を進めた大統領直属の科学動員組織である科学研究開発局（Office of Scientific Research and Development：以下「ＯＳＲＤ」）が解体した一九四七年末後の空白を埋めたのは、米国海軍研究所（Office of Naval Research：ONR）などの軍を通じての研究助成であった（Leslie 1993: 25）。

こうして政府の研究予算が軍を通じて研究機関に支給されることが定着した戦後の米国では、冷戦終結後の一九九三年時点で、産業界も含む研究予算全体の一五七四億ドルのうち、政府の支出は六八二億ドルで、その六割にあたる四一五億ドルが軍事研究予算であった。政府からの予算の配分では民間企業が四五％を占めており、その八割が軍事研究となっていた。そして予算配分全体の三五％は、この報告書で民間企業との協働を進める方向で冷戦後の新しいあり方が検討された国立の軍事研究施設群に配分されており、軍事研究費はその五割であった。一方、大学は政府研究予算の残りの一五％を受けているにすぎなかった。その内訳は、医薬分野と基礎科学分野への予算配分が中心ではあるものの、軍事関連、エネルギー関連、農業関連などへの支援もそれに次いでいた（U. S. Congress, Office of Technology Assessment 1993: 7-8）。のちに触れるが、こうしたありようへの批判がなかったわけではない。しかし第二次世界大戦の戦勝国として、技術力が国力の礎であるという認識が国民にも広く定着し、自国軍を持つ軍事大国である米国においては、少なくとも政治的には技術の軍事利用は自国軍が活用する限りにおいて悪用ではなく、国益にかなったものと見なされてきたのである。

アメリカ航空宇宙産業史の研究で知られる西川純子は、岩波ブックレット『兵器と大学』（二〇一六年）に収録された「アメリカの『軍産複合体』と科学者」の中で、一九九三年に登場したクリントン政権は軍縮を実現するために「軍事費を四年間に三〇％削減」したが「研究開発費には手をつけなかった」。そのかわりに「兵器調達費を五〇％削減しようとして」「二つの合理化を行った」とし、その一つが軍民技術の交流、つまり「デュアルユース」（西川の定義によれば「軍事と民事の双方に役立つ両用性」）の推進であり、もう一つが兵器産業の縮小であったとしている。後者の結果、兵器産業の合併が進み、「一九九九年において五大企業は兵器調達費の三七％を、研究開発費において四八％を独占」するにいたり、米国の軍事研究費の半分近くが五つの兵器企業を通じて支給されるようになったことが、軍産複合体の温存であるとして憂慮している。また前者の「デュアルユース」という「魔法の言葉」により、研究者が冷戦後も軍事研究費の恩恵に預かり続けることになったと指摘している（西川 二〇一六：四七—

五一)。ここでは単なる軍事研究ではなく市民生活にも資するものだということで、学者たちの軍事研究離れをつなぎとめることができたことを指して、「魔法」と表現している。

先に述べたように、日本で二〇一五年に導入された安全保障技術研究推進制度が使用する「デュアルユース」という言葉は、少なくとも防衛装備庁ひいては政府にとっては、この望ましい政府研究予算の使い方としてプラスのイメージを持つ「魔法の言葉」の系譜に属する用法で使われていたことを、ここで押さえておこう。

再評価されたＤＡＲＰＡ

米国で冷戦終結後に示された「デュアルユース政策」とは、国立研究所の技術を開放し、民生技術寄りに軍産の研究協力を進める新しいあり方の模索だけではなく、軍の調達についての意識改革を基礎とした三本柱を持つ政策であった。一九九五年二月の国防総省の報告書『デュアルユース技術――最新技術を安く調達するための国防政策』によれば、冷戦後には、それまで軍専用に開発されていた兵器や物資だけではなく、民生品を手早く調達してコストを下げるために、軍事・民生の別なく統一した国家的産業基盤を強め、軍民両用技術を育てる必要があることが説明されている。この政策の三つの柱とは、図1-1に示したように、一つめがデュアルユース技術開発に投資すること、二つめが軍用品と民生品を同じ生産ラインでつくるための生産技術を確立すること、三つめが民生品の部品をできるだけ兵器製造に取り入れることとなっている[*1] (United States, Office of the Assistant Secretary of Defense for Economic Security 1995)。

そもそも技術の研究・開発においては軍事利用と民生利用は地続きであって、単純な線引きはしにくい。例えば

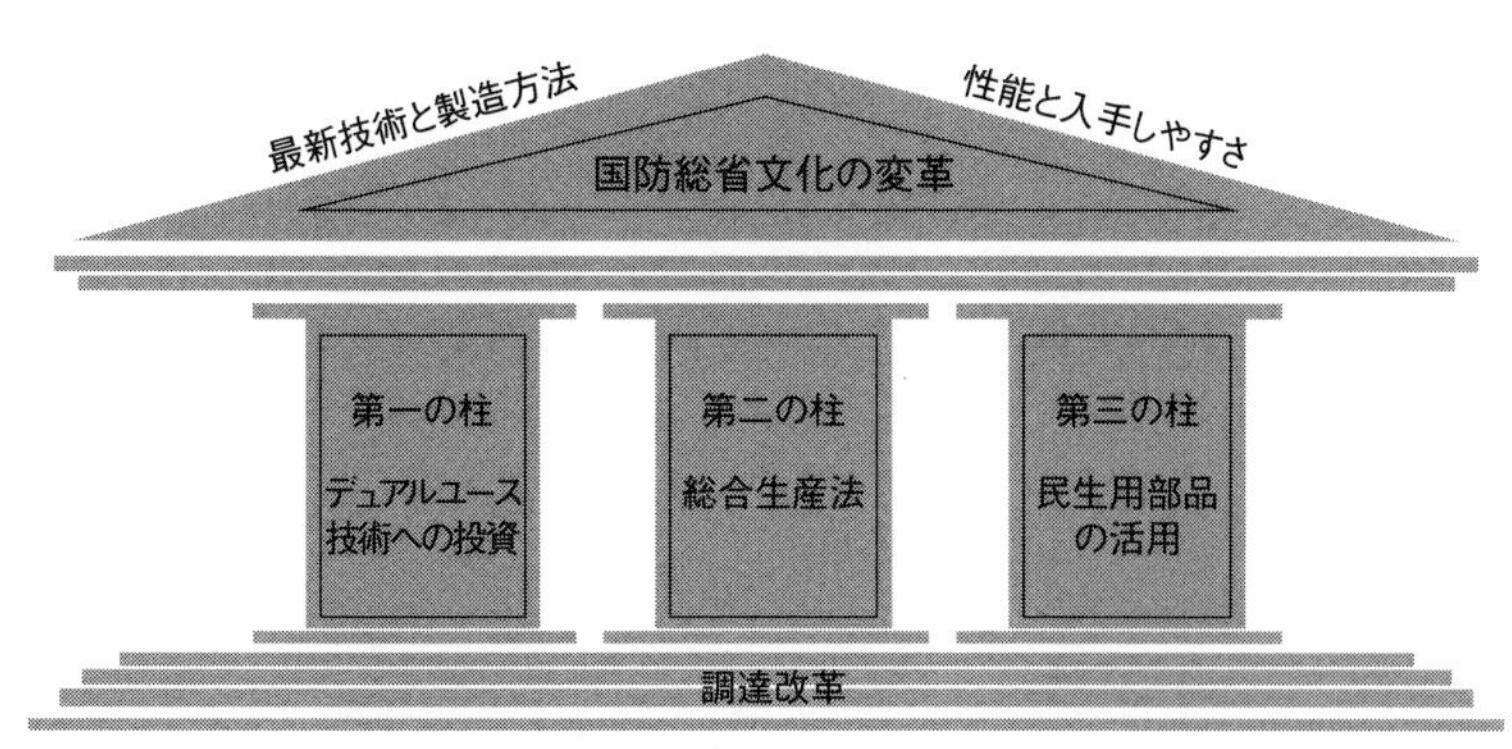

調達改革を基礎とした、デュアルユース技術政策の「三本柱」は、国防総省の独特な「文化」を改めることにつながり、ひいては国防総省が引き続き、軍事システムの最新の性能をより入手しやすい形で維持できるようにするものだ。

図1-1　米国のデュアルユース政策の三本柱

出所）United States, Office of the Assistant Secretary of Defense for Economic Security 1995: 5.

前記の二つめの柱に関して、この報告書ではGPS受信機を例に挙げている。「［湾岸戦争の］砂漠の嵐作戦では、米軍は兵士に戦場での位置情報を伝えるためにGPSレシーバーが必要だったが、この一台分のコストは三万四千ドルで一七ポンドの重さがあり、調達に一八ヶ月かかった。当時民生品を調達してもよければ一三〇〇ドルで三ポンドのレシーバーが即座に調達できたはずだった」（United States, Office of the Assistant Secretary of Defense for Economic Security 1995: 17-18.［　］は引用者補足）と述べている。クリントン政権が、二〇〇〇年に軍用のGPSを民間にも解放し、精密な位置情報を利用する技術を公開したことは広く知られている。現在のカーナビやスマホのマップ機能などは、まさに米国のデュアルユース政策の恩恵を受けて軍事技術を民生利用しているのである。*2

しかし、実際に軍の調達の立場からすると、米軍仕様で別誂してきた軍需物資やその部品を、民生品で賄うためには、いくつもの条件をクリアしなければならず、実際にはこの転換がいかに困難であったかが、この報告書から読み取れる。こうした難点を克服するために、はっきりと軍のための製品づくりを目指す制度である技術再投資プロジェクト（Technology Reinvestment Project：以下「TR

P」）が新たに始められた。しかし、従来の特殊な米軍仕様と契約方法を改め、民間の競争原理を導入して品質を上げ、コストを下げる点が新しかったものの、やはりこのプロジェクトから生まれた製品は、結局は軍の特殊用途にのみ応えることになり、軍民両用とは名ばかりであるとの批判も受けることとなる（例えばStowsky 1997）。

このプロジェクトを統括したのは、国防高等研究計画局（Defense Advanced Research Projects Agency：以下「DARPA」）であった。この助成機関はインターネットの源流となったARPAネットや、人工知能、コンピューターグラフィックスといった分野を育てたことで知られているが、実はその設立時や、実際に情報技術を育てた黄金期の一九六〇年代には、情報技術が「デュアルユース」であると名指されることはなかった。しかし、クリントン政権下のデュアルユース政策の時期になって、軍の研究費を使って民生技術（しかもインターネットのような影響力のある技術）を育てたことが高く評価され、DARPAが「デュアルユースの助成機関」と呼ばれるようになったのである。この報告書に載っている一九九五年のDARPAは、TRP予算の三倍にあたる一三億八四〇〇万ドルを中心的助成プロジェクトに充てており、「情報技術、材料工学、電子工学、高次のシミュレーションとモデリング」といった、将来的に軍の役に立つものの、主に直接的な軍事ミッションを持たない技術を育てていた（United States, Office of the Assistant Secretary of Defense for Economic Security 1995: 10）。

さてこのように確認すると、日本の防衛装置庁の安全保障技術研究推進制度が、米国のデュアルユース政策の中でも一つめの柱のうちの、軍事ミッションを持たない研究助成のスタイルを持っていることが分かる。したがって、この章の冒頭に防衛装備庁からの但し書きを示したように、また「デュアルユース」という言葉が米国で学者たちを軍事研究費の受け入れにつなぎとめた「魔法の言葉」でありえたように、学問の自由との齟齬は大きくない。ではこの制度の導入に関して、注目すべき論点は何か。それはむしろ「どうして自国軍の存在が前提の、軍セクターを通じての助成スタイルを、自国軍の存在が前提とされない日本に持ち込む必要があるのか」ということではないだろうか。これが歴史を振り返ることによって得られる視点の一つめである。

3　戦後日本の軍民両用技術の扱い

「デュアルユース」という語が日本の新聞記事に見られるようになったのは一九八〇年代末からである。二〇一六年三月に北海道大学で行われた公開シンポジウム「『デュアルユース』と名のつくもの——科学技術の進展が抱える両義性を再考する」で、毎日新聞科学環境部の千葉紀和記者がデータを示しているように、近年のこの言葉の使用の背景には、政府の公的文書に「デュアルユース」技術の研究開発に関わる記述が盛り込まれたことがあると指摘されている（三上他 二〇一六：一一七—一三四）。

では、それ以前は、軍民両用技術が取り沙汰される際には、どのような表現が使われていたのだろうか。次にそれを振り返っておこう。現時点で「軍事研究」について議論しようとする際に、「デュアルユース」や「軍民両用技術」といった用語の定義が問題になるが、まず歴史的には用語の使用がどのように変遷してきたのかを確認しておくことで、視点が深められるからである。

武装解除と軍民両用技術

第二次世界大戦後の日本では、まず一九四五年から一九五二年にかけての占領期に連合国最高司令本部（General Headquarters, the Supreme Commander for the Allied Powers：以下「GHQ／SCAP」）による武装解除の過程で、軍民両用技術が問題になった。敗戦国である日本では全軍隊の活動停止と解体に伴い、陸海軍の科学技術組織は機能を停止させられ、大学を含む多くの科学技術グループが戦時研究開発と組織に関する情報提供を指示された。この過程についてはGHQ／SCAPが残した歴史記録があり、司令内容を確認することができる（日本では国立国会図書館から公開されている）。このGHQ／SCAPによる科学技術の再編については、『GHQ日本占領史』に詳しい（中山・笹本 二〇〇〇）。

学問分野では、原子力と航空工学、それにレーダー開発などにつながる電子工学が禁止された。原子力に関しては、「ウラニウムよりウラニウム235の大量分離」をするための研究・応用が一切禁止という形で指示されたが、この時点で核エネルギーが軍民両用であるという点は触れられていない。ただし、航空工学と電子工学は当時から民生利用もすでに定着していた分野であるが、それについては、民間の航空技術の禁止に関する文書（SCAPIN-301）で、商業、民間航空（commercial and civil aviation）、民間の航空運行（civilian air operations）を禁止し、航空機や航空機組み立て、エンジン、研究、動かせる模型をつかった科学（any aircraft, aircraft assembly, engine, or research, experimental aeronautical science including working models）も禁止と指示された。ここに、軍用機だけではなく民間機関係の一切も、航空工学の研究も禁止されたわけであるが、この際、「航空工学が軍民両用（デュアルユース）であるから」といった表現で包括的に禁止されたわけではなかった。再軍備につながる力として民間航空技術をもいちいち言挙げして禁止したのである。また、比較的早期に禁止が解除された電子工学の分野では、レーダーや音声スクランブル装置などに使われていた技術が具体的に列挙され、その研究・開発が禁止されていた。[*3]

つまり日本の非武装化の過程では、軍事力の復興阻止のため、民生技術を装った再軍備の可能性を根こそぎするための指令が出されており、まさに第二次世界大戦で実際に使われた兵器を支えた技術の軍民両用性は、たとえ基礎研究や教育目的であっても、最大限に軍事利用可能であると判断される局面だった。さらにここで注目しておきたいのは、この時期に問題となる軍事利用可能性は、直前の戦争に使われた技術を念頭においたもので、その輪郭がはっきりとしていたことである。

日本学術会議発足と声明

ここで昨今の「軍事研究」をめぐる議論の中で一定の役割を担ってきた日本学術会議の発足についても、言及しておこう。ＧＨＱ／ＳＣＡＰは占領政策開始後ほどなく、抗戦の意図があるかもしれないと当初は疑っていた日本の科学者・技術者にそのような意欲は薄いことに気づき、研究の禁止を解除していった。その過程で一九四六年五月に出された研究規制を解除する指令（SCAPIN-984）では、「戦争時のような開発活動が行われる分野に直接関わるのでなければ、研究・教育は科学的・技術的知識の進展のため、これを許可する」とされた。[*4]

中山茂の「学術体制の再編」によると、ちょうどこの前後に、占領軍の経済科学局科学技術課（Economic and Scientific Section, Scientific & Technical Division：以下「ＥＳＳ／ＳＴ」）は学術体制の改革を目指し、民主的に科学技術力を再生するためにＧＨＱ／ＳＣＡＰと日本の学術界をつなぐ組織をつくった。この科学渉外連絡会は四〇人の中堅研究者中心の組織だったが、非公式の組織であったため国を代表する権利はなかった。一方、国内には戦前から続く日本学士院、学術研究会議、日本学術振興会の三団体があり、文部省のもとで改組の方向を模索していたが、ＥＳＳ／ＳＴ次長で実質的責任者であったケリー（Harry C. Kelly）は、既存団体の改組は長老体制を温存していると判断し、より抜本的な改革を促した。その後、非公式組織である渉外連絡会では、長老格の組織である学士院の改革は無理であったため、やがて学術体制刷新委員会が組織されることとなる。やがて、ケリーらの念頭にあった英国のロイヤル・ソサエティや、米国科学アカデミーをモデルとする案のほか、左翼勢力からソ連科学アカデミー型の組織を目指すべきという提案も出されるなどした。そして新しい学術組織の制定が一九四八年夏に交付され、年末には学者の互選による会員二一〇人が選ばれて、翌一九四九年一月に日本学術会議が発足するに至った。つまり、この組織は学術三団体の旧弊を打開するため、占領軍のＥＳＳ／ＳＴの理想主義的な改革方針のバックアップのもとにつくられたもので、中山は「社会主義圏にも存在しない形のもの」であるとし、「いわば史上初めての学者の議会として、国際的にも注目されるべき試みであった」と評している（中山 一九九五：一三九）。

そして、昨今の軍事研究関連の議論で盛んに参照された「日本学術会議の発足にあたつて科学者としての決意表明（声明）」が、この一九四九年の第一回総会で出されたのである。ここで確認しておくべきことは、この声明が占領下で出されたものであり、再軍備に加担しないという学術界の平和主義的態度を担保に、占領軍が研究禁止の解除を行った時期のものであったことだ。さらに日本学術会議が占領軍の理想主義的な改革によって生まれた新しい学術団体であったことから、「これまでわが国の科学者がとりきたつた態度について強く反省し、今後は、科学が文化国家ないし平和国家の基礎であるという確信の下に、わが国の科学者の内外に対する代表機関」（日本学術

会議 一九四九）としての自覚を謳ったのは、ある意味当然であり、武装解除を強力に進める占領軍にとって誠に好ましいものであったろう。これが、主権回復が間近に迫った一九五〇年の学術会議第六回総会では、さらにはっきりと「戦争を目的とする科学の研究には絶対に従わない決意の表明（声明）」が出され、第一回総会での声明の内容を再確認した上で「われわれは、文化国家の建設者として、はたまた世界平和の使として、再び戦争の参加が到来せざるよう切望するとともに、さきの声明を実現し、科学者としての節度を守るためにも、戦争を目的とする科学の研究には、今後絶対に従わないというわれわれの固い決意を表明する」（日本学術会議 一九五〇）と決意表明した。

しかし実はこのことは、戦勝国である米国の同時期の科学者らのありようとは実は好対照をなしている。米国で大統領への提言として公開されたＯＳＲＤ長官のブッシュ（Vannevar Bush）の「科学、そのかぎりないフロンティア」には、「平時の軍事研究の適切なあり方が大事である。民間の科学者が平時においても、いくばくかの国防への貢献を続けることが非常に重要だ。それが先の戦争でも最大限に役に立ったのである。だから陸海軍とも密接な協力関係にある文民統制の学術組織からの助成が理想であるが、議会や陸海軍の指揮下で軍事研究をはっきりと推し進める力によって補強されるはずだ」と書かれていた。つまり米国では戦後の研究助成体制の模索が進められていたのである（Bush 1945: 1-2）。同じ科学者と国家の関係について、敗戦し武装解除が進められていた日本では科学者が今後決して戦争に加担しないと表明して、やっと研究体制を取り戻そうとしていた頃に、米国では科学者が国防への貢献を忘れないことが大事だとされたわけである。つまり、二度にわたる世界大戦は技術力の凌ぎ合いという側面を持っており、戦後の米国では、科学技術力は国力の礎であるとの認識のもとに、敗戦国とは異なる「科学者にとっての正義」が掲げられていたことを確認しておきたい。

ＣＯＣＯＭ禁輸リスト

次に冷戦下の東西貿易での軍民両用技術の扱いを確認しておこう。これまでに確認した通り、米国のように軍隊を持った国家では軍民両用技術が自国軍に軍事利用されるのを国益と見なしてきたわけであるが、逆に同じ技術が敵国側に利用されることは国益を損ねることになる。冷戦下でこれを阻止しようとした西側の組織が対共産圏輸出統制委員会（Coordinating Committee for Multilateral Export Controls：以下「ＣＯＣＯＭ」）であった。

敗戦後、ＣＯＣＯＭが成立する一九四九年末から一九五〇年初にかけての頃までに、英国と米国ではそれぞれ独自にソ連への禁輸物資のリストがつくられていた。加藤洋子の『アメリカの世界戦略とココム』で整理されているように、米国政府がつくった一九四八年春から夏にかけての統制品目リストは、「軍事的貢献度の最も高い物資（クラス1）」「クラス1ほど重要ではないが軍需物資に入る品目（クラス1A）」「直接の軍需物資ではないが、産業の発展に貢献しうる物資で、それ故、間接的に軍事的重要度のある物資（クラス2）」といった具合に、クラス4までの五つの分類をもとに考えられていた。これに対し英国の輸出規制は「不足物資や軍需物資に関して英国政府に貿易統制権限を与えており、武器、弾薬、あるいは、それらを生産しうる物資のソ連・東欧への輸出を禁止」するもので、「規制対象は米国の1Aリストよりもずっと狭」かったという。この後、変遷を繰り返したＣＯＣＯＭの禁輸リストは、「武器」「原子力関連」「工作機械などのリストⅠ」といった分類へと収斂する（加藤　一九九二：四五―五三）。

実際の禁輸リストでは「デュアルユース」という語は使われていなかった。しかし、米国議会技術評価局が一九七九年に発行した『技術と東西貿易』では、「輸出規制が難しいデュアルユース品目のほとんどが、細目が一〇に分かれている［産業リストの］リストⅠに入っている」（［　］は引用者補足）としており、ここには dual-use とハイフンで一語につないだ形での語の使用が確認できる。そして、「その性質から、武器や核関連物質は、明確な軍事目的があり、戦略的な重要性は明白であり、それを制限することが賢明であるかどうかは問われることがほとんどない。しかし一方、産業リストに挙げられたデュアルユース品目（例えば、ジェットエンジン、航空管制機器、コンピュータなど）は名目的には民事目的だが、軍事的な潜在力があるものだ。こうした品目の技術内容は通常高度である」と説明されている（U. S. Congress, Office of Technology Assessment 1979: 155-156）。つまり日本の敗戦処理や、戦後の英国の貿易規制リストに見られたような、先の大戦での使用兵器を念頭においた規制に比べると、冷戦期には、西側では輸出規制の対象とされる軍民両用技術の範囲がかなり広範に及んでいったことが確認される。

ＣＯＣＯＭは東西冷戦の終結に伴って、共産圏諸国を敵国と見なす体制から、一九九四年から一九九六年にかけての協議を経て「地域の安定を損なうおそれのある通常兵器及び関連汎用品・技術の過度の移転と蓄積の防止」を目的としたワッセナー協約（The Wassenaar Arrangement on Export Controls for Conventional Arms and Dual-Use Goods and Technologies）へと移行し、「特定の対象国・地域に的を絞ることなく全ての国家・地域及びテロリスト等の非国家主体を対象」とした。ここでは協約の名称の中にハイフン付きの dual-use の語が使われており、日本政府の訳語は、「［通常兵器の］関連汎用品・技術」（［　］は引用者補足）である。現在の安全保障貿易の観点からは、軍民両用技術で指し示される内容は、こうしてさらに範囲が拡大傾向にあることに注目しておこう（外務省二〇一七）。

また現在日本では、通常兵器関連のワッセナー協約だけではなく、大量破壊兵器関連の複数の国際レジーム（多国間の取り決め）のもとに安全保障貿易管理が行われており、「我が国の安全等を脅かすおそれのある国家やテロリスト等、懸念活動を行うおそれのある者に渡ること」を防ごうとしている。この範疇に含まれる技術の筆頭は核エネルギー関連技術である。戦後の武装解除の過程においても、冷戦下の東西貿易における輸出規制においても、その後のこうした新しい安全保障貿易においても、軍民両用技術でありながら核エネルギーは一貫して別扱いとなってきた。現在、通常兵器と別扱いになっているのは、このほか同様に大量破壊兵器である生物化学兵器関連、および大量破壊兵器の運搬手段となるミサイル技術である。

4　「軍産複合体」に関する議論に学ぶこと

さてこれまで、自国軍を持つ国家においては軍民両用技術の自国による軍事利用は基本的には国益にかなうものと捉えられてきたことを指摘してきた。しかし先にも触れたように、米国でもこの前提となる国家としてのあり方そのものについて、批判がないわけではない。最後にそのことを歴史的に確認し、論点の抽出を行う。

アイゼンハワー大統領の「軍産複合体」言説

アイゼンハワー（Dwight D. Eisenhower）といえば、第二次世界大戦のヨーロッパ戦線を担った連合国遠征軍最高司令官、戦後に陸軍参謀総長、ＮＡＴＯ軍最高司令官といった要職を歴任した人望の厚い軍人であり、一九五三年一月に共和党の大統領となった人物として知られる。

アイゼンハワーが大統領に就任した時期には、核開発技術を米国が独占していた時代はすでに終わり、米ソ両国に加えて英国も核エネルギーを手にしていた。そうした時代背景の中、大統領に就任した年の暮れに、後のＩＡＥＡ（国際原子力機関）発足のきっかけとなったことで知られる「平和のための原子力（Atoms for Peace）」演説を国連総会で行う。[*5] 当時日本では、朝鮮戦争勃発後の一九五〇年に警察予備隊創設により実質的な再軍備が始まっており、一九五二年のサンフランシスコ講和条約の発効で、いよいよ核エネルギーを手にする道がつき始めていた。この演説は米国の核エネルギー政策の転換を示しており、この後の二国間協定で日本は米国から核エネルギー技術を手に入れ原子力発電を導入することになる。つまりこの演説は、本書のテーマとする軍民両用技術の中でも最重要技術の一つである核技術をめぐる国際秩序のあり方の転換点となった。

さらに一九五七年にはソ連の人工衛星「スプートニク」打ち上げによって、ソ連に宇宙開発でリードされたことによる「スプートニクショック」が西側諸国に拡がった。この対抗措置としてアイゼンハワーは、高等研究計画局（Advanced Research Projects Agency：以下「ＡＲＰＡ」）を設置した。当時のＡＲＰＡはミサイル技術も含む宇宙関連技術を統括する大統領直属の機関として国防総省に設置されたもので、後に続くケネディ政権下で宇宙開発の中心が国家航空宇宙局（National Aeronautics and Space Administration：NASA）に移ってから、予算の使い所の一つとして情報技術などを助成対象に選んだ。この成果がインターネットにつながったなどの理由から、後に「デュアルユース」機関として評価されるようになったことは先に述べた通りである。[*6]

このように、もともと陸軍出身で、米国の軍民両用技術の研究開発の仕組みづくりを推し進めたアイゼンハワーが、一九六一年一月の退任演説で、憂慮する対象として突如名指したのが「軍産複合体（Military Industrial

Complex)」であった（Eisenhower 1961）。演説の中でアイゼンハワーは、近年は常備軍を持たずにいることはできなくなり、常設の軍需産業が大規模になっているとし、

> ……さらに、三五〇万人の男女が国防関連の職を得ている。我々は毎年、軍事に全米の会社の全収入の総計よりも多い額を使っている。
>
> 　こうした巨大な軍と、巨大な軍需産業の結びつきはこれまでアメリカでは経験したことのないものだ。この経済的、政治的、さらには精神的な影響はどの町にも、州議会にも、州政府のあらゆる部署にも感じられる。こうした発展が避けがたいことは分かっているが、その重大な意味を理解し損ねてはならない。我々の労働、資源、生活のすべてが関わっている。ということはつまり、社会構造そのものが関わっているということだ。
>
> 　政府の各種委員会において、こうした軍産複合体が、意識的にであれ無意識的にであれ不当な影響を及ぼすことを防がなければならない。こうした間違った権力が破滅的に生起する可能性が実際にあるし、これからも続くだろう。我々はこうした組み合わせが、自由や民主的なプロセスを危機にさらすことを決して許してはならない。……
>
> （Eisenhower 1961: 14-16）

と述べた。この「軍産複合体」については、様々な解釈がなされ議論されてきた。それは、この「退任演説」の資料を公開しているアイゼンハワー資料館のウェブサイトにも記されている通りだが、実のところ後年この言葉を使って、軍の予算規模や軍需産業の弊害に関する議論が激しく論じられるようになったのは、ベトナム戦争期の一九六六年頃以降である。

反戦と肥大する軍事費への批判

ガルブレイス（John Kenneth Galbraith）が『いかにして軍を制御するか』を著したのは一九六九年であった。また「軍産複合体」に関する議論をたどる資料集 *Super State: Readings in the Militar-Industrial Complex* がイリノイ大学出版会から上梓されたのも一九七〇年であり、そこに収録された資料もアイゼンハワーの退任演説そのものを除けば一九六七年以降のものである（Schiller and Phillips 1970）。日本では、一九七一年に小原敬士が『アメリカ軍産複合体の研究』を上梓し、その中で、六〇年代末にこうした議論が盛んになった背景に「長年にわたる軍事費の増大」と「ベトナム戦争のエスカレーションとその挫折がアメリカ国内に深刻な分裂と反省」をもたらしたことと、「ニクソン政権の『セーフガード』ＡＢＭ〔弾道弾迎撃ミサイル〕システムの配備決定をめぐって国論を二分する激しい論争」が起こったこと、また「軍需契約をめぐるさまざまの浪費や不正が暴露」されたことを挙げている（小原 一九七一：i。〔 〕は引用者補足）。

しかしレスリー（Stuart Leslie）が後にこの時期を分析した *The Cold War and American Science*（『冷戦と米国の科学』）（Leslie 1993）で述べているように、盛んに議論が行われた一九六〇年代末以降、一九七〇年代には軍から大学への研究予算配分が減り、分野を転向する研究者も見られたものの、一九八〇年代に入ると一九六〇年代のパターン、つまり特に大学の工学系研究費を軍に依存する体制に逆戻りしてしまった（Leslie 1993: 251）。先の資料集 *Super State* の編者であるシラー（Herbert I. Schiller）とフィリップス（Joseph D. Phillips）は、大恐慌後の米国経済を上向きにしたのは第二次世界対戦がもたらした軍事費の支出であったし、朝鮮戦争後、軍事費の支出によって経済発展が支えられる状況が定着し、宇宙開発費がそこに上乗せされることでさらにそれが強固になり、ベトナム戦争期の六〇年代末期には失業率も非常に低くなったというデータを示した上で、単なる軍需産業と軍との結びつきが「軍産複合体」だと考えれば、それを取り除くにはどうするかとか、軍事費の支出をもっと議会が制御すべきだといった議論はできるが、それは有効なのか、と問いかける。そして、

しかしながら、もし『軍産複合体』が米国で発展した政治経済構造と不可分のものであり、いまも世界に影響力を拡大していっている帝国主義システムの一環なのだと考えると、事情の見え方は一変する。企業による高度に発達した資本主義の未来そのものが関わっているのだ。『軍産複合体』と戦おうとすれば、その経済システムそのものと戦うことになる。なぜなら米国の資本主義が現在の世界の中での地位を保ち続けようとし、国内経済の安定を維持しようとすれば、軍という要素はもはや周辺的なものではありえないからである。

(Schiller and Philips 1970: 26-27)

と指摘している。シラーとフィリップスは繰り返し、軍需産業と軍の結びつきは、軍産複合体の本体というよりも現象の一つであり、軍需産業が行っているのは、資本主義経済において私企業が自らの利潤を最大にしようという一般的なことであるし、日本の戦前の財閥も含めて兵器製造で巨利を得る企業があることは歴史的に見ても戦後の米国に特有ではないことを説得的に論じている。

先に触れた冷戦と科学の問題を扱ったレスリーも、軍事費に依存する学界の構造は、少数のホイッスルブロアがいたにもかかわらず、戦後まもなくから一九五〇年代末までに基礎ができあがってしまったと指摘している。国の

経済の構造そのものが、常設の軍とその巨額の支出を前提とし、それに依存する形になると、国の研究費にもその構造の影響が現れ、反戦や軍事費拡大への反対を機に批判が集まっても、それが抜本的な構造の改革につながらなかったのが、歴史的経緯である。

軍事利用を悪用と見なす閾値

ただし自国軍が軍民両用技術を軍事利用しようとする場合でも反対の議論が起こるケースは、米国にもある。近年では二〇一五年、グーグル社がドローン用の画像認識システムの開発に関わっていたプロジェクト（Project Maven）の是非が問われた例が記憶に新しいだろう。七万人ほどの社員のうちの三千人余りが、このプロジェクトが社是である「悪にならない」ことに反し、「潜在的に殺傷につながる可能性」があるとして、プロジェクトへの関与をやめるように会長に嘆願書を提出したと報じられた。[*7]

一方で、このプロジェクトへの参画が取りやめられた後も、グーグル社では「防衛的ＡＩ」の利用の領域などでは国防総省に協力してゆくことも報じられていることから、軍事的応用は問題であるという価値判断には閾値が存在するのが分かる。[*8] このグーグル社の例では、「殺傷につながる可能性」の有無がその閾値と認識されているわけであるが、日本国内の例では異なる閾値が現れた例も見られる。例えば物理学会で半導体国際学会に米軍からの旅費支給があったことが大論争となり、一九六七年九月の総会でいわゆる決議三として知られる「日本物理学会は今後内外を問わず、一切の軍隊からの援助、その他一切の協力関係を持たない」との決議が行われた。この時点では「軍から資金を受けること」がすでに閾値を超えていたのであるが、その運用を続けた結果、物理学会は一九九五年にこの決議三の扱いを変更した。その際、当時の伊達宗行会長は「例えば武器の研究といった明白な軍事研究以外は自由である」と説明した（伊達　一九九五）。これはグーグル社の「潜在的に殺傷につながる可能性」での線引きに通じる価値観への移行の表明である。

こうした歴史的な経緯に学ぶべきことは二点ある。まず一つは、軍民両用技術の応用に関する社会的評価には「善悪の判断」がつきものであり、しかもその価値基準は議論が起きた背景によって様々に立ち現れるということである。そして二つめは、米国ではたとえ個別のケースについて激しい論争が起きたとしても、国益としての軍民両用技術の善用の存在としての軍事利用が全否定されることはなかったということだ。このうち前者に関しては、この本では、第3章から第5章の大量破壊兵器をめぐる事例研究で、そうした議論がどのように政治的に解決されたり、国際協力によって何らかの善用のコンセンサスがつくられたりしてきたかを詳しく描き出すことになるだろう。

そしていよいよ哲学・倫理学の出番である。こうした事例に現れる諸相が、様々な政治・経済・社会・文化といった個別のありようから離れて、どのような意味を持っており、それをどのように考えていくことで議論が深められるのか。この本はきっとそれに応えてくれるはずだ。そして後者に関しては、そうした視点を得た読者のみなさん自身も参加して、日本が米国のような自国軍を持つ国として軍事支出に頼る経済構造への転換を行うべきなのか否かを、自分たちの国の構えの問題として論じ合うべきなのであろう。

注（ウェブサイトの閲覧日は、すべて二〇二一年一二月二三日）

＊1　参照文献に挙げた *Dual Use Technology: A Defense Strategy for Affordable, Leading-Edge Technology* は、ウェブ上で公開されている。挿入図はその五頁に掲載されているものを翻訳した。

＊2　*Dual Use Technology* の一七一一八頁にGPSレシーバーの例が挙げられている。GPSのスクランブル解除については、例えば『Wired』が二〇〇〇年五月八日に報じている（https://wired.jp/2000/05/08/ 米大統領がGPS信号のスクランブル中止を命令）。

＊3　本文で取り上げた一次資料は国立国会図書館が公開している。研究施設の報告義務に関する指令およびウラニウム235の大量分離の禁止の指令は、SCAPIN-47: DIRECTIVE NO. 3, OFFICE OF THE SUPREME COMMANDER 1945/09/22（https://dl.ndl.go.jp/info:ndljp/pid/9885109）、民間航空技術の禁止に関する指令は、SCAPIN-301: COMMERCIAL AND CIVIL AVIATION 1945/11/18（https://dl.ndl.go.jp/info:ndljp/pid/9885365）、電子工学の一部分野に関する禁止の指令は、SCAPIN-494: OPERATION OF ELECTROTECHNICAL LABORATORY 1945/12/24（https://dl.ndl.go.jp/info:ndljp/pid/9885562）。

＊4　研究活動の解禁に関する指令は、SCAPIN-984: AMENDMENT OF SCAPIN-47（DIRECTIVE NO. 3）1946/05/25（https://dl.ndl.go.jp/info:ndljp/pid/9886086）。

＊5　この演説に関する資料群は米国公文書館から公開されている。Dwight D. Eisenhower, Presidential Library, Museum & Boyhood Home, Atoms for Peace（https://www.eisenhowerlibrary.gov/research/online-documents/atoms-peace）

＊6　アイゼンハワーのスプートニクショックへの対応については、例えばDivine（1993）が詳しい。

＊7　このプロジェクトの第一報といわれる *Gizmodo* の記事は、Cameron, Dell and Kate Conger, Google Is Helping the Pentagon Build AI for Drone, Gizmodo, March 6, 2018, https://gizmodo.com/google-is-helping-the-pentagon-build-ai-for-drones-1823464533。三一〇〇人ほどの社員からの嘆願状の内容を報じた *New York Times* の記事は、https://www.nytimes.com/2018/04/04/technology/google-letter-ceo-pentagon-project.html。

＊8　「防衛的ＡＩ」への協力に関する記事の例は、https://www.c4isrnet.com/it-networks/2019/03/13/forget-project-maven-here-are-a-couple-other-dod-projects-google-is-working-on/。

参照文献（ウェブサイトの閲覧日は、すべて二〇二一年一二月二三日）

小原敬士編　一九七一『アメリカ軍産複合体の研究』日本国際問題研究所。
外務省　二〇一七「通常兵器及び関連汎用品・技術の輸出管理に関するワッセナー・アレンジメント」平成二九年一二月一五日、http://www.mofa.go.jp/mofaj/gaiko/arms/wa/。
加藤洋子　一九九二『アメリカの世界戦略とココム一九四五～一九九二――転換にたつ日本の貿易政策』有信堂高文社。
経済産業省「安全保障貿易管理」https://www.meti.go.jp/policy/anpo/gaiyou.html。
伊達宗行　一九九五「決議三の取扱い変更について」『日本物理学会誌』五〇（九）：六九六。
西川純子　二〇一六「アメリカの『軍産複合体』と科学者」池内了・小寺隆幸編『兵器と大学――なぜ軍事研究をしてはならないか』岩波ブックレット九五七、岩波書店。
防衛装備庁　二〇二一「安全保障技術研究推進制度のご案内」（ダウンロードは、https://www.mod.go.jp/atla/funding/R03leaflet.pdf から行える。この但し書きが掲載されているウェブサイトは、https://www.mod.go.jp/atla/funding.html）。
中山茂　一九九五「学術体制の再編」中山茂・後藤邦夫・吉岡斉責任編集『「通史」日本の科学技術　第一巻　占領期――一九四五～一九五九』学陽書房、一三二―一四一頁。
中山茂解説、笹本征男訳　二〇〇〇『ＧＨＱ日本占領史　第五一巻　日本の科学技術の再編』日本図書センター。
日本学術会議　一九四九「学術会議の発足にあたって科学者としての決意表明」一月二二日。
――　一九五〇「戦争を目的とする科学の研究には絶対従わない決意の表明」四月二八日。
日本経済調査協議会　一九六三「ココム・リスト」一九六一年版。
三上直之・杉山滋郎・小山田和仁・千葉紀和・伊藤肇・新田孝彦・川本思心　二〇一六「パネルディスカッション――デュアルユース問題と科学技術コミュニケーション」『科学技術コミュニケーション』一九：一一七―一三四。
Bush, V. 1945. Science: The Endless Frontier, Report to the President on a Program for Postwar Scientific Research, July 1945.
Divine, R. A. 1993. *The Sputnik Challenge: Eisenhower's Response to the Soviet Satellite*. New York, New York: Oxford University Press.

Eisenhower, D. 1961. "Reading copy of the speech" of Farewell Address. https://www.eisenhowerlibrary.gov/research/online-documents/farewell-address/reading-copy.pdf.

Leslie, S. W. 1993. *The Cold War and American Science*. New York, New York: Columbia University Press.

Schiller, H. I. and J. D. Phillips 1970. *Super State: Readings in the Military-Industrial Complex*. Urbana, Chicago, London: University of Illinois Press.

Stowsky, J. 1997. The Dual-Use Dilemma. *Issues* 13(2), Winter 1997 (https://issues.org/stowsky/).

U. S. Congress, Office of Technology Assessment 1979. *Technology and East-West Trade*, NTIS order #PB83-234955. Washington, DC: U. S. Government Printing Office.

—— 1993. *Defense Conversion: Redirecting R&D*, OTA-ITE-552. Washington, DC: U. S. Government Printing Office.

United States, Office of the Assistant Secretary of Defense for Economic Security 1995. *Dual Use Technology: A Defense Strategy for Affordable, Leading-Edge Technology*. https://www.hsdl.org/?abstract&did=712456

第2章　学術会議声明、そのビフォー・アフター

玉澤春史

二〇一五年、防衛装備庁は「安全保障技術研究推進制度」（以下、本章では「安保研究制度」とする）の創設を発表した。それを受けて、日本学術会議は二〇一七年に「軍事的安全保障研究に関する声明」（以下「声明」）を発表し、同制度には「問題が多い」と指摘した上で、大学や学協会に対して慎重な対応を求めた。本章では、この声明の発出に至る学術会議の歴史と、それを受けた学界内外の動きを概観することで、その声明を、一連の同時代史的文脈の中に位置づけることを目指す。また、ここでいう「声明を受けた動き」には、二〇二〇年一〇月に表面化した、政府による学術会議委員の任命拒否と、それによって惹起された学術会議をめぐる様々な議論、いわゆる「学術会議問題」も含まれる。この「問題」の帰趨を含め、声明を受けた様々な動向の行く末は、本章執筆時点でもなお流動的である。

1　学術会議とは何か

制度としての学術会議

　はじめに、そもそも学術会議とは何だったのかを振り返っておこう。日本学術会議は、内閣府に設置されるものの、政府から独立して職務を行う「特別の機関」と位置づけられており、その職務は、日本学術会議法によって、「科学に関する重要事項を審議し、その実現を図ること」「科学に関する研究の連絡を図り、その能率を向上させること」などと規定されている。この法律上の役割は、日本学術会議のウェブページでは、より具体的に、「政府に対する具体的政策提言」「国際的な活動」「科学者間ネットワークの構築」「科学の役割についての世論啓発」と説明されている。

　これら一連の役割の中で、ここでは、学術会議の意思表示に関わるものについて、より詳しく見ていこう。日本学術会議法や関連法規（会則、細則など）によれば、政府は学術会議に大臣名で「諮問」を行うことができ（法第四条）、会議はこれに対して「答申」を出すことが職務となっている（会則第二条）。また会議は、政府からの「諮問」に対する答申とは別に、政府に対して「勧告」を出すこともできる（法第五条）。さらに、「答申」や「勧告」のような、日本学術会議法上で規定されている手段以外にも、日本学術会議の会則には、「要望」「声明」「提言」「報告」「回答」といった種々の意思表明のカテゴリーが設定されている（会則第二条一～五）。学術会議内で決定した「日本学術会議の意思の表出の政府内への周知方法について」によれば、これらのうち例えば「提言」は「事務連絡により、各省に配付」されるものである一方、「声明」は「会長より、各大臣宛て、公文書を添付し配付」されるものとされている。いずれにせよ「提言」や「声明」は、「勧告」と同様、政府からの諮問・依頼を必要とせず、学術会議が主体的に行う意思表明である。また右記の各大臣宛の「声明」に加え、科学界ないし一般社会向けの意思表明としての「声明」もしばしば発出されている（小沼 二〇二〇）。前記二〇一七年の「声明」も、この後者のカテゴリーに属す学術会議の自発的な意思表示であった。

右記の「提言」の中でも重要なものとして「マスタープラン」の選定がある。近年科学技術研究がますます大規模化・高額化する中で、日本として重点を置くべき大型研究プロジェクトを絞り込む必要が生じている。このような重点プロジェクトの決定にあたって、学術会議が、研究者コミュニティから出された様々な提案の選別を行い、「学術大型研究計画の中でも特に優先順位が高く、国や地方自治体等によって予算化され、可及的速やかに推進されるべきもの」（日本学術会議オンラインa）を「マスタープラン」として政府へ「提言」している。例えば「マスタープラン二〇二〇」には、計三一件の重点大型研究計画がリストアップされている。この学術会議の「マスタープラン」をもとに文部科学省が「ロードマップ」を作成し、予算要求などの対応を行うことになるのである（文部科学省 二〇一九）。このように、学術会議による「マスタープラン」の作成は、あくまでも科学者コミュニティからのボトムアップ的な科学技術政策の提案の一環として位置づけられている。その点で、それは、同じく内閣府に設置され、政府に対し科学技術政策への諮問を行う機関ではあるが、構成員が（学術会議の議長を含むものの）首相や大臣に加え少数の有識者に限られている総合科学技術・イノベーション会議（ＣＳＴＩ）が行う、国家戦略上重要と見なされた研究プロジェクトのトップダウン型決定とは対称的である。

そもそも学術会議は日本の「アカデミー」として設置された機関である。「アカデミー」とは、一国の学術研究を代表する機関であるが、その機能や設置形態は国ごとによって異なっている。機能に関していえば、科学技術政策の政府への提言のほか、研究者への研究資金の助成（ファンディング）、顕著な業績を有する研究者の顕彰などを含む場合もある[*1]（岸 二〇〇一、学術の動向 二〇〇二）。一方、日本学術会議はファンディングや顕彰は行わず、前者は日本学術振興会等が、顕彰は日本学士院が、それぞれその役割を担っている。にもかかわらず二〇二〇年の学術会議問題をめぐる議論では、学術会議と学術振興会・日本学士院を混同した発言も散見された（毎日新聞 二〇二〇a）。

またアカデミーの設置形態も国によって様々である。例えば、アメリカでは政府から独立した民間組織となっているのに対し、フランスでは特殊公的法人とされている。設立の経緯も各国で異なるが、特に欧州では研究者の自主的な集まりが起源であるものも多く、それを反映し、日本と比較するとアカデミーの政府からの独立性が高いことが指摘されている（永野 二〇二〇）。団体予算規模における国費の割合も三割弱（スウェーデン）から六割（フランス）など幅がある（学術の動向 二〇〇二）。前記のようにファンディングや顕彰の機能を持たず、そのための予算を必要としない日本学術会議の場合、年間予算額も一〇億円程度とアメリカの約二〇〇億円やイギリスの約一〇〇億円などと比べると小額に留まっている（総合科学技術会議 二〇〇三、ＮＨＫ 二〇二〇）。

学術会議の変化

前記のように、設置時には「政府からの独立性」が謳われた学術会議であったが、時を経るに従い、会員の選出方法が変化するのに伴って、政府との関係、機能も変化していった（隠岐 二〇二〇、朝倉 二〇二〇、小沼 二〇二〇）。以下では、「公選制と総理大臣任命制の並存」（一九四九年以降）から「学協会からの推薦制」（一九八四年以降）へ、さらには現会員が次期会員候補者を推薦する「コ・オプテーション方式」（二〇〇五年以降）へと変貌を遂げてきた会員の選出方法に焦点を当てて、学術会議が蒙ってきた変化を見ていこう。

学術会議の当初の会員選出方法が、総理大臣による任命制に科学者からの直接選挙制を加えたものであったことの背景には、一九四七年五月に社会党の党首であった片山哲を首班とする内閣が発足した結果、総理任命によって学術会議内での左翼系勢力が強くなることに対するＧＨＱの警戒感があったとの証言がある（伊藤 二〇二二）。この証言によれば、公選制は左派の影響を削ぐ目的で導入されたことになる。だが第一期の会員選挙では、左派系の科学者団体である民主主義科学者協会が推薦した多くの候補者が当選した。ＧＨＱの目論見とは逆に、公選制は左派勢力の伸張をもたらしたのである。

このような流れの中で、一九八一年、当時の中山太郎総務長官が、会員の公選制に対し異論を唱える発言を行い、学術会議としても、すでに内部で議論を始めていた制度改革への対応をよりいっそう迫られることとなった（久保一九八二、江沢 二〇〇二）。学術会議内での議論の大勢は公選制維持を主張していたが、一部では会員による推薦制へと変更する提案も出された（江沢 二〇〇二）。このような議論状況を踏まえ、学術会議と政府側との折衝が行われ、最終的には一九八三年の改正学術会議法では、学術会議に「登録学術研究団体」として届け出た学協会が会員推薦を行うことができる仕組みとなった。

この推薦制の導入は、一方では、学術会議の科学コミュニティ全体との関係に大きな影響を与えた。実際、推薦制によって「規模の大きな学協会が、［学術会議において：引用者補足］強い力を発揮する構造をもちはじめ、［結果として学術会議の方針が］科学者コミュニティ全体の総意とは遠くなるなど負の面も見えはじめ」（永山・栗原二〇〇九）た、との指摘もなされている。この指摘は、推薦制によって「会員が自らの出身母体である学会等の利

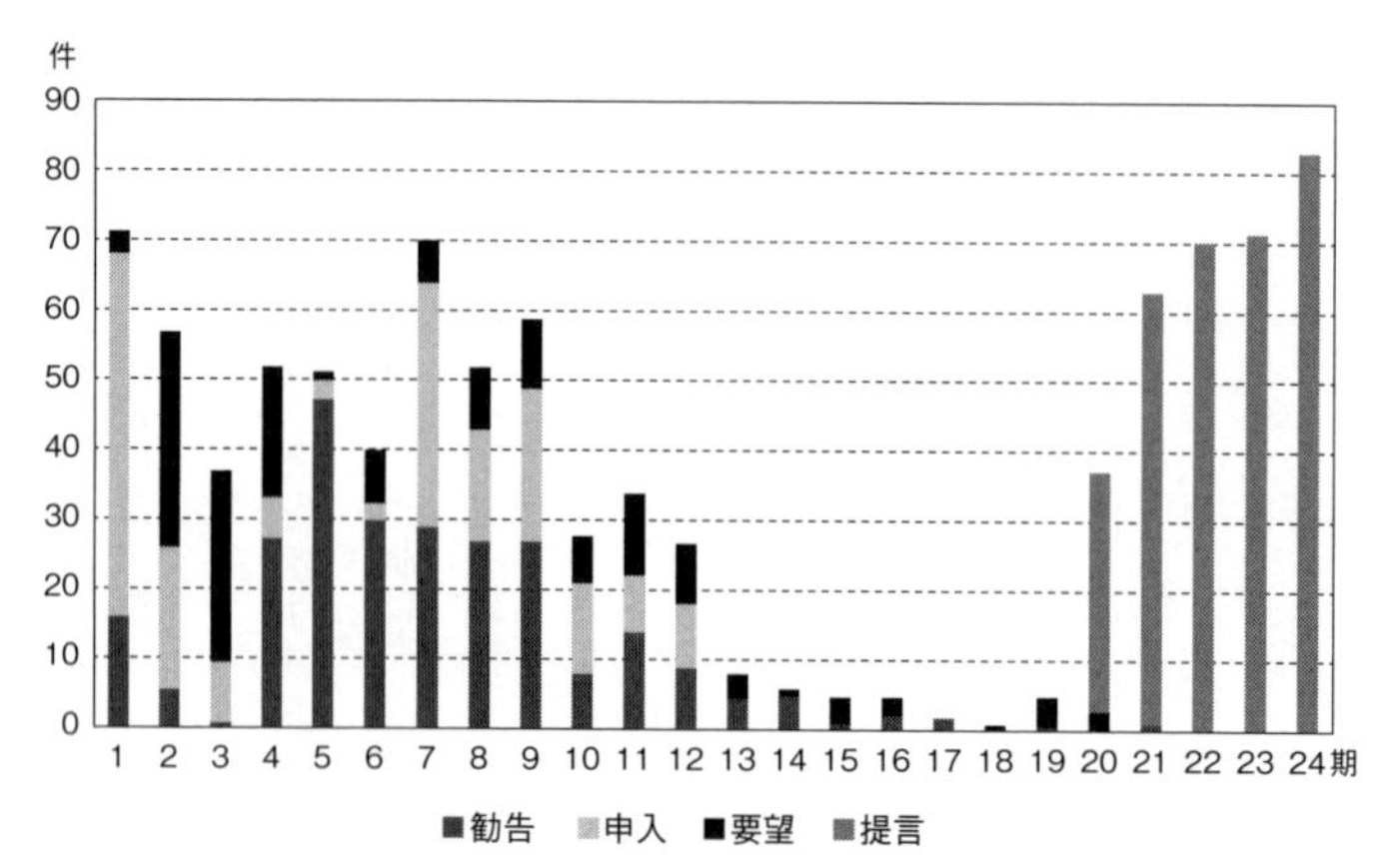

図2-1　日本学術会議による勧告・申入・要望・提言
出所）小沼 2020：45。

益代表として行動しがちになるという弊害が顕在化」したため、現行のコ・オプテーション方式へと変更になったとする学術会議自体の説明とも合致している（日本学術会議オンラインb）。このような事情を踏まえ、政策提言機関として学術会議が適切に機能できていたのは一九七〇年代までだとする意見も見られる（永山・栗原二〇〇九）。

このコ・オプテーション方式によって、選出された会員・連携会員の所属組織やジェンダーバランスなどが改善されたとする肯定的意見もある（野尻・松尾二〇二一）。実際、女性会員の比率は学会推薦制であった二〇〇三年の六・二％からコ・オプテーション方式が採用された二〇〇五年には二〇％へ、二〇一七年には三二・九％へと明らかに増加している（日本学術会議オンラインc）。一方で、コ・オプテーション方式によって学術会議が一般の科学者からは縁遠いものと感じられる一因となっているという批判もある（戸谷二〇一九）。

会員選出方式の変更と時を同じくして、学術会議の政府への意思表明の形式も、一九八五年（第一二期）までが（法的根拠を持つ）「勧告」そして「申入」（現在は廃止）がほとんどであったのに対し、二〇〇五年（第二〇期）以降より（学術会議の内規にのみ基づく）「提言」が圧倒的な割合を占めるようになった（小沼二〇二〇）（図2-1）。

一方、学術会議を取り巻く状況を見ると、一九九五年に科学技術基本法が制定され、国の科学技術政策に関するトップダウン型の司令塔として総合科学技術会議が内閣府に設置された。この総合科学技術会議は、その後、総合科学技術・イノベーション会議（ＣＳＴＩ）へと改組され、五年ごとに科学技術基本計画を策定している。ＣＳＴＩのメンバーは総理大臣をはじめとする政治家と、総理大臣によって任命され国会によって承認された、財界と学界の有識者からなる。学術会議議長もＣＳＴＩのメンバーに加わってはいるものの、科学技術政策の策定を行うＣＳＴＩの設置によって、結果として、研究者の集団である学術会議が行うボトムアップ型の政策提言の影響力は低下することになったのである。

2　安全保障技術研究推進制度への学術会議・大学・学協会の対応

軍事的安全保障研究に関する声明（二〇一七年声明）

冒頭で述べたように、「安保研究制度」が発足したことを受け、日本学術会議は二〇一七年三月に「軍事的安全保障研究に関する声明」を発表した。この声明は、大学・研究所や学協会などの学術関連組織に対して、（「安保研究制度」の下で実施される研究をも含む）「軍事的安全保障研究」一般について、以下のような表現で「慎重な」対応を求めている。

まずは研究の入り口で研究資金の出所等に関する慎重な判断が求められる。大学等の各研究機関は、施設・情報・知的財産等の管理責任を有し、国内外に開かれた自由な研究・教育環境を維持する責任を負うことから、軍事的安全保障研究と見なされる可能性のある研究について、その適切性を目的、方法、応用の妥当性の観点から技術的・倫理的に審査する制度を設けるべきである。学協会等において、それぞれの学術分野の性格に応じて、ガイドライン等を設定することも求められる。（日本学術会議 二〇一七：一）

学術会議はこの声明に先立つ一九五〇（昭和二五）年に「戦争を目的とする科学の研究は絶対にこれを行わない」旨の声明を、また一九六七（昭和四二）年には同じ文言を含む「軍事目的のための科学研究を行わない声明」を出してきた（日本学術会議 一九五〇、一九六七）。二〇一七年の声明は「上記二つの声明を継承」（日本学術会議 二〇一七）したものとされている。

これら昭和期の二つの声明の背景には、日本が巻き込まれかねない差し迫った戦争の脅威があったといえる。まずは一九五〇年声明から見ていこう。声明が出される前年（一九四九年）の学術会議第一回総会においては、「科学が文化国家ないし平和国家の基礎であるという確信の下に、わが国の平和的復興と人類の福祉増進のために貢献せんことを誓う」という決意表明が採択され（日本学術会議 一九四九）、また翌年四月には「戦争を助長し、戦争に協力すると思われる研究には、今後絶対に従わない決意」の声明案が提案され、内容を一部修正され表題も「戦争を目的とする科学の研究には絶対従わない決意の表明」と変更された上で採択されている（小沼 二〇一七）。この声明発出の二ヶ月後の一九五〇年六月には朝鮮戦争が勃発し、八月には警察予備隊（現在の自衛隊の前身）が創設されている。五〇年声明の背後には、敗戦後五年しか経っていない第二次世界大戦における日本の科学界が行った戦争協力に関する生々しい記憶とそれに対する反省とともに、当時すでに始まっていた冷戦に対する懸念、さらには日本が再度戦火にさらされるという危機感があったといえるのである。

一方、一九六七年声明のきっかけとなったのは、二年前より北爆が激化したベトナム戦争への批判が国内でも高まる中、日本物理学会が主催し日本学術会議も共催した物理学の国際会議の開催費用の一部にアメリカ軍の補助金が含まれていたとする同年五月五日の新聞報道だった（小沼 二〇一七）。この報道を受け、同月八日に当時の学術会議会長であった朝永振一郎が参議院予算委員会で説明を求められ、野党議員からの質問に対し、この問題を学術会議で議論すると答えた。その議論の結果出されたのが一九六七年の声明であった。このように六七年声明の背景にはベトナム戦争をめぐって緊迫した政治・社会状況があったのである。

一方、二〇一七年声明の背景には、朝鮮戦争やベトナム戦争といった、日本が巻き込まれかねない戦争への切迫した危機感ではなく、「安保研究制度」という、戦後日本の科学の軍事的安全保障との関わりを大きく変容させかねない具体的な制度の発足があった。その分、二〇一七年声明は、問題を、安保研究制度という一制度への対処を超えて、「科学と軍事的安全保障との関係」へ一般化しつつも、以前の声明より具体的な内実を持ったものとなった。このことについて杉田（二〇一九）は、一九五〇年声明と一九六七年声明がその内容を具現化する方法や手続きについて言及していなかったのに対し、二〇一七年声明は各大学や各協会、そして学術会議がなすべきことに触れた点で、過去二つの声明の「肉付け」に当たると述べている。同様に、戸谷（二〇一九：五〇）も、二〇一七年声明を「過去のお題目的な声明を越えて、『軍事研究を行わない』ことをすべての研究者に実効的に徹底させる動きと言える」と評している。

大学・学協会の対応

学協会とは異なり、大学・研究所は安保研究制度による研究資金の受け手となるため、応募の可否やその基準を含めた具体的な方針を定めた機関も少なからずあった。ここで日本学術会議の一委員会である科学者委員会の「軍事的安全保障研究声明に関するフォローアップ分科会」が二〇一八年の二月から三月にかけて全国の国公私立大学、大学共同利用機関、国立研究開発法人、民間の独立の研究機関に対して実施したアンケート結果を見てみよう（なお、アンケートに答えたのは一八三件の対象中一三五機関（回収率七三・八％）、アンケートを踏まえた最終報告は二〇二〇年八月に公表された）。このアンケートの対象となった大学・研究機関のうち、（二〇一七年声明以前から運用されていたものも含め）「軍事的安全保障研究の適切性に関する審査制度」を設けていたのは二七％である一方、四一％が特に検討していないと回答している（佐藤 二〇一九）。「検討していない」とした機関の中には、「『防衛・軍事機関からの研究資金の受け入れは行わない。』という方針を定めた」と回答した機関もあり、そもそも指針自体を設けないことで、所属する研究者による安保研究制度への応募を抑制する意図がうかがえるケースもあった。また「何らかの基本原則（憲章等）、方針（ガイドライン）、規則、申し合わせ等」が制定された時期は二〇一七年が最も多く、声明が出された後の半年間で一四機関にのぼっている。なかにはそれまでの申し合わせなどを再確認して改めて方針を示した機関もあった。例えば、京都大学は二〇一八年に「本学における研究活動は、社会の安寧と人類の幸福、平和へ貢献することを目的とするものであり、それらを脅かすことに繋がる軍事研究は、これを行わないこととします」という基本方針を発表したが、報道機関の取材に答え、この基本方針は一九六七年の部局長会議での申し合わせを踏襲したものであることを明らかにしている（朝日新聞 二〇一八）。

前記のように二〇一七年声明は学協会に対しては分野ごとの特性を踏まえてガイドラインを作成することを求めていた。それを受けて、年会などの場を利用して議論を行った学協会がいくつか見受けられる。例えば地球惑星科学関連の学協会の連合体である日本地球惑星科学連合は二〇一七年五月の大会においてセッションを設け、関連団体や大学の動きを踏まえた議論がなされた。

学術会議の分科会は協力学術研究団体学二〇三七団体に対しても二〇二〇年一月にアンケートを実施したが、この場合の回収率は一八・六％（三七九団体）と低く、また回答が得られた分野にも偏りがあった。このような調査結果に関して学術会議は、以下のような推測を行っている。

> 以上の学協会アンケート結果から読み取れることを述べる前に、そもそも今回のアンケートに回答した学協会が決して多くはなかったという事実を指摘しておきたい。とりわけ軍事的安全保障研究と直接関連する可能性の高い学協会が、必ずしも回答しているわけではない点に注意すべきである。直接の利害関係を有するがゆえに簡単には回答できないという学協会があったと推測される。今回の学協会アンケート結果の解釈に際しては、この点を慎重に考慮する必要がある。
>
> （日本学術会議 二〇二〇ａ：一一）

同様の分野の偏りは安保研究制度に対して何らかの声明を出した学協会に対しても見て取れる。具体的には理学系に比べ工学系学協会からの声明が少ないことが分かる。学術会議のアンケートに戻ると、安保研究制度について、今後議論をする可能性を問うた設問に対する回答のうち五七・〇％が「行うことはない、行う可能性は少ない」、三三・六％が「わからない」または無回答となっている。また、学協会として何らかの方針を定める可能性については、「必要はあるので、今後検討する予定」があるという回答が二・五％、「必要はあるが、まだ具体的な予定はない」が一七・五％、「特に必要はない」が四六・〇％、「わからない」が三四・一％であり、実際に資金の受け手となる大学・研究機関とは異なった対応になっている。

学協会の中でも特徴的な動きをしたのが日本天文学会である。二〇一八年三月より、半年ごとに行われる年会において全体セッションを組み、様々な立場から安保研究制度に関する議論が行われた。それと並行して同学会は安保研究制度に関するアンケートを会員に対し実施したが、その結果においては、若い年代ほど安保研究制度への賛成の度合いが高い傾向が示された（柴田他 二〇一九）。二〇一六年に筑波研究学園都市研究機関労働組合協議会が実施したアンケートでも同様の傾向が見られる（千葉 二〇一九）。

3　学術会議会員任命問題

任命拒否

日本学術会議は任期六年の会員（二一〇人）および連携会員（約二千人）の半数を三年ごとに改選している。二〇二〇年一〇月はこの改選の時期にあたっており、同年八月三一日付で学術会議は会員候補者一〇五人を任命権者である菅義偉内閣総理大臣に推薦した。これに対し任命権者である菅総理大臣は明確な理由の説明を行わないまま候補者のうち六人の任命を見送った（本章執筆時点でも任命拒否に関する明確な理由説明は行わないままとなっている）。このような会員の任命拒否に対し、学術会議は直ちに抗議を行い、一〇月二日付で任命拒否の理由の説明と即時の任命を求める要望書を内閣総理大臣宛に提出する一方、一二月一六日に井上信治内閣府特命担当大臣（科学技術政策担当）に幹事会のまとめた「日本術会議のより良い役割発揮に向けて（中間報告）」を手交した。さらに二〇二一年四月二二日の総会では前述の中間報告の最終版修正、および声明「日本学術会議会員任命問題の解決を求めます」が承認された。

任命に対する問題も二〇二〇年が初めてというわけではなく、元会長である大西隆は二〇一六年の会員補充において首相官邸より人事案に難色を示され最終的に補充を断念、また二〇一七年の定期改選でも改選数（一〇五人）より多い推薦名簿を官邸に示していることを野党ヒアリングで明らかにしている（時事通信 二〇二〇）。

菅内閣の辞任により発足した二〇二一年一〇月に岸田内閣でも任命拒否に関する決定は変更されなかった。直後に行われた衆議院議員選挙では、立憲民主党や共産党が任命拒否の撤回を公約に挙げた（北海道新聞 二〇二一）。衆院選での各党に向けたアンケートの中で自由民主党は前年にプロジェクトチームがまとめた提言において組織や機能のあり方を検証したとしている（榎木 二〇二一）。衆院選後にも岸田首相は「一連の手続きは修了した」として任命の要求は退ける判断を示した（時事通信 二〇二一）。

学協会の声明

任命拒否問題をめぐっては、総計五〇〇を超える学協会から二〇一七年声明をめぐるそれよりはるかに多い二〇〇を超える反対声明が出された[*2]（「安全保障関連法に反対する学者の会」ウェブページで収集されたものによる。

二〇二一年二月五日現在）（津田 二〇二〇）。特に人文社会科学系の学協会の動きが活発である。

　また、学協会の年会などで議論のためのセッションが設けられたケースも多い。例えば日本天文学会では二〇二一年三月の年会において「日本学術会議と日本天文学会――よりよい連携のために」と題するセッションが、学術会議の天文学関係の分科会が共催に加わる形式で開催された（ＩＡＵ／天文学・宇宙物理学分科会 二〇二一）。

4　学術会議と研究者・市民

　任命拒否をめぐる賛否両論の論点は多岐にわたるが、倉持（二〇二〇）はそれを「（一）政治的意図の問題」「（二）法律論的問題」「（三）制度論的問題」「（四）学術会議の組織の意義」という四つの問題をめぐるものに整理した。まず（一）は、特定の候補者のみを理由を開示することなく任命拒否した背景には一定の政治的意図が隠されているとして、学術会議に対するそのような政治的意図の介入の是非を問う論点である。（二）は、政府による任命拒否は、そもそも学術会議法やその解釈や運用に関する従来の政府答弁と整合的かどうかをめぐる論点である。（三）は、任命拒否に対して学術会議側には反対声明を出す以外に不服の意思表明をする仕組みが備わっていなかったことは、学術会議の制度上、問題があるとする論点である。（四）は、そもそも学術会議の存在意義自体を問う論点である。学術会議側としては、当初は主として論点の（一）と（二）に即して任用拒否に対する反対の論陣を張っていたが、任用拒否を後押しする陣営が、学術会議の存在意義そのものに疑義を呈し（論点四）、政治的介入の必要性を訴え始めたこともあり（論点一）、学術会議側も、先述の天文学会でのセッションのように、自らの存在意義を積極的にアピールする機会を設けるようになった。

この倉持（二〇二〇）による問題点の分類は、それ以前の政権、あるいは政府に関する賛成・反対の二項対立構造へ安易に問題を政府を擁護する側、批判する側双方自身が落とし込むことへの批判がある。学術会議側の対応を見れば、任命拒否直後には法律論・制度論に関する対応・主張をしていたが、批判する側が政治的意図の問題と学術会議の組織の意味に関する問題をセットにして批判を行っているため、学術会議側も先述の天文学会でのセッション開催のような会員・連携会員による所属学会での説明の機会を設けるなど積極的な情報展開が行われている。このような二極化図式は、学術会議の二〇一七年声明を、二〇一五年の安保研究制度への真っ向からの反対という仕方で単純化し、二〇二〇年の任命問題も、それに対する政府の（妥当か不当かは別として）反応であると論ずる議論において顕著に見られる。例えば、二〇二〇年一一月一七日の参議院内閣委員会での質疑を見てみよう。そこでは、山谷えり子議員（自民党）による「学術会議は軍事科学研究を忌避する声明を出した」との発言をし、井上信治科学技術担当大臣は「デュアルユースの問題は時代の変化に合わせて冷静に考えなければならない課題だ。このことも梶田（隆章学術会議）会長と話をしている。まずは学術会議自身がどういう検討をするかということだ」と答えている（東京新聞 二〇二〇）。だが実際には、二〇一七年声明は、学界に対して、安保研究制度を含む軍事的安全保障研究に関して「慎重」な判断を求めていただけで、例えば応募の中止要請といった、それを「忌避」する強い姿勢は示していなかった。意図的かどうかは別として、この国会質疑では、この「慎重」が「忌避」へと読み替えられ、二〇一七年声明の安保研究制度への対応、ひいては学術会議の政府への姿勢を「反対」一色に塗りつぶすという過度の二極化が行われているのである。

また任命問題をめぐる議論では、学術会議が、安全保障問題に関連して、中国と「つながっている」（毎日新聞二〇二〇b）といった根拠不明な主張をもとに学術会議の組織改編の必要性を論じる意見が一部の政治家や評論家から出されもした（毎日新聞 二〇二〇b）。ここでは学術会議の存在意義に疑問を呈すること（論点四）で、任用拒否の法律論的・制度論的問題（論点二・三）を瑣事化させる一方で、その政治的意図をむしろ積極的に擁護する議論がなされていると言えるだろう。

学術会議のあり方自体への批判（論点四）は、任命問題が表面化する以前、安保研究制度に関する議論の段階ですでに出されていた。例えば戸谷（二〇一九）は、「私も含めて多くの皆さんは、学術会議の会員を選挙で選んだり、選ぶプロセスに関わったりしたことはないはず」、「これでは、一部のシニアで偉い先生方の仲良しクラブと変わらないと言わねばなりません」とした上で、「このように非民主的で閉鎖的な組織が、日本の学術界で最高の権威を持ってしまっていて、ひとたび声明を出せば大学や学協会を萎縮させ、研究者の自由が容易に奪われてしまう」と学術会議のあり方に批判を向けている。先述の学術会議による学協会年会でのセッション実施も、各学協会に所属する学術会議会員・連携会員が、このような批判に答えて学術会議のあり方や意義を説明する機会を設ける意味合いもあったものと思われる。

このように研究者間での存在感すら薄いとも言われてきた学術会議が、一般市民に広く認知されているとは言い難いことは容易に予想される。例えば津田は、各種世論調査において任命拒否に対する意見が分かれていることを、そもそも学術会議問題の深層が世間一般に理解されず、世間的関心が低いことの現れだと見なしている（津田 二〇二〇、二〇二一）。

学術会議に批判的な一部の議員は、その行政機関としての位置づけをやめるべきだという提言を行っている[*3]（自由民主党 二〇二〇）。一方、学術会議側も、そのナショナルアカデミーとしての役割を再確保した上ではあるが、設置形態の変更の可能性をも含めた議論を行っている（日本学術会議 二〇二〇b）。行政機関に代わる設置形態としては、独立行政法人、特殊法人、独自法による法人、（政府から完全に独立な）公益法人などが挙げられている。

また二〇一七年声明をめぐる議論と比べ、任命拒否問題に関する論争では、ファクトチェックの動きが見られる点が特徴的である。二〇二〇年一〇月以降、学術会議および大学・研究所の従来の活動について、根拠不明であったり、明らかに誤認に基づいた発言が様々なレベルでなされ、SNSなどにより拡散された。これに対し、新聞やBuzzFeed Japanなどのウェブメディアが検証を行い、「誤り」や「不正確」などの判定を行っている。

安保研究制度をめぐる議論が、学術の各分野における安全保障との関わりという論点に、さしあたってはとどまっていたのに対し、任用拒否をめぐる論争では、学術やアカデミー一般と政府や社会との関係というより大きな論点が浮上している。だが、このことは必ずしも議論の当事者が単純に増えたということのみを意味しない。むしろ学術や学術会議を普段身近に感じてこなかった層が議論に参加することで、議論のあり方自体が変質せざるをえない状況が生じているのである。議論を実りあるものとするためには、学術会議ひいては学界は、政府、立法府、そして何よりも社会一般に対して、何からの問題が起こってから泥縄式に対応するのではなく、「平時」から信頼醸成に努めておくべきだというリスクコミュニケーションの原則に立ち返る必要が、今、改めて求められていると言えるのである。

安保研究制度や二〇一七年声明さらには任命拒否問題に関わる学術会議をめぐる近年の動向には、これまでにない新たな様相も見られた。そもそも安保研究制度自体、軍事的技術と民生的技術の間の線引きが困難な「デュアルユース性」を前提にした制度だった。そのため、二〇一七年声明は、「どの研究が軍事的安全保障研究に当たるのか」という各論に立ち入ることができず、個別の事例に関しては現場の判断に委ねつつ、学協会や大学に慎重な対応を求めるという歯切れの悪い内容にならざるをえなかった。過去の声明のように、「戦争協力への反対」という、分かりやすく、賛否が分かれにくい論点に会員の意見を集約することができなかったのである。

5　繰り返される問題

一方、近年の議論には、学術会議がその設置時から抱える問題が改めて噴出している側面もある。その一例として、科学者の世代間の考えの違いが挙げらる。先に、安全保障研究に関する若手とベテラン研究者との間の温度差に触れた。このような世代間対立は、実は、学術会議の成立過程においても表面化していたのである。戦後占領期の科学界には、長岡半太郎ら当時の学術界の長老と、新興の指導者の二つの世代間の間に隠然たる対立があったと言われている。これら新旧の両陣営のうち、新世代に属する仁科芳雄がGHQの経済科学局科学技術課顧問に着任したH・C・ケリーと結びつき、旧世代の科学者を関与させない形で制度設計されたのが日本学術会議だったのである（伊藤 二〇二一、尾関 二〇二一）。また先に触れたように、学術会議と政府の間の緊張関係も、長きにわたって断続的に表面化してきたイシューである。ここでは、学術会議の発足に合わせて設置された首相直轄の科学技術行政協議会（ＳＴＡＣ）の委員のうち、学術会議推薦の学識経験者が二名任命を拒否されたという事実を付け加えておこう（尾関 二〇二一）。

二〇一五年の安保研究制度とそれに対する二〇一七年声明をめぐる議論、そして二〇二〇年の任命拒否問題によって巻き起こった論争。これらはいずれも「学問の自由」に関わる議論であるとする見方も可能である。安保研究制度に対しては、学術的成果の公開に大きな制限が課される可能性や、研究課題ごとに指名される防衛装備庁所属研究者のプログラムオフィサーなどから研究介入を招く危険性が指摘された。これらは学問の自由の侵害と捉えられ、問題視されたのである。一方、戸谷（二〇一九）のように、二〇一七年声明自体が自由な研究活動を委縮させる危険性をはらんでいるという指摘もなされたのである。また任命拒否問題は、学術界が、民意を体現していると自認する政府や立法府から、どのような自由を、どの程度持ちうるのか、持つべきなのか、という問題であると捉えることもできる。

「学問の自由」は、もちろん無制限なものではない。例えば人道に反する学問、研究は当然、許されるものではないからである。すると、どこに、どのような「自由の線引き」を行うのかが問題となる。本章では、残念ながら、この問題を正面切って論ずることはできない。だが、我々が、そして学術会議が直面している一連の問題は、このような、難しいが真剣な考慮に値する問題の、二一世紀初頭の日本における一つのバリアントであることだけは確かなのである。

注

＊1　日本学術会議の出した中間報告では、各国アカデミーの共通項として「（一）学術的に国を代表する機関としての地位、（二）そのための公的資格の付与、（三）国家財政支出による安定した財政基盤、（四）活動面での政府からの独立、（五）会員選考における自主性・独立性」の五点を挙げている（日本学術会議 二〇二〇b）。

＊2　超える、という表現になっているのは、個別学協会の声明とは別に複数の学協会が合同で声明を出している場合もあるためで、具体的には自然科学系の一〇〇を超える学協会によるもの、人文・社会科学系学協会（参加学協会一四〇学協会）による共同声明などが挙げられる。

＊3　ただし、学術会議は「仕事をしていない」から設置形態を変えるべきだといった一部の批判は当たらない。学術会議は様々な制約の中で、提言や報告の発出といった活動を積極的に継続しており（小沼 二〇二〇）、提言の数が減っているという事実もないからである。

参照文献（ウェブサイトの閲覧日は、すべて二〇二二年一月三〇日）

ＩＡＵ／天文学・宇宙物理学分科会（日本学術会議）　二〇二一「公開シンポジウム　日本学術会議と日本天文学会――よりよい連携のために」資料、https://www2.nao.ac.jp/~scjastphys/docs/%E7%89%B9%E5%88%A5%E3%82%BB%E3%83%83%E3%82%B7%E3%82%B7%E3%83%A7%E3%83%B3-%E5%AD%A6%E8%A1%93%E4%BC%9A%E8%AD%B0%E3%81%A8%E5%A4%A9%E6%96%87%E5%AD%A6_20210317.pdf

朝倉むつ子　二〇二〇「日本学術会議の存在意義を考える」（シンポジウム「日本学術会議任命拒否問題と『学問の自由』」発表資料）、http://anti-security-related-bill.jp/images/link20201219ma.pdf

朝日新聞　二〇一八「京大『軍事研究しません』」明文化しＨＰで公表」二〇一八年三月二九日、https://www.asahi.com/articles/ASL3Y36MDL3YPLZB002.htm

伊藤憲二　二〇二一「アカデミーの系譜と日本学術会議の創設」『日本の科学者』五六（四）：二〇六―二一一。

江沢洋　二〇〇二「学術会議の改革」『日本物理学会誌』五七（九）：六六九―六七二。

NHK　二〇二〇「欧米の学術機関は政府から独立　日本との違いは」https://www.nhk.or.jp/politics/articles/lastweek/46374.html

榎木英介　二〇二一「衆院選直前、一一個の質問でみる各党の科学技術政策」二〇二一年一〇月三〇日、https://news.yahoo.co.jp/byline/enokieisuke/20211030-00265675

隠岐さや香　二〇二〇「学術会議問題と学問の自由」（シンポジウム「日本学術会議任命拒否問題と『学問の自由』」発表資料）、http://anti-security-related-bill.jp/images/link20201219so.pdf

尾関章　二〇二一「学術会議の原点は『ボトムアップ』、第一期にもあった任命拒否　学術会議史話——小沼通二さんに聞く（上）」『論座』二〇二一年五月五日、https://webronza.asahi.com/science/articles/2021043000004.html

学術の動向　二〇〇一「主要国の科学アカデミーの組織と機能」『学術の動向』六（三）：一六—二七。

岸輝雄　二〇〇一「各国科学アカデミー調査報告」『学術の動向』六（三）：一一—一六。

久保亮五　一九八二「日本学術会議の改革問題」『日本物理学会誌』三七（九）：七二一—七二五。

倉持麟太郎　二〇二〇「『学術会議問題』致命的に見落とされている視点　政治に調達されるネット空間、議論できない国」『東洋経済オンライン』二〇二〇年一〇月一五日記事、https://toyokeizai.net/articles/-/381769

小沼通二　二〇一七「初期の日本学術会議と軍事研究問題」『学術の動向』二二（七）：一〇—一七。

——　二〇二〇「日本学術会議略年表」『科学』二〇二一年一月号、岩波書店、四一—四五。

佐藤岩夫　二〇一九「日本学術会議『声明』への大学等研究機関の対応状況」『学術の動向』二四（六）：七八—八三。

時事通信　二〇二〇「一六年補充人事で官邸難色　学術会議、大西元会長証言」二〇二〇年一〇月九日、https://www.jiji.com/jc/article?k=2020100900150&g=pol

——　二〇二一「学術会議、任命応じず　年内に検疫デジタル化——参院代表質問で岸田首相」二〇二一年一二月一〇日、https://www.jiji.com/jc/article?k=2021121000746&g=pol

柴田一成・土居守・伊王野大介　二〇一九「『安全保障と天文学』日本天文学会声明にいたるまでの経緯報告」『天文月報』一一二（六五〇）：六五〇—六六七。

自由民主党　二〇二〇「日本学術会議の改革に向けた提言」https://jimin.jp-east-2.storage.api.nifcloud.com/pdf/news/

policy/200957_1.pdf
杉田敦　二〇一九「軍事的安全保障研究をめぐる声明・報告の意義」『学術の動向』二四（六）：五八―六二。
総合科学技術会議　二〇〇一「日本学術会議の在り方に関する専門調査会（第二回）資料一－一　主要国のアカデミーの比較」https://www8.cao.go.jp/cstp/tyousakai/gakujutsu/haihu02/siryo1-1.pdf
千葉紀和　二〇一九『科学技術政策の軍民一体化を問う（後編）』「軍学共同反対連絡会ニュースレター」三三（二）、http://no-military-research.jp/wp1/wp-content/uploads/2019/05/NewsLetter_No33.pdf
津田大輔　二〇二〇「学協会の抗議声明全部読んでみました」（シンポジウム「日本学術会議任命拒否問題と『学問の自由』」発表資料）、http://anti-security-related-bill.jp/images/link二0201219dt.pdf
――　二〇二一『一〇〇〇を超える学協会の抗議声明から読み取れること』佐藤学・上野千鶴子・内田樹編『学問の自由が危ない――日本学術会議問題の深層』晶文社、二二七―二三六頁。
東京新聞　二〇二〇「学術会議への介入　軍事研究強いるためか」二〇二〇年一一月二四日六時五一分、https://www.tokyo-np.co.jp/article/70176
戸谷友則　二〇一九「安全保障と天文学――学術会議声明批判」『天文月報』一一二（一）：四七―五四。
永野博　二〇二〇「日本学術会議と海外のアカデミーの比較　任命拒否の理由の明示がまず必要、その後の議論のためのファクトシートと提言」『論座』二〇二〇年一〇月一六日、https://webronza.asahi.com/science/articles/2020101200010.html
永山國昭・栗原和枝　二〇〇九「日本学術会議とは何か?」『生物物理』四九（三）：一四七―一五〇。
日本学術会議　一九四九「日本学術会議の発足にあたって科学者としての決意表明」http://www.scj.go.jp/ja/info/kohyo/01/01-01-s.pdf
――　一九五〇「戦争を目的とする科学の研究には絶対従わない決意の表明」http://www.scj.go.jp/ja/info/kohyo/01/01-49-s.pdf
――　一九六七「軍事目的のための科学研究を行なわない声明」http://www.scj.go.jp/ja/info/kohyo/04/07-29-s.pdf
――　二〇〇三「各国アカデミー等調査報告書」http://www.scj.go.jp/ja/info/kohyo/18pdf/1813.pdf
――　二〇一七「軍事的安全保障研究に関する声明」https://www.scj.go.jp/ja/info/kohyo/pdf/kohyo-23-s243.pdf

――　二〇二〇ａ「『軍事的安全保障研究に関する声明』への研究機関・学協会の対応と論点」http://www.scj.go.jp/ja/info/kohyo/pdf/kohyo-24-h200804.pdf

――　二〇二〇ｂ「日本学術会議のより良い役割発揮に向けて（中間報告）」http://www.scj.go.jp/ja/member/iinkai/kanji/pdf25/siryo305-tyukanhoukoku.pdf

――オンラインａ「提言『第二四期学術の大型研究計画に関するマスタープラン（マスタープラン二〇二〇）』のポイント」https://www.scj.go.jp/ja/info/kohyo/kohyo-24-t286-1-abstract.html

――オンラインｂ「日本学術会議に関するQ＆A」http://www.scj.go.jp/ja/scj/qa/index.html

――オンラインｃ「日本学術会議における男女共同参画の取り組み」http://www.scj.go.jp/ja/scj/gender/index.html

野尻美保子・松尾由賀利　二〇二一「日本学術会議任命問題とその後の議論について」『日本物理学会誌』七六（四）：二三九―二四二。

北海道新聞　二〇二一「首相『解決済み』／野党は任命公約　学術会議、議論乏しく」二〇二一年一〇月二九日、https://www.hokkaido-np.co.jp/article/605504/

毎日新聞　二〇二〇ａ「ファクトチェック――『学術会議ＯＢは学士院で死ぬまで年金二五〇万円』フジ解説委員発言は誤り」二〇二〇年一〇月七日六時三〇分（最終更新一〇月九日一八時四三分）https://mainichi.jp/articles/20201006/k00/00m/040/302000c

――　二〇二〇ｂ「中国の研究者招致『千人計画』当事者の思い　『学術会議が協力』情報拡散の背景は」二〇二〇年一〇月一五日、https://mainichi.jp/articles/20201014/k00/00m/040/379000c

文部科学省　二〇一九『ロードマップとマスタープランの関係について』科学技術・学術審議会学術分科会研究環境基盤部会学術研究の大型プロジェクトに関する作業部会第八五回資料三－一、https://www.mext.go.jp/content/1421954_003.pdf

コラム①

軍事研究と基礎研究

本田康二郎

軍事研究の核心は兵器や兵器体系の開発にあって、人命殺傷と施設破壊という明確な目的を持ち、かつ極度の秘密保持を要求される点に特徴がある。これに対して基礎研究の核心は自然界の理解にあって、研究それ自体が目的であり、発見された知識は公開されるのが原則である。両者は対極にあるように思え、一見すると簡単に結びつくことはないように見える。ところが、戦前の科学技術者である大河内正敏は、これらを大胆に結びつける仕組みを考案した。その舞台が財団法人理化学研究所（一九一七～一九四八）であった。

東京帝国大学工学部造兵学科を首席で卒業した大河内は、軍需産業は利益率が高いわりにその経営が難しいことを嘆いていた。経営の難しさは、戦時が平時に戻った途端に、兵器販売が止まり、工場施設が停止され、倉庫に在庫品が溢れてしまう点にあった。この大問題を解決する仕組みを企画する必要に迫られた大河内は、欧州視察（ドイツ・オーストリア、一九〇八～一九一一）ののちに東京帝国大学教授となって、基礎研究を活性化させ民需産業を興隆させることこそが、軍需産業を下支えするに違いないという考えを温めていく。後に、彼は基礎研究と民需産業と軍需産業をつなげる産業のあり方を「科学主義工業」と名付け、その実践の場を理化学研究所に求めた。

理研の第三代所長に就任（一九二一）した大河内は、日本国内で行われた発見や発明がスムーズに産業に結びつかないことを問題視した。その原因は発明家と資本家の双方にあった。発明家の方は、自らの発明の利益を独占しようと焦るため、企業経営に他人を入れようとせず、結果として失敗してしまう。他方で、資本家の方は発明が有望であるか否かを判断する科学的知識を持ち合わせていないため、むやみやたらに外国の発明を購入するので、資金を無駄にしてしまう。それならば、発明や発見を産業化させる仕組みまで理化学研究所内につくってしまおうということで、大河内は帝国大学の職を辞し理化学興業という会社を設立(一九二七)してその経営にも乗り出していく。

大河内が目指したのは、理研の各研究室から出てきた研究成果をもとにベンチャー企業を設立し、「一工場一品主義」のスローガンのもとで新商品の大量生産を行うことであった。工場はなるべく地方につくり、農村の労働者(特に女性)を低賃金で雇うことで利益率を高めようとした。ここで重要だったのは、理研の研究者とベンチャー企業の経営者を分けることであった。研究者には研究にのみ集中させ、工業化や経営といった煩雑な仕事は別の者にやらせる。理研側は、要請があれば企業に出向いて助言を行い、商品開発の手伝いをする。企業側はその見返りとして、特許料や相談料を支払うので、この資金が理化学研究所を支える研究費として活かされていく。このような循環を生み出すことで、理化学研究所を中心とした理研コンツェルンが形成されていき、最盛期(一九三九)には企業数六三、工場数は一二一に達していた。理化学研究所最盛期の昭和一三~一六年の四年間の平均収入は三五〇万円で、その内訳は特許収入五五%、利息・配当収入二一%(ほとんどが理研産業団からの収入)、委託研究費収入が七%であった。そして支出の実に八〇%が研究費に使われていた。

大河内が企画した科学主義工業とは、科学的知識を持つ経営者(この場合は大河内自身)が基礎研究の中から産業の種を見出し、専門性の高いベンチャー企業を起こして商品開発や販売に当たらせる仕組みであった。理化学興業の当初の仕事はアドソール（吸着剤）、理研酒、ビタミン、計器などの製造販売のみであったが、各研究室からの発明が相次ぎ、アルマイト、ウルトラジン（紫外線を吸着する有機化合物）、陽画感光紙、ピストンリングおよび金属マグネシウムなどの工業化が続いていった。こうした成功例の中から、リコー（光学機器メーカー）、リケン（ピストンリング製造メーカー）、科研製薬、協和キリン、理研ビタミン、理研計器などの、現在まで続く多くの企業が生み出されていった。

大河内のなしたことの表面だけをなぞれば、民需産業を活性化させたことだけに注目が集まってしまうが、大河内には平時における民需産業の活性化こそが、戦時における軍需産業の下支えになるという狙いがあったことを忘れてはいけない。実際に、自動車エンジンの部品として開発されたピストンリングが、戦時には戦闘機（零戦）に応用され、その航続距離を飛躍的に向上させた。この成功を偶然と捉えるのは誤りであろう。軍需産業の成果を民需産業に転用することをスピンオフといい、その逆をスピンオンというが、大河内の狙いは常にこのスピンオンの方にあったのだといえる。この仕組みの利点は、戦争が終われば、ふたたび民需産業に容易にシフトすることができる点にあった。

さらに、完全なる基礎研究と見なされていた量子力学の研究を主宰していた仁科芳雄研究室で、日米開戦の八ヶ月前から原子爆弾開発のためのウラン濃縮実験（陸軍の極秘研究であった「ニ号研究」プロジェクト）が始まったことも重要な論点となろう。大河内は理化学研究所の研究者には最大限の研究の自由を保障していた。他方で、基礎研究の成果を工業や軍事に応用する場合には、基礎研究を行った本人と、その応用を行う者とを峻厳に切り分けて、基礎研究者を開発に関わらせなかった。戦後に平和運動へ邁進した湯川秀樹、朝永振一郎、坂田昌一、武谷三男といった錚々たる顔ぶれの物理学者たちが同じ仁科研究室出身であった理由は、大河内のこのような方針のゆえだったのだろう。大河内自身は、日本人自らが基礎研究から始めたものでなければ切り札となるような兵器はつくれないと考えていたので、軍部から原爆開発を打診された際にはすぐに応じたのであった。

このような歴史的事例を踏まえて、現代の日本の科学技術政策の下にある研究者らは自らの研究の自由について再考する必要があるだろう。研究資金の出資者が戦争を志向した場合、研究者は戦争に関わる研究を拒否できるのであろうか。本当の意味で、軍事研究を拒否しようとするのならば、各研究者は自らの研究成果がどのように応用されるのかについて常に関心を払い、自らの研究成果に発言力を持たなければならない。もし、それがかなわないならば、国民に分かりやすい成果報告を行う方法を見出す必要がある。報告の際には、研究成果のメリットばかりでなくリスクについても考察し、その研究成果をどうやって管理するかについて公論を起こす工夫をする。こうすることで、万が一の際には政治家や官僚や軍産企業の動きを、世論によって牽制することが可能になるかもしれない。

参照文献

大河内正敏　一九五三『一科学者の随想』東洋経済新報社。
本田康二郎　二〇一五「日本のサイエンス・イノベーション政策の思想史——理化学研究所と技術院」『イノベーション政策の科学　ＳＢＩＲの評価と未来産業の創造』東京大学出版会、六一—八二頁。
——　二〇二一「軍事研究と基礎研究——戦前の理化学研究所の科学技術政策」『同志社商学』七二（六）：一三一—一四八。

コラム②

十五年戦争期の日本の医学犯罪は「戦争の狂気」のせいか？

土屋貴志

それは「戦争犯罪」というよりも「医学犯罪」である

一九三一年から一九四五年にかけての「十五年戦争」期に日本は、主に中国の地で、何千あるいは何万ともいわれる人々を医学実験により殺害した（その証拠については土屋 二〇一七などを参照）。しかし、「七三一部隊」などにおけるこうした虐殺の実行者たちの大半は、戦後、研究データを引き渡す見返りに戦犯免責を得るという取引を米国と交わし、医学界に復帰した。

ところで、その残酷極まりない所業は、戦時下の狂気の産物なのだろうか。「人命を救うのが医学なのだから、こんなことは平時にはありえず、戦争を防ぎさえすれば防げる」のだろうか。残念ながら、そうとはいえない。

第一に、日本による致死的な医学研究について詳しく調べていくと、それらが単なる嗜虐趣味によるものではなく、綿密な科学的研究として行われていることが分かる（例えば土屋 二〇一八を参照）。人に対して非科学的な研究を行うことは倫理に反しているが、科学的でありさえすれば倫理的なわけでもない。研究対象者（被験者）を、実験動物であるかのように扱った方が、科学的には、より多くの知識や技術が獲得できることもあるからだ。

第二に、たしかに人の病を癒し治すことが医学の目的だが、そのための知識や技術は、人を対象として実験や研究を行うことでしか得られない。動物を用いた実験や研究で得られるのは、動物についての知識や技術だけである。医学にとって「人体実験」は不可欠なのだ。

第三に、医学研究は病に苦しむ多くの患者や人類を救うことを目指すが、そのために目の前の患者や被験者は「実験台」や「症例」にされる。つまり医学研究は、多くの人を救うという目的のために、目の前の患者や被験者を「手段」として用いるという側面を持たざるをえない。

このように、医学研究は、被験者の人権侵害へと誘う反倫理的傾向性を抱え持っている。実際、被験者の人権を侵害し、時には死に至らしめた研究は、医学史上数多く行われてきた（二〇世紀以降の日本における問題事例については井上・一家 二〇一八を参照）。もちろん、被験者を意図的に死なせる研究は、通常は犯罪とされる。しかし、たとえ平時であっても、「いずれ死ぬ人」（例えば死刑囚、脳死状態や死ぬ間際の患者など）を被験者にすることができ、研究によって被験者が死んでも罪に問われない状況が整えば、致死的な研究が行われてしまう可能性はある。まして戦時下なら、致死的研究を行える条件が整う機会は増えるかもしれない。

だが、「行える」からといって「行ってよい」わけではない。たとえ「いずれ死ぬ人」や「いずれ殺される人」を被験者にすることが「できた」としても、それだけで医学研究によって死なせたり殺したり「してよい」とはいえない。にもかかわらず、日本の医学者たちは、戦争や軍が整えた条件を利用した。

しかし、戦時下で行われた致死的研究で得られた知識や技術により、多くの人や人類の生命を救えることが確実な場合にも、そうした知識や技術を活用してはいけないのか。あるいは、少数の被験者を死なせることで、多くの人命や人類を救う知識や技術を得られるのが確実な場合でも、致死的な研究は絶対に行ってはいけないといえるか。

この問い（「汚れたデータ」問題）は、ナチス・ドイツによる医学犯罪（ミッチャーリッヒ他二〇〇一を参照）や十五年戦争期の日本による医学犯罪を通して見えてくる究極の問いである。これは、「悪魔的」な致死的医学研究の成果ですら、人命を救うという「善」のために利用しうる、という「善悪デュアルユース性」を持つことを露わにしている。

だが、これは戦争に関する問いではなく、医学そのものに関する問いである。だからこそ、ナチスや日本が行ったことは「戦争犯罪」というよりも「医学犯罪」と呼ぶのがふさわしい。

軍事医学にも倫理はある

ところで、戦争そのものに関してさえ、そのあり方（とくに目的と遂行方法）に関して倫理的制約がある、というのが「戦争倫理学」である。それと同様に、戦時下の医学に関しても倫理的制約がある。その制約に関して議論する学問が「軍事医療倫理学」である。

軍事医療倫理学は、戦場での友軍の医療、戦争捕虜などの抑留者に対する医療、戦時下における医療動員、軍事医学研究、人道支援における医療、軍医の職業倫理、などのあり方を問う。いずれも、平時や民間における医療を想定した通常の「医療倫理学」を超えて、非常時や戦場における医療を想定した議論が展開されている。

軍医は軍人であると同時に医師であり、しばしば、医師としての責務と軍人としての責務との間で葛藤を抱える。この「二重の忠誠」の問題は、単に自国軍内部の職務上の葛藤に留まらず、そもそも「人命を分け隔てなく救う」という医療専門職の理念と、自国軍に協力することで「敵」の人命の殺傷に加担しているという現実の間の、より大きな葛藤を含んでいる。

例えば、米国医学研究所（Institute of Medicine：以下「ＩＯＭ」。現・米国医学アカデミー）は二〇〇八年九月八日にワークショップを開催した。午前中に、仕掛けられた爆弾の爆発に遭って一時的に意識を失いＰＴＳＤを負った兵士を戦場に戻すべきかという事例と、ハンガーストライキを続ける抑留者をどうすべきかという事例に即して議論が行われ、午後には、軍事医療者に対する倫理教育のあり方や、軍という組織に固有の問題が討議された。「二重の忠誠」問題は、軍事医療だけでなく、産業医学、感染症対策、スポーツ医学、公衆衛生、精神衛生、法医学などの分野でも生じるので、これらの分野と比較し分析するのが有益であると、討論参加者は強調している（IOM 2009）。

同様に、米国軍の教科書『軍事医療倫理学』（US Army OSG 2003）は、最終章で、軍人としての責務と医師としての責務に引き裂かれる軍医の倫理的葛藤に焦点を当てている。軍医は第一に医師であり、負傷者の生命がかかっている時は、軍法に反してでも負傷者を救命すべきだ、というのが同書の結論である。

抑留者に対する医療に関しては、世界医師会が一九七五年の東京大会で「拘留および監禁に関連した、拷問その他の残虐、非人道的または侮辱的扱いないし処罰に関する、医師のための指針」を採択している。この「東京宣言」（最新の改訂は二〇一六年）は、医師が抑留者に対する拷問等に関わることを禁止し、医学的方法を尋問に用いることも可能な限り許すべきでなく、抑留者によるハンガーストライキは本人が危険性について合理的判断を下しているなら強制的栄養補給をすべきでない、とする。そして、この宣言に従うことで苦境に陥る医師を支援すると明言している（WMA 2016）。

こうした軍事医療倫理学では、倫理学（道徳哲学）の学術的蓄積に基づき、非常時や戦時下でとるべき行為について綿密に検討されている。また、安全保障が絡む事柄でも、可能な限り公開の原則を貫こうとしている。

このように、軍事医療倫理学は、軍に協力することで殺傷に加担するという医療専門職としての葛藤だけでなく、軍事への医療協力を正当化する効果を抱えつつも、戦争や軍事における医療がこれだけは守るべきだという最低線を示そうとしている。

「戦争や軍事に倫理はない」「戦争は狂気の沙汰であり、何でもありだ」という虚無的な思考は、かえって戦争そのものや戦争における残虐行為を咎めず正当化する論拠にもなりうる。人間が行為するところ、必ず「していいこと／してはいけないこと」や「すべきこと／すべきでないこと」が問われる。それは、戦争そのものに関しても、戦争の最中でも、同様である。

参照文献（ウェブサイトの閲覧日は、すべて二〇二二年四月一五日）

井上悠輔・一家綱邦編　二〇一八『医学研究・臨床試験の倫理――わが国の事例に学ぶ』日本評論社。
土屋貴志　二〇一七「十五年戦争期の日本の医学犯罪の証拠」二〇一七年二月一一日、第二回研究倫理を語る会、http://takatsuchi1.html.xdomain.jp/gyoseki/presentation/170211KenkyuRinriKataruKai.pdf
――　二〇一八「『駐蒙軍冬季衛生研究成績』を読む」二〇一八年二月一〇日、第三回研究倫理を語る会、http://takatsuchi1.html.xdomain.jp/gyoseki/presentation/180210KenkyuRinriKataruKai.pdf
ミッチャーリッヒ、A／ミールケ、F　二〇〇一『人間性なき医学』金森誠也・安藤勉訳、ビイング・ネット・

プレス。

Institute of Medicine（IOM）2009. *Military Medical Ethics: Issues Regarding Dual Loyalties*. Workshop Summary, The National Academies Press.

Office of The Surgeon General of U. S. Army（US Army OSG）2003. *Military Medical Ethics* 1 & 2.

World Medical Association（WMA）2016. *Declaration of Tokyo: Guidelines for Physicians Concerning Torture and other Cruel, Inhuman or Degrading Treatment or Punishment in Relation to Detention and Imprisonment*. https://www.wma.net/policies-post/wma-declaration-of-tokyo-guidelines-for-physicians-concerning-torture-and-other-cruel-inhuman-or-degrading-treatment-or-punishment-in-relation-to-detention-and-imprisonment/

コラム③

論理学と軍事

村上祐子

論理学と軍事は切り離せない。論理学は古典的な言語活動の理論として虚実入り乱れる情報の検証手法を提供するという側面において、諜報活動の根幹をなす技術の一つと見なせるだけではなく、さらに一九世紀以降数理的手法の導入により論理計算が定式化されてからは、通信技術・暗号技術と結びついていっそう発展してきた。第二次世界大戦時には哲学者・言語学者は数学者と並んで暗号解読に適する人材として軍事徴用された。彼らの暗号解読活動拠点としてイギリスのブレッチリー・パークは有名である。言語哲学者マイケル・ダメットは一九九四年の来日の際に日本語学習経験があることを述べていたが、これも第二次世界大戦中のイギリス軍の徴用によるものだった。現在ブレッチリー・パークには日本軍の暗号解読に向けた日本語の促成教材や原子爆弾投下の通信解読が展示されている。

実は日本でも類似のことが行われていた。ゲッティンゲンで学んだ数学者高木貞治は第二次世界大戦中には外交暗号に用いられた九七式欧文印字機（パープル暗号機）の強度評価や陸軍暗号学理研究会副会長就任といった軍事協力を行っている。また陸軍暗号学理研究会会長釜賀一夫は一九四三年秋から数ヶ月間東京帝国大学理学部（数学科・物理学科・天文学科）の学生に暗号学を講義し、一九四四年からはこれらの学生たちは茅野や岡谷に疎開して、茨城や田無の拠点が傍受した暗号文解読に従事していた。その中には山辺英彦（微分幾何）、玉河恒夫（整数論）、竹内外史（証明論）も含まれている（藤原・藤原 二〇一二）。この戦時協力について協力者たちは公式には沈黙を守ったが、山辺の妹がGHQ職員と結婚してこの事実を伝えたと藤原・藤原（二〇一二）が指摘しており、アメリカ軍にはこの事実は知られていたと考えられる。なお同書が挙げた三名および以下でキーマンとなる角谷静夫はその後アメリカの大学で教鞭をとることとなった。

また、第二次世界大戦前にアメリカで学んでいた角谷静夫は、開戦時に同じ引揚船で帰国した鶴見俊輔に紹介されて、京都帝国大学農学部で学んでいた石本新（鶴見のいとこ）と出征前に数学と数理論理学に関する議論を行っていた（石本 二〇一三）。石本は戦後論理学者として活動することとなるが、石本の実母である加藤シズヱの書簡ではまだ暗号の話題はこの時点では表立って出てきていないように見える。第二次世界大戦中には石本は勤務していた参謀本部から加藤シズヱに依頼して、数学や数理論理学の書籍を取り寄せ研究を進めていた。石本の暗号解読への関与を明記する資料は筆者には入手できていないが、一九二六年から参謀本部には暗号班が置かれ、一九三九年三月からは参謀本部特殊情報部が暗号解読を担当、一九四三年六月には陸軍数学研究会が発足していたことが分かる。石本が参謀本部に勤務することになった経緯は明らかではないが、明治期に築城本部長兼砲工学校長もつとめ森鴎外の上官でもあった陸軍中将石本新六の孫であったことは関係しているかもしれない。また戦後の石本の東京工業大学着任に際しても鶴見俊輔がキーパーソンであり、数理論理学をおさめた数少ない人として石本を推薦したと鶴見は述べている。この鶴見の発言からすれば、石本は終戦までにポーランド論理学を学ぶ機会があり、そのことを鶴見俊輔は知っていたわけだ。石本が論理学に関心を持ったきっかけは京都時代、本格的なトレーニングを受けたのは従軍中と推定される。もしこの仮説が正しければ、東京帝国大学理学部学生の徴用以外にも陸軍暗号班のリクルートルートが存在していたことになる。

石本が陸軍時代に暗号学を習得したという仮説の傍証として、ポーランドが暗号学について日本軍に知識供与を行っていた事実がある（ルトコフスカ 二〇〇五）。ポーランドは一九世紀末の三回にわたる国土分割を経て事実上国土が消滅していた。一九〇四年日露戦争開戦以前から日本政府は、ロシアの弱体化を意図してポーランドなど反ロシア勢力による独立運動支援を決定していた。ポーランド暗号班は数学者・論理学者を集めて活躍しており、一九一九年八月から九月にかけてヤン・コワレフスキは中尉としてソビエト赤軍の暗号を初めて解読したとのちにラジオ・フリー・ヨーロッパのインタビューで述べている（Polska Zbrojna 2019）。この暗号班には集合論研究を行っていたスタニスラフ・レスニエフスキやステファン・マズルキエビッチやワクラフ・シルピニスキも所属しており、コワレフスキとともに一九一九年から一九二一年にかけてソビエト赤軍の暗号を解読していた。レスニエフスキは一九一五～一九一八年にモスクワのポーランド中等学校で数学の教鞭をとっており、この間にシルピニスキと知り合った。一九一八年にワルシャワに戻ってから一九一九年にワルシャワ大学哲学科長となった。アルフレト・タルスキ（一九〇一～一九八三）はワルシャワ大学入学当初生物学を志しながらレスニエフスキのもとで哲学・数学・論理学を専攻することとなった。この経歴に農学部出身の石本が親近感を感じても不思議がない。ステファン・マズルキエビッチは一九二〇年以降も継続して暗号班に参加していた。

日本側では一九二一年には外務省電信課分室に陸軍・海軍・外務省・逓信省の合同暗号研究会が設立された。ポーランド暗号班は日本と協力関係を築くこととし、コワレフスキはその後一九二四年九月から一二月まで日本で暗号学を講じた。これを受けて日本では一九二五年に陸軍通信学校が設置され、一九三九年まで陸軍から毎年二名がポーランドに留学することとなった。

ポーランド軍では一九二九年からナチス・ドイツのエニグマ暗号解読のために数学科卒業生をリクルートし、一九三二年にはエニグマの暗号化・復号に用いられるローター機構を解明していた。この情報はイギリスには伝えられてブレッチリー・パークでのエニグマ解読につながったが、戦略的配慮から日本には伝えないままとなった。このことはその後も日本軍がエニグマと同機構のパープル暗号機を使用し続けたことからうかがえる。

第二次世界大戦前の日本の論理学の教育に関しては、理系学生については少なくとも東京帝国大学では菊池大麗の意見を容れて数学・物理は共同でカリキュラムを組んでおり、一九二〇〜三〇年代については大学入学後に論理学を学習していた。軍部がリクルートしたのは主に理系学生だった。陸軍暗号班トップの釜賀は戦後にも影響力を持ち、現代でも防衛研究所に至る諜報研究は通じてこの流れを汲んでいる。

日本では終戦後のパージを経て論理学と軍事はアカデミックには断絶させられてしまった。戦後のアカデミズムにおける論理学の主流は第二次世界大戦前の日本の高等学校における文系向け論理学教育の状況を反映している。戦前の高等学校規程（大正八年文部省令第八号）では「心理及論理」科目が高等科文系必修であり、当然教員採用試験にも出題されたが、理系には提供されない科目だった。関係法令第一一条に「心理及論理は各種の精神作用、思考の原則及其の方法の概要を授くべし」と定められ、高等科三年のうち、標準カリキュラムでは心理及論理は二学年と三学年にそれぞれ毎週二時間配当されていた。文部省認定教科書も、伝統的論理学に限らず、命題論理・述語論理が含まれるものもあり、時代に応じて最先端の内容を取り入れようとしていた。戦後論理学が主に教養課程に置かれたのは、旧制高等学校カリキュラムを引き継いだからである。

しかし日本を除く各国の計算系博物館ではもちろん情報セキュリティの観点も強調する展示が組まれており、計算や暗号の理論の歴史的背景として軍事通信がその前段となっている。通信の効率化・機密化は通信理論のそもそものモチベーションであり、論理学や情報学はその理論化の一環であると位置づけられる。軍事の観点を見落とすとあたかも計算はそれそのものとして純粋に抽象的なものと考えられがちだが、そもそも物理的に実装されその社会の中に応用された時点で論理学は極めて戦略的ツールとなってしまったのだ。

参照文献（ウェブサイトの閲覧日は、すべて二〇二一年一二月二〇日）

石本幸子　二〇一三『心の軌跡――加藤シヅエと石本恵吉男爵一九一九～一九四六』朝日新聞出版。

藤原正彦・藤原美子　二〇一二『藤原正彦、美子のぶらり歴史散歩』文藝春秋。

ルトコフスカ、エヴァ　二〇〇五「日露戦争が二〇世紀前半の日波関係に与えたインパクトについて」防衛省『戦争史研究国際フォーラム報告書』第三回、https://dl.ndl.go.jp/info:ndljp/pid/1283010

Polska Zbrojna, Wojna wywiadów, August 11, 2019, http://polska-zbrojna.pl/home/articleshow/28973

第Ⅱ部　個別の技術から考える

第3章　原子力のデュアルユース問題は単純か

濱村　仁

序論で触れられたように、科学技術のデュアルユース性という概念は多義的であり、軍事・民生の関係を問題にする部分と善用・悪用の関係を問題にする部分が混在している。軍民と善悪は一見すると互いに独立したものだが、特定の技術では軍事利用が即座に悪である（また民生利用は善である）という図式が成り立つこともあると思われる。そして、本章の主題である原子力はまさにそのような事例に当たると考えられがちだ。実際に防衛装備庁の安全保障技術研究推進制度に関する学術会議の声明・報告は、軍民と善悪を重ねることの是非について深入りを避けているものの、原子力分野については「わが国では原子力の軍事利用にかかわる研究は、『非核三原則』や法律に加えて学協会の自己規律によっても禁止されている」（日本学術会議 二〇一七：五）と、明示的に言及する。

また学術会議も認めるように、デュアルユース技術の管理には軍事利用と民生利用を截然と分けることが難しいという問題がつきものだが（日本学術会議 二〇一七：三）、分野によっては制度化が進んでいる。この点で、原子力は軍事転用防止が相当制度化された模範的分野と見られやすい。学術会議の検討委員会に招聘された元原子力委員長代理の鈴木達治郎は、「もともと軍事利用から始まったので、当初から民生利用の転用防止が制度化されて」いると説明した[*1]（日本学術会議 二〇一六：一二三）。

つまり軍事利用すなわち悪という図式が成り立ち、デュアルユース技術管理の制度化が相当進んでいるために、問題が単純だと捉えられやすいのが原子力分野だ。しかし本章では、問題はそう簡単でないことを示す。これから論じていくように、この分野でも軍民と善悪をそのまま重ねる図式が成り立つとは限らないし（第1節）、技術管理の制度化はそれ自体として複雑な問題を生み出す（第2節）。そして軍事利用の範疇に収まらない「暴力的利用」も注目を集めている（第3節）。これらは国際社会で議論や実践が積み重ねられてきた論点であるため、国際動向を軸に問題を整理しながら、日本もその中に位置づけていく。末尾の補論では、原子力分野の論点として一般に想起されやすい核オプション論を別途検討する（第4節）。

1　軍民と善悪は重ねられるか

軍民と善悪をそのまま重ねる発想はこの分野でも自明ではない。まず軍事利用すなわち悪という図式の妥当性を考えてみると、少なくとも現実には軍事利用は全否定されておらず、どこまで許容するのかが政策的課題だ。そしてこれは国際社会の議論に限った話ではなく、原子力基本法で平和目的を掲げる日本とて無縁ではない。むろん軍事利用が悪であるという規範命題の当否はそのような事実からは判断できない。とはいえ悪とは言い切れない、あるいは善悪で捉えることは本質的でないと考える人々の存在を踏まえる必要はそれによって示されよう。

代表的な原子力軍事利用――核兵器・放射能兵器・原子力艦

原子力軍事利用の典型として、核兵器・放射能兵器・原子力艦がある。まず核兵器は国内的には原子力基本法や非核三原則の禁止対象だが、国際的にも規制されている。日本が加わっている代表的な条約に、保有国を五ヶ国に限定する核不拡散条約（ＮＰＴ）、実験を制限・禁止する部分的核実験禁止条約（ＰＴＢＴ）と包括的核実験禁止条約（ＣＴＢＴ、未発効）、非国家領域での規制に関わる南極条約・宇宙条約・海底非核化条約がある。その他には特定地域での規制に関わる各地の非核兵器地帯条約、主要核兵器国たる米露間の新戦略兵器削減条約などもある（核兵器禁止条約については後述）。

国際社会の核兵器規制はあくまで部分的で、全面禁止ではない。この状況は核兵器の肯定論と否定論の相克から生まれた玉虫色の秩序と捉えられるが（Walker 2012: 4-5）、その相克を没倫理的肯定論と倫理的否定論の対立として単純に考えることはできない。倫理的肯定論の代表例には、核戦争（核攻撃の実行）を絶対悪として、それを防ぐのに有用なら核抑止（核攻撃の威嚇）を必要悪として認めるという一種の帰結主義的論理がある（佐藤 二〇一二）。いうまでもなく、核戦争の不在という「起きなかったこと」の理由説明が難しいため、傍点を付した事実命題の妥当性は極めて論争的である。

しかも厄介なことに、この相克が核保有の不平等体制としても制度化されたことで、核兵器を善悪で語ることにさらなる政治的な捻れが加わった。この階層化は第二次世界大戦の敗戦国の武装解除に端を発するが、[*2] 現在に至る階層秩序を確立したのは一九六八年のＮＰＴである。ＮＰＴの交渉時点で既成事実であった米ソ英仏中の核兵器国の地位が承認される一方で、それ以外は非核兵器国と規定され、その不平等は曖昧に規定された核軍縮交渉義務によっていつとも知れぬ未来に解消される建前がとられた。核兵器国はその建前を掲げつつ核抑止政策を実践しながら核拡散の危険を語るという曲芸によって核寡占を維持している。核軍縮は徐々にしか進められないこと、現存の核兵器はできる限り「安定的」に運用すべきこと、核拡散は問題を悪化させることを認めると、ともすれば本来核兵器に否定的な論者すらこの階層秩序の論理に取り込まれてしまいかねない。

とはいえ、NPTで階層秩序のかたちがすべて確定したわけではない。まず、イスラエル・南アフリカ・インド・パキスタン・北朝鮮はNPTに抗して事実上の核兵器国となった。国際社会での扱いは一様ではなく、南アフリカは反アパルトヘイト運動と結びついた国際的圧力の結果核兵器を放棄してNPTに加入したが、イスラエル・インド・パキスタンの核保有はおおむね既成事実となり、北朝鮮は今も正されるべき逸脱とされている。また、ソ連崩壊時にはロシア・ウクライナ・ベラルーシ・カザフスタンに核兵器が分散したが、結局ロシアだけが核兵器国となることで決着した。これらの事例ではいわば階層秩序における線引きの位置が問題となったが、二〇一七年の核兵器禁止条約は階層性そのものに挑戦している。けれども核兵器国やその同盟国（日本を含む）はこれに反対しており、階層性解消の見込みは立っていない。

次に放射能兵器は、核爆発なしで放射性物質を撒き散らす兵器である。第二次世界大戦後初期にはこれにも関心が集まり、核兵器・生物兵器・化学兵器と並んで大量破壊兵器とされることもあったが、軍事的有用性の低さなどから導入国はなかった。国際社会で禁止反対論はあまりなかったが、実際の禁止には至っていない。その原因は切迫性の薄さに加えて、核施設の攻撃を含めるか、放射能兵器だけ禁じることでその定義から除外される核兵器が間接的に肯定されないかといった論点だった（Herbach 2016: 61）。だが特に今世紀に入るとテロリストが使用する懸念が頻繁に語られたり、二〇〇六年のリトビネンコ毒殺事件でポロニウム210が使われたりと、軍事利用とはやや違う文脈で関心を集めている（第3節参照）。

曲がりなりにも一種の禁忌が存在する核兵器・放射能兵器と違い、船用炉を動力源とする原子力艦（潜水艦・航空母艦など）は殺傷との関わりが間接的で、さらに微妙な立ち位置にある。*[3] 現在の運用国はすべて（NPT上または事実上の）核兵器国だが、非核兵器国の保有に国際規制はなく、ブラジルが原潜開発を進めているほか、オーストラリアは米英の支援で保有する方針を打ち出し、韓国やイランも表立って検討している。ただし非核兵器国が原子力艦を開発・保有する場合、その核物質は民生利用の核兵器転用を監視する国際原子力機関（ＩＡＥＡ）の保障措置から外れるので（Fischer 1997: 272-273）、政治問題となることがある。また、原子力艦の寄港は放射線被曝や事故賠償責任、核兵器との結びつきなどから反対されることもあり、ニュージーランドでは一九八〇年代にあらゆる原子力船の寄港が禁止された。日本でも過去には米軍原子力艦の寄港反対運動が高揚したが、今では寄港が日常化している。

なお、日本は二〇〇四年の防衛大綱を策定する際に原潜保有を極秘に検討・断念したとの報道があるが（産経新聞二〇一一）、政府の公式見解では原子力基本法で禁止される。*[4] この法解釈は自衛隊だから軍事利用という話ではなく、「軍事・民生を問わず広く一般的に利用されている技術を自衛隊が使うのは軍事利用ではない」といういわゆる一般化理論に基づき、原子力船が一般化していない現状では原子力艦は認められないという論理構成をとる。*[5]

周辺的な原子力軍事利用――核の傘・劣化ウラン弾・核戦略論

周辺的な原子力軍事利用――民生利用との境界領域という意味ではなく（第2節参照）、この文脈で意識されることが少ないという意味で――として、ここでは核の傘・劣化ウラン弾・核戦略論を取り上げる。

まず、核兵器国に同盟で依存する非核兵器国は核兵器をいわば「間接利用」している。これが最も具体化されたのは、非核兵器国に核兵器運用上の役割を認める北大西洋条約機構（ＮＡＴＯ）の核共有である。これは、平時から核搭載可能兵器を運用する同盟国が戦時に在欧米軍の管理する戦術核爆弾・弾頭を受け取る取極め（や、核兵器運用に関する綿密な政策協議制度）である。ＮＰＴ違反という批判に対して、ＮＡＴＯは核兵器が移譲される戦時にＮＰＴの効力は失われるので合法だと主張する（Nassauer 2001）。

間接利用が具体化されていない同盟では、その国の非核政策との関係が十分調整されずに摩擦を生むこともある。日本は核兵器を「持ち込ませない」としたので同盟管理に苦慮し、核兵器搭載艦・搭載機の立ち寄りや有事の核兵器沖縄再配備に関する密約ができた。またオーストラリアとニュージーランドは、南太平洋非核地帯をつくった際に、核兵器搭載艦・搭載機の立ち寄りなどを禁止しないことで米国とのアンザス同盟と両立を図った。だがニュージーランドは独自に立ち寄りも禁止して米国と衝突し、同盟の形骸化を招いた。[*6]

次の劣化ウラン弾は、原子力の軍事利用なのかが争われている例である。劣化ウランとは、天然ウランに含まれる核分裂性物質ウラン235の多くが濃縮工程で取り出されて「劣化」した残滓であり、砲弾や装甲材として軍事利用もされる。劣化ウラン弾は米国など一部の国が装備し、実戦でも使ってきた。戦場帰還兵や現地住民の健康被害が多数報告されているが、劣化ウラン弾が原因なのか、それが原因だとして重金属中毒と放射線被曝のどちらが理由なのかは論争的だ。保有国はこれを通常兵器として扱うが、批判者の多くは放射能兵器の一種と見なしている。これは「核」という意味づけ自体が政治的効果を持つために起こる問題だろう（cf. Hecht 2012）。

最後に、学術会議の定義に従えば、兵器運用の研究も軍事研究と見なしうる。[*7] ここでは典型として核戦略論を取り上げる。軍人の領分だった伝統的な戦略論は戦勝を目的とするが、核兵器の圧倒的破壊力と防御不可能性、そして米ソが強大な核戦力を持ったことで、核戦略論の最重要課題は全面核戦争の回避となった。この発想の転換を主導して米国核戦略論の中核を確立したのはランド研究所などの文民戦略家だ。その議論は、どちらが先に核攻撃しても壊滅的な報復を被るため先に核攻撃する誘因がない状態の創出を重視する相互確証破壊論と、限定核戦争を有利に進める態勢を整えて核報復の威嚇の説得力を高めることを重視する核戦争遂行論の二派に分かれた。前者は緊張緩和と軍備管理を進める理論的根拠となるため、核廃絶を長期的目標に棚上げして核兵器否定論から転向する動きも見られた（Adler 1992; Freedman 2003: 165-195）。また核兵器を全否定する立場でも、核戦略論の土俵に乗って内在的批判を行う論者もいる。このように運用研究は兵器の開発・使用を促進する知にも牽制する知にもなるが、両者を分けることは極めて困難である。[*8]

原子力民生利用は善用といえるか

次に、民生利用すなわち善という図式は妥当だろうか。軍事研究批判論はこの点を暗黙の前提とするか、不問に付すことが多い。だが、かつてはこの図式がはっきりと語られており、戦後初期の日本では原子力軍事利用を否定するからこそ民生利用を推進すべしとの論が盛んだった（山本 二〇一二）。同様に一九五〇～六〇年代に成立したＩＡＥＡやＮＰＴも、民生利用を促進することで核兵器の悪を「贖う」という発想に立っている側面がある（Peoples 2016）。けれども今では民生利用批判論――軍事利用とのつながりに関する批判ではなく（第2節参照）、民生利用それ自体への批判――が大きな影響を持っている。具体的には、原子力過酷事故、原子力発電や再処理などの経済合理性、放射性廃棄物の処分方法、労働者の健康被害、原子力施設の立地問題、政策決定の閉鎖性などが問題視されている。

もちろん今世紀には原子力発電が地球温暖化対策として巻き返しており、発展途上国の電力需要拡大も相まって、批判論の勝利が見えているわけではない。加えて民生利用は発電や推進などエネルギーの動力利用に尽きるものでもない。放射線や放射性同位元素（ＲＩ）は基礎科学・医療・農業・工業などで少なからず代替不能なものとして使われており、その意義は否定されないだろう。とはいえ、民生利用を即座に善と見なす発想がすでに自明性を失って久しいのは確かである。

2　デュアルユース技術管理の模範なのか

次に、原子力をデュアルユース技術管理の制度化が進んだ模範的分野と見なすことの盲点を論じる。原子力の管理は軍事の中でも核兵器への転用防止が主眼となるが、その制度化に必要とされる許容範囲の画定作業は技術的に解決するのが難しいだけでなく（日本学術会議 二〇一七：三）、それ自体が極めて両義的な意味を持つ政治的行為だ。これからその作業を具体的に見ていくが、その際には利用形態と利用主体の問題を分けて整理したい。

利用形態の許容範囲画定には、軍事との距離の近さゆえに禁止される（あるいは各国の個別利用を認めずに多国間管理下に置かれる）民生利用の問題と、軍事転用リスクを管理するために民生利用が服する規制の射程の問題がある。まずは前者の問題を見てみよう。

利用形態（一）――どこまで民生利用を認めるか

規制の最初の試みは一九四〇年代後半に国連原子力委員会で議論された国際管理構想である。米国のバルーク案は、ウラン・トリウム資源の保有、核分裂性物質の生産、核爆発の研究を危険な活動として超国家的機関の管理・監督・支配下に置き、各国が行える民生利用の範囲を大きく狭めたが、冷戦対立が深まる中で核兵器開発を急いでいたソ連を標的とする意図が露骨で、実現しなかった。以後これほど広範な制限は試みられておらず、主に平和的核爆発・ウラン濃縮・核燃料再処理が焦点となった。

平和的核爆発は運河建設や地下資源掘削などを目的とするもので、一時期米ソにより試行された。しかし一九六〇年代に核兵器を規制する段になってそれと技術的違いがないことが問題となり、地下以外の核実験を禁止したPTBTや非核兵器国の核保有を禁じたNPTは、目的の如何を問わず核爆発（装置）を規制した。とはいえ当時米ソは平和的核爆発を試していたため、NPT第五条はそれから生じうる利益の非核兵器国への提供を定めた。また、一九六七年のラテンアメリカ核兵器禁止条約は平和的核爆発の位置づけが曖昧で、認められると解釈するブラジルやアルゼンチンと、核兵器との区別が技術的に可能になるまで禁じられると解釈する多数派諸国が対立した。一九七四年にはNPT未加入のインドが自称「平和的核爆発」を行って問題となる。実験に使われたプルトニウムは、国産天然ウランの核燃料をカナダから導入した研究炉で照射し、自前の再処理施設で抽出したものだった。加印原子力協定で同炉の使用は民生目的に限られていたが、インドは平和的核爆発がそれに反しないと主張し、カナダの反発を招いた。インドの主張は詭弁と見られがちだったが、実際に同国は当時まだ核武装を決めかねており、むしろこの実験自体が軍事と民生の一方に還元できない両義性を帯びていた（Abraham 2006）。

だが平和的核爆発は次第に訴求力を失っていった。一九九一年にはブラジルとアルゼンチンがラテンアメリカ核兵器禁止条約の多数派解釈を受け入れ、中南米に続いて各地でつくられた非核兵器地帯条約も平和的核爆発を禁じた。そして一九九六年のＣＴＢＴは核爆発をすべて禁止し、二〇〇〇年のＮＰＴ運用検討会議でＮＰＴ第五条は死文化した。

次にウラン濃縮（天然ウランに〇・七％含まれる核分裂性物質ウラン２３５の比率を高める工程）と再処理（使用済核燃料に含まれるプルトニウムやウランを分離する工程）は、核兵器に不可欠な高濃縮ウランやプルトニウムを生み出す。だが民生用途としても、低濃縮ウランは発電用に多い軽水炉など、高濃縮ウランは研究炉や船用炉、そしてプルトニウムは軽水炉など（および実用化が見通せない高速増殖炉）で使われる。両技術はＮＰＴ交渉時には民生利用の許容範囲とされたが（Popp 2017: 26）、その後禁止や多国間管理の主張が台頭した。禁止論の標的となったのは、世界の原発の大半を占める軽水炉の燃料製造に必要なウラン濃縮ではなく、使用済核燃料を直接処分する方式では不要な（そして経済合理性が疑われるようになった）再処理である。一九七〇年代後半に米国が民生用再処理中止の国際合意形成を図った時は多くの反発が出て失敗したが、その後放棄を選択する国が増え、今や非核兵器国で本格的に再処理を進めるのは日本だけである。同様に濃縮や再処理を多国間施設のみで行う構想も繰り返し議論されており、二〇〇三年にＩＡＥＡのエルバラダイ事務局長が提起したことで再び注目された。濃縮・再処理施設を持つ日本はこの動きを警戒している。

利用形態（二）——軍事転用リスクをどこまで管理するか

核兵器転用リスクのある民生利用を一定範囲で各国に認めると、リスク管理が問題となる。厳しく管理するほどリスクは抑え込めるが、民生利用の妨げや主権の侵害という反発を呼ぶ。この許容範囲画定の焦点は、IAEAの保障措置基準と原子力供給国の輸出管理基準である。

IAEA保障措置は民生用の核物質・資機材などを国家が核兵器に転用しないことを確認する制度で、冷戦期に六六型と一五三型の基準が確立した。前者はIAEAの供給した核物質・資機材、原子力協定を結んだ国々が依頼した核物質・資機材などに特定的に適用されるのに対して、後者は当該国の民生原子力活動に関わる全核物質を包括的に対象とし、NPTの非核兵器国に課される。一五三型はNPT成立当時の西欧を中心とする非核兵器国の主張を反映して民生利用の妨げの最小化が重視され、当該国内の枢要な核施設を出入りする核物質の量を管理して一定以上の誤差がないことを確認する計量管理制度に基づく申告をIAEAが検認する形式をとる（補助的手段として核物質の封じ込め、機器による監視、査察にIAEAも参加する）。

国際的な輸出管理体制も供給国主導で一九七〇年代から制度化が進んだ[*9]。まずNPTが一五三型保障措置なしで核物質・資機材を非核兵器国へ輸出することを禁じたため、ザンガー委員会で保障措置が発動される規制品目の範囲について協議が行われ、一九七四年に最初の規制品目表が公表された。これが意味を持つのは一五三型保障措置を受け入れる義務がないNPT非当事国への輸出だが、その場合に求められる保障措置が六六型と一五三型のどちらなのかは曖昧にされた。またＮＰＴ未加入の供給国を含めて政策協調をする必要も認識されたため、原子力供給国グループ（ＮＳＧ）の会合が行われ、一九七七年にガイドラインが完成する。これらの規制品目の選定には唯一の技術的正解はなく、政治的考慮の働く余地が大きかった（Anstey 2018）。背景には、先進国市場を押さえる先発供給国が厳しい輸出管理を求め、残された発展途上国市場を開拓したい後発供給国が緩やかな輸出管理を求めるという対立が存在した（Walker and Lönnroth 1983: 35-40）。日本はといえば、当時ほとんど輸出実績がなく受領国に近かったが、原子力開発を本格化させていたため将来の供給国として最初から協議に参加した（武田 二〇一八：一二一―一二二）。

冷戦後にはＮＰＴ当事国のイラクによる核兵器開発が発覚したことなどから、管理体制が強化された。ＮＳＧは一九九二年に非核兵器国への移転に一五三型保障措置を求めるなど輸出要件を厳格化し、原子力関連設備に利用可能な汎用品を規制する第二のガイドラインを作成した。また一五三型保障措置は申告された核物質の計量管理の正確性を確認できるだけで、未申告の核物質の存否は十分確認できないことが問題視されたため、当事国の申告事項やＩＡＥＡの査察権限を拡大した追加議定書が一九九七年につくられた。追加議定書批准は非核兵器国の義務ではないが、二〇一一年のＮＳＧガイドライン改正で（一部例外はあるものの）濃縮・再処理施設などの移転要件となった。

このような供給国主導の管理強化は、発展途上国を中心に反発も生んだ。ＮＰＴは非核兵器国が核保有の権利を放棄する代償として、民生利用の「奪い得ない権利」を保証する。民生利用がかかる政治的機能を果たしているため、技術的観点から軍事転用リスクの管理を強化することは論争を呼ぶような政治的行為となるのである。

利用主体（一）——どの国の民生利用をどこまで認めるか

利用主体の許容範囲画定は国内的にも原子力関連の事業許可などで行われるが、国際的にはどの国にどこまで認めるのかという問題になる。前述した利用形態の規制は、必ずしも一様に適用されないのだ。この主権不平等は、第1節で触れた核保有の不平等と相まって、国家間の力関係を固定する権力政治作用を及ぼす。そもそも近代国家の存在意義は統治領域の安全保障と経済発展に結びついており（Abraham 1998: 11-14）、現代国際社会は主権平等を建前としているから、かような不平等が反発を呼び起こすのは容易に想像できる。まずは民生利用の許容範囲画定を利用主体の観点から再び取り上げたい。

核兵器の場合と同じく、民生利用の非対称規制も第二次大戦の敗戦国の扱いに始まる。占領下の日独では軍事との距離が近い民生研究も広く禁止され、原子力に関しては、ドイツでは応用核物理学、日本では核物理学全般が禁止された。このような極端な民生利用の制限は当初講和条件として独立後も維持される可能性があったが、結局基本的に解除された[*10]。

これに対してＮＰＴは、核保有の不平等を認める代償として、民生利用の「奪い得ない権利」を当事国に保障した。そこで明確に容認された唯一の差別は、非核兵器国だけ平和的核爆発を禁止されたことである。しかし、その後濃縮や再処理についても不平等を固定化しようとする機運が出てきて、一九七七年のＮＳＧガイドラインではそれらの移転は「抑制」すべきで、移転の場合は多国間施設が望ましいとされた。この方向性をさらに進めた二〇〇四年のブッシュ提案は、すでに本格的な濃縮・再処理施設を持つ国以外への移転をＮＳＧ諸国が控え、濃縮・

再処理を放棄した国に核燃料供給を保証するとした。だが新規移転を一切認めないことには反発が強く、二〇一一年のＮＳＧガイドライン改正では従来より厳格な諸条件を満たした国だけに濃縮・再処理技術などの移転を認めることになった。濃縮・再処理放棄と紐付けた国際的な燃料供給保証も実現していないが、米国は可能な場合に二国間協定で濃縮・再処理放棄の約束を取り付けようとしている。濃縮・再処理施設を持つ日本の「特権」は時に不満や羨望の対象である。

並行して、冷戦後には特定国の権利を強制的に制限する動きが復活した。①イラクは、湾岸戦争の停戦条件を定めた安保理決議六八七で核兵器に利用可能な核物質・資機材などを禁じられ、その関係で民生利用も制限された。その後イラクが査察協力を中止したことはイラク戦争を招く一因となる。②北朝鮮は、米朝枠組み合意（一九九四年）や六者協議共同声明実施のための二つの段階的措置（二〇〇七年）で、同国が民生用と主張することもあった寧辺核施設の閉鎖や無能力化などに合意した（いずれも合意はやがて崩壊）。また二〇〇六年の決議一七一八以来、安保理は「完全・検証可能・不可逆」な方法で北朝鮮が核兵器・核計画を廃棄することを義務づけている。民生用も含めて全核計画をいったん廃棄する要求を米国は六者協議で「完全・検証可能・不可逆な解体」と表現しており（倉田二〇〇八）、安保理決議の文言も同趣旨だとすれば、実効性はさておき民生利用の厳しい制限規定である。③イランは、二〇〇六年の安保理決議一六九六と一七三七で濃縮・再処理・重水製造などの停止を義務づけられた。その後二〇一五年の核合意はウラン濃縮を含む民生利用を制限された形で認めたが、トランプ政権の合意離脱後の情勢は予断を許さない。

利用主体（二）――どの国の軍事転用リスクをどこまで管理するか

軍事・民生利用の規制における差別性は、保障措置や輸出管理といった軍事転用リスクの管理にも波及する。加えて、軍事転用するリスクが高い、軍事転用した時にリスクが高い、あるいは厳しい対応が効果的だと判断される国は特別厳格な管理対象となる。

保障措置は、①資機材の国際移転が個別的な原子力協定を中心に進むため、受領国の扱いにばらつきが生じることがまず問題になった。例えば、一九五八年の米国と欧州原子力共同体（ユーラトム）の原子力協定は、西欧統合を後押しする狙いから後者の「自己査察」を特例で許して他国の不評を買った。ユーラトムがそれを要求した背景には、マンハッタン計画に参加した英国・カナダに米国が保障措置を免じたことへの不満があった（Forland 1997: 88-91, 107; Krige 2016: 67-72）。②ＩＡＥＡの六六型保障措置はこのばらつきを均すことを期待されたが、供給国が移転する資機材の軍事転用リスクを管理する同措置によって、受領国だけが監視される非対称性が今度は際立った（cf. Forland 1997: 105）。③ＮＰＴが求める一五三型保障措置は域内の全核物質を管理するので、その種の非対称性は解消される。しかしＮＰＴは核兵器国と非核兵器国の不平等を固定化するため、後者だけが保障措置を課されるという別の非対称性を目立たせる。④冷戦後には、湾岸戦争後のイラクに対する安保理決議六八七や二〇一五年のイラン核合意など、核兵器開発疑惑のあるＮＰＴ当事国が特別厳しい保障措置を強要される事例も出てきた。

次に輸出管理については、①原子力供給国が移転する資機材・技術の軍事転用リスクを問題にするため、受領国のリスクだけに注目するという原理的な非対称性がまずある。②また、ＮＰＴの輸出管理義務の明確化を目的とするザンガー委員会はもちろん、NSGも一九九二年に一五三型保障措置を非核兵器国への移転要件とすることで、NPTの不平等性を取り込んだ。③このような制度化の進展で現実との齟齬が拡大した結果、今度はそれを強引に解消しようとする政治的決断を招き、新たな二重基準がつくられた。事実上の核兵器国として一五三型保障措置を受け入れないインドは、NPT上は非核兵器国として扱われるためにNSGで輸出が禁止されていたが、二〇〇八年に特例で禁止を免除されたのである。これは同国への戦略的接近を図る米国が主導した動きで、日本も追随した。

3　軍事利用ならぬ「暴力的利用」

デュアルユースを民生と軍事の間の転用の問題と位置づける学術会議の報告は（日本学術会議 二〇一七：三）、軍事利用の範疇に収まらない「暴力的利用」とでも呼ぶべき問題が注目を集めている現状とずれがある。これは安全保障技術研究推進制度への対応を念頭に置いて焦点を絞るために検討委員会で除外された論点だが、軍事研究をめぐる問題を問い直す上では見逃せない。

暴力的利用の主体

まず重箱の隅をつつくようだが、国家の暴力装置は軍隊に限られないので、治安・情報機関が担い手となる事態は十分考えられる。第1節では放射能兵器の使用例としてリトビネンコ毒殺事件に触れたが、これにはロシア連邦保安庁（ＦＳＢ）の関与が疑われている。また、別の意味で軍事利用と呼びにくいのが、兵器配備部隊の暴走である。核兵器に関してはこの問題が昔からかなり議論されてきた。

純然たる非国家主体の暴力的利用は、核テロリズムとして近年とみに関心を集めている。これについては核物質などの取得を阻止することが対策の主眼である。ＩＡＥＡは一九七〇年代から核物質防護のガイドラインを作成・改定しており、また国際テロ関連条約として、民生用核物質・核施設の防護に関わる改正核物質防護条約、核兵器・放射能兵器を含む致死装置の爆発・発散に関わる爆弾テロ防止条約、放射性物質・核爆発装置の所持・使用や核施設の使用・損壊に関わる核テロ防止条約がある。これらは特定行為を国内犯罪化し、国外の犯罪にも広範に裁判権を設定し、国内で発見した容疑者は「引渡しまたは訴追」の原則で扱うなどの規定で共通している。二〇〇四年には安保理も決議一五四〇で非国家主体による核兵器などの取得・使用を防ぐ義務などを定め、各国の履行状況を監視する委員会を設置した。これ以外にも様々な取り組みが行われている。

非国家主体の暴力的利用の悪用性

善悪との関係でいえば、非国家主体の暴力的利用は一見即座に悪と見なせそうだ。国際社会で多数の規制がつくられてきたのも、こうした基本的合意があるからだろう。しかし考えてみると、この問題は利用主体の非対称な制限という点で、第2節で触れたように物議を醸している主権不平等と本質は変わらない。そのことをどう理解すべきだろうか。

国家と非国家主体の違いとしてよくいわれるのは、核報復の威嚇で相手国の核攻撃を抑止するという核戦略論の想定が、報復先がない（あまつさえ自爆も厭わない？）テロリストには通用しないということである。ただ、この妥当性を論じることにさほど意味はない。そもそも非国家主体として否定的にしか定義できない以上、照らし合わせて正誤を確認すべき実体などないからだ（cf. 酒井 二〇二〇：八）。そうした国家中心的な発想になるのは、国家中心的な秩序の下で「我々」が生きているからだともいえる。かかる秩序は、領域内で圧倒的な暴力を保持するに至った政治勢力が自らの暴力行使の合法性を自己言及的に確立した結果であり、そうして確立された国家が秩序の物理的基盤として暴力を独占しようとするのは不思議でない（萱野 二〇〇五：九―四二）。また、かような国家の相互承認で成り立つ領域統治の分業体制という側面を持つ国際社会で、国境を越えた影響を及ぼしうる非国家暴力を取り締まるため国際協力が行われるのもある意味当然である。[*11]

とはいえ、このような図式的理解にはいくつか留保も必要だ。第一に、核兵器は国家間でも不平等が制度化されている以上、国家と非国家主体を隔絶したものと捉える理解は他の兵器の場合ほど有効でない。それどころか、テロリストだけでなく「ならず者国家」と名指しされた国も（核保有を絶対許容できない）抑止不能な主体として危険視されることが少なくないのである。

第二に、非国家主体と主権国家の境界線上の曖昧な部分で、非国家暴力は今も完全には正当性を失っていない。主権国家たることを目指して武力に訴える分離主義勢力や占領抵抗勢力などは、一部の国から政治的支持を得たり国家承認されたりする場合がある。[*12] だが逆の立場から見れば、これらはテロリストとテロ支援国家である。この対立を反映して、国際テロ関連条約の交渉でテロの定義から人民自決志向の武力闘争を除くことの是非が争われたり、テロ支援国家がテロリストに大量破壊兵器を渡す可能性が懸念されたりということが起こっている。

第三に、非国家主体の暴力的利用を防ぐ国際協力を進めることに合意があっても、それが核兵器国の存在を不問に付す間接的含意を持ちかねないことは争点になる。例えば核物質防護条約をめぐっては、民生用核物質に対象を限定することへの不満が表明された。また核テロ防止条約の交渉は国家の核兵器使用も核テロなのかで紛糾し、国家による核兵器の威嚇・使用の合法性の問題は扱わないことが条約に記された。

以上のように、本章は原子力のデュアルユース問題の難しさを論ずるにあたり、軍民と善悪を重ねる図式が成り立つとは限らないこと、デュアルユース技術管理の制度化が極めて政治的な争点を生み出すこと、軍事利用の範疇に収まらない暴力的利用が注目を集めていることの三点を取り上げた。一つのまとめ方は、問題が単純な分野と見なされがちな原子力で*すら*難しい論点が多い（ので他分野はなおさらである）ということだろう。ただし制度の不平等性などはおそらく原子力が一番深刻であって、この分野特有の困難も問題を悪化させているといえる。いずれにせよ、原子力のデュアルユース問題は決して単純ではないのである。

4　補論——核オプション論は現実的か

補論では、原子力のデュアルユース問題の論点として一般に想起されやすい核オプション論について考察する。

核オプション論とは

核オプション論とは、日本は政治決定があれば短期間で核武装できる能力を民生利用の名目で意図的に蓄えているという議論である。確かに日本は濃縮や再処理の技術を有し、再処理の結果として大量のプルトニウムを溜めている。プルトニウムを使う高速増殖炉の実用化が遠のいて再処理の合理性が疑わしくなってもこれに固執する政府の姿勢に、本章冒頭で触れた鈴木達治郎もこの動機を疑っている（鈴木 二〇一七：一〇六―一一六）。

実際NPT成立前後の時期に、政府内部やその周辺では核武装の合理性が検討・否定されたが、その際に「当面核兵器は保有しない政策をとるが、核兵器製造の経済的・技術的ポテンシャルは常に保持するとともにこれに対する掣肘をうけないよう配慮する」（外務省 一九六九：六七―六八）といった発想が一部見られたのは事実だ。また、福島原発事故後に当時野党の自民党政調会長・石破茂は核オプション保持を理由に原発を擁護した。

核オプション行使は現実的か

しかし核オプション論には問題がある。第一に、日本の原子力政策を主導してきたのは、吉岡斉によれば、二〇〇一年の省庁再編以前は電力・通産連合と科学技術庁グループが拮抗する「二元体制的国策共同体」、それ以後は「経産省を盟主とする国策共同体」である（吉岡 二〇一一：一九―三八、三〇七―三一二）。福島事故後の短期間、経産省主導の政策決定過程が政治主導の脱原発路線に取って代わられたが、自公政権復活後はおおむね原状に回帰した（吉岡 二〇一五）。その閉鎖的性格が批判されてきたのは確かだが、かつて核武装の選択肢を検討した外務省、防衛庁（二〇〇七年から防衛省）、内閣調査室（一九八六年から内閣情報調査室）、国防会議（一九八六年から安全保障会議、二〇一三年から国家安全保障会議）などは原子力政策の中心におらず、炉型などの技術選択でも核オプション確保は重視されていない（黒崎 二〇一五）。同様に、これまでの日本外交は民生利用の円滑化のため国際的に率先して軍事転用のハードルを上げてきた歴史がある（武田 二〇一八）。

第二に、仮に首相が望んでもおいそれと核武装はできない。確かに一九九〇年代以降の一連の政治行政改革で首相権力は党内・行政府内で格段に強化されてきた。けれども、国会の議事運営に内閣が関与する権限がほとんどない、参議院が強力なため衆参両院がねじれると一気に政権運営が停滞するなど、立法府との関係で制約は現在でもそれなりに大きい（竹中 二〇一三）。また原子力分野では製造業者・電気事業者・立地自治体といった政治勢力も政策に大きな発言力を持ち、福島事故後に設置された原子力規制委員会も一定の独立性がある。これらを押し切って核兵器を開発するのは容易でない（Hymans 2011）。もちろん電力会社の反対を抑えて実現した電力自由化の如き例もあるが、これとて政治家個人の思いだけで実現したわけではない。福島事故という電力会社の政治力を激減させた例外事態において、経産省など他の関係勢力や世論の支持を背景とした強力な政治指導力が発揮された結果である（上川 二〇一七）。いうまでもなく核武装反対の世論を踏まえると、核オプション行使に政治指導力を発揮することは難しい。

第三に、自国の安全と繁栄を米国主導の「リベラルな国際秩序」に依存してきた日本にとり、国際的孤立を意味する核武装を選ぶのは困難である（cf. Solingen 2007）。ＮＰＴは当事国一九〇ヶ国に達する極めて普遍性の高い条約であり、米国も日本に核の傘を保証することで核保有の誘因を除こうとしてきた。確かに近年では「リベラルな国際秩序」の黄昏や米国の孤立主義回帰が盛んに論じられるが、日本政府はかかる変化を歓迎しておらず、それを食い止めることを外交目標としてきた。むしろ米国との関係では核の傘の保証を引き出すはったりとして核オプション論が使われてきたというのが実態に近かろう。[*13]

以上の理由から日本の核武装は今のところ現実味が薄い。もちろん世論や専門家の反対も核武装を阻む障害であるから、この問題を強調することに一定の実践的意義はある。とはいえ分析的観点からすれば、これに過度の力点を置くべきではないのである。

注

＊1　ただし鈴木は、「軍事転用を完全に防止することは困難」で「障壁を高くすることが最大限できること」だと述べている（日本学術会議 二〇一六：一二三）。

＊2　連合国の日独占領政策、一九四七年のパリ講和条約（イタリア・ルーマニア・ハンガリー・ブルガリア・フィンランド）、一九五四年のパリ協定（西ドイツ）、一九五五年のオーストリア国家条約など。西ドイツと中立国以外の軍備制限はやがて無意味化した。中立国のフィンランドとオーストリアは冷戦終結時に事情変更の原則によって軍備制限条項が無効になったと宣言したが、核兵器などはその例外としている（Tanner 1992）。

＊3　類似した位置づけの軍事利用に、原子炉衛星や（まだ設計段階だが）可動式超小型発電炉がある。ロシアが開発中の原子力推進式巡航ミサイルは殺傷との関わりがより直接的だが、実用化には技術的・政治的困難があると思われる。

＊4　最近では二〇一七年の稲田朋美防衛大臣の国会答弁を参照（参議院外交防衛委員会会議録第二四号、二〇一七年六月六日）。

＊5　原子力船はかつて「むつ」を建造した日本も含めて各国で民生利用が模索されたが、結局ロシアの砕氷船を除きほぼ実用化が断念された。なお、ロシアが二〇一九年に運用を始めた海上浮揚式原発は原子力船の一種ともいえる。

＊6　日米同盟とアンザス同盟の比較として上村（二〇一一）参照。

＊7　学術会議の検討委員会で委員長を務めた杉田敦は、声明・報告で扱った軍事研究は「軍事技術を開発する研究を指し、軍事史研究などは話が別」（日刊ゲンダイ 二〇二〇）と取材に答えているが、議事録を見る限りこの点について立ち入った議論はされていない。

＊8　同様の問題は、核攻撃の被害想定でも見られる。日本では二〇〇四年の国民保護法に基づき国民保護計画が各自治体で策定されたが、その際の国の指針が核攻撃の被害実態に関して誤解を招くとして、広島市は独自に「核兵器攻撃被害想定専門部会報告書」をまとめ、核攻撃を受けた際に市民を守ることには限界があると指摘した。

＊9　それ以前から冷戦陣営の対共産圏輸出統制委員会（ＣＯＣＯＭ）などは存在した。

＊10　日本については田中（二〇一五）参照。

＊11　現実の国際社会には領域内の正統な暴力行使の独占から程遠い「国家」も数多く存在する。暴力の独占はあくまで理念上の国家像である。

＊12　非国家主体の政治的暴力のうち、主権国家体系を前提として国家を創設・奪取しようとするもの（人民自決闘争など）よりも、主権国家体系自体に敵対するもの（無政府主義者やアルカイダなど）の方が深刻な脅威と見なされるという指摘としてZarakol（2011）参照。

＊13　例えば細川護熙元首相が米国の外交評論誌に寄せた論説を参照（Hosokawa 1998: 5）。

参照文献

外務省　一九六九「我が国の外交政策大綱」九月二五日、https://www.mofa.go.jp/mofaj/gaiko/kaku_hokoku/pdfs/kaku_hokoku02.pdf（二〇一九年一二月二四日閲覧）。
上川龍之進　二〇一七「電力システム改革――電力自由化をめぐる政治過程」竹中治堅編『二つの政権交代――政策は変わったのか』勁草書房、五三―八四頁。
上村直樹　二〇一一「対米同盟と非核・核軍縮政策のジレンマ――オーストラリア、ニュージーランド、日本の事例から」『国際政治』一六三：九六―一〇九。

萱野稔人　二〇〇五『国家とはなにか』以文社。
倉田秀也　二〇〇八「六者会談と北朝鮮の原子力『平和利用』の権利――『凍結対補償』原則の展開とＣＶＩＤの後退」浅田正彦・戸﨑洋史編『核軍縮不拡散の法と政治――黒澤満先生退職記念』信山社、四一五―四三八頁。
黒崎輝　二〇一五「日本核武装研究（一九六八年）とは何だったか――米国政府の分析との比較の観点から」『国際政治』一八二：一二五―一三九。
酒井啓子　二〇二〇「グローバル関係学はなぜ必要なのか――概説」酒井啓子編『グローバル関係学　第一巻　グローバル関係学とは何か』岩波書店、一―三七頁。
佐藤史郎　二〇一二「『核の倫理』の政治学」『社会と倫理』二六：五三―七二。
産経新聞　二〇一一「一六年防衛大綱　原潜保有、政府が検討　中国に対抗も断念」二月一七日東京朝刊。
鈴木達治郎　二〇一七『核兵器と原発――日本が抱える「核」のジレンマ』講談社。
武田悠　二〇一八『日本の原子力外交――資源小国七〇年の苦闘』中央公論新社。
竹中治堅　二〇一三「民主党政権と日本の議院内閣制」飯尾潤編『歴史のなかの日本政治　第六巻　政権交代と政党政治』中央公論新社、一三九―一八〇頁。
田中慎吾　二〇一五「対日講和における核エネルギー規制条項の変遷――日本に与えられた自由とその限界」神余隆博・星野俊也・戸﨑洋史・佐渡紀子編『安全保障論――平和で公正な国際社会の構築に向けて（黒澤満先生古稀記念）』信山社、二一七―二三六頁。
日刊ゲンダイ　二〇二〇「杉田敦氏に聞く学術会議『任命拒否問題』と『学問の自由』」一一月三日、https://www.nikkan-gendai.com/articles/view/news/280770（二〇二〇年一一月一一日閲覧）。
日本学術会議　二〇一六「安全保障と学術に関する検討委員会（第二三期・第七回）」一二月一六日、http://www.scj.go.jp/ja/member/iinkai/anzenhosyo/pdf23/anzenhosyo-youshi2307-2.pdf（二〇一九年一二月二六日閲覧）。
――　二〇一七「軍事的安全保障研究について」http://www.scj.go.jp/ja/member/iinkai/anzenhosyo/pdf23/170413-houkokukakutei.pdf（二〇一九年八月九日閲覧）。

山本昭宏　二〇一二『核エネルギー言説の戦後史一九四五～一九六〇――「被爆の記憶」と「原子力の夢」』人文書院。
吉岡斉　二〇一一『新版　原子力の社会史――その日本的展開』朝日新聞出版。
――　二〇一五「原子力政策空回りの時代」木村朗・高橋博子編『核時代の神話と虚像――原子力の平和利用と軍事利用をめぐる戦後史』明石書店、一八〇―二〇三頁。
Abraham, I. 1998. *The Making of the Indian Atomic Bomb: Science, Secrecy and the Postcolonial State*. London: Zed Books.
―― 2006. The Ambivalence of Nuclear Histories. *Osiris* 21(1): 49-65.
Adler, E. 1992. The Emergence of Cooperation: National Epistemic Communities and the International Evolution of the Idea of Nuclear Arms Control. *International Organization* 46(1): 101-145.
Anstey, I. 2018. Negotiating Nuclear Control: The Zangger Committee and the Nuclear Suppliers' Group in the 1970s. *International History Review* 40(5): 975-995.
Fischer, D. 1997. *History of the International Atomic Energy Agency: The First Forty Years*. Vienna: IAEA.
Forland, A. 1997. Negotiating Supranational Rules: The Genesis of the International Atomic Energy Agency Safeguards System. Dr. Art. Thesis. University of Bergen.
Freedman, L. 2003. *The Evolution of Nuclear Strategy*, 3rd ed. Basingstoke: Palgrave Macmillan.
Hecht, G. 2012. *Being Nuclear: Africans and the Global Uranium Trade*. Cambridge, MA: MIT Press.
Herbach, J. 2016. The Evolution of Legal Approaches to Controlling Nuclear and Radiological Weapons and Combating the Threat of Nuclear Terrorism. *Yearbook of International Humanitarian Law* 17: 45-66.
Hosokawa, M. 1998. Are U. S. Troops in Japan Needed? Reforming the Alliance. *Foreign Affairs* 77(4): 2-5.
Hymans, J. E. C. 2011. Veto Players, Nuclear Energy, and Nonproliferation: Domestic Institutional Barriers to a Japanese Bomb. *International Security* 36(2): 154-189.
Krige, J. 2016. *Sharing Knowledge, Shaping Europe: US Technological Collaboration and Nonproliferation*. Cambridge, MA: MIT Press.

Nassauer, O. 2001. Nuclear Sharing in NATO: Is It Legal? Berlin Information-Center for Transatlantic Security. https://www.bits.de/public/articles/sda-05-01.htm（二〇二〇年一一月四日閲覧）

Peoples, C. 2016. Redemption and Nutopia: The Scope of Nuclear Critique in International Studies. *Millennium* 44(2): 216-235.

Popp, R. 2017. The Long Road to the NPT: From Superpower Collusion to Global Compromise. In R. Popp, L. Horovitz and A. Wenger (eds.), *Negotiating the Nuclear Non-Proliferation Treaty: Origins of the Nuclear Order*. Abingdon: Routledge, pp. 9-35.

Solingen, E. 2007. *Nuclear Logics: Contrasting Paths in East Asia and the Middle East*. Princeton: Princeton University Press.

Tanner, F. (ed.) 1992. *From Versailles to Baghdad: Post-War Armament Control of Defeated States*. UNIDIR/92/70. New York: UN.

Walker, W. 2012. *A Perpetual Menace: Nuclear Weapons and International Order*. Abingdon: Routledge.

Walker, W. and M. Lönnroth. 1983. *Nuclear Power Struggles: Industrial Competition and Proliferation Control*. London: George Allen & Unwin.

Zarakol, A. 2011. What Makes Terrorism Modern? Terrorism, Legitimacy, and the International System. *Review of International Studies* 37(5): 2311-2336.

第4章　宇宙開発・利用とデュアルユース

橋本靖明

本書は、序論で示したように、デュアルユースという言葉の多義性、すなわち①軍民両用性、②善悪両用性、そして③営利・非営利両用性という三つの両用性に着目し、それを様々な分野での活動を素材として検討しようとするものであるが、本章は、その多義性の中でも、最もオーソドックスなデュアルユースの定義ともいえる軍民両用性に主たる関心をもって、二〇世紀後半から始まった宇宙空間の開発・利用について、どのようなデュアルユースが行われてきたのか、また、今後行われようとしているのかという問題を考察してみることとしたい。

あらかじめ指摘しておくと、宇宙開発・利用に関する今回の検討を通じて、以下のような軍民両用性の諸相が見られると考えているところである。それらは、「軍から民へ」といういわゆるスピンオフ、そして逆に、「民から軍へ」といういわゆるスピンオン、といった従来から存在していたデュアルユース形態のほかに、近年の、民、あるいは軍民が協働してつくったものや提供するサービスを、民も軍もともにユーザーとして利用するという「共用（co-users）」性を備えた新しいデュアルユースの形の出現である。こうした新しい形のデュアルユースの場合、軍民双方がユーザーであるために、従来の軍か民かという二分法による区別は従来以上に難しい。ここではデュアルユースという言葉自身があまり意味を持たないとすらいえる。このように、今後のデュアルユース議論に対しても一石を投じうる、新しい「共用」形態が、近年の宇宙開発・利用については生じてきているように見えるのである。

1　宇宙開発の主要な担い手としての軍事部門

宇宙活動は歴史的に見れば、その多くの期間で、ほとんどの国家においては軍事部門がこれをリードしてきた。特に冷戦期には、宇宙空間に配置された人工衛星を含む宇宙システムは、先進国において国家の安全保障システムに密接に組み込まれており、この宇宙システムにおける技術的優位が地上における戦略・戦術的優位に直結するものであった。そうした背景から、多くの先進国は、多大なマンパワーと資金をかけて軍事部門が主導的役割を果たす宇宙開発体制を採ってきた。しかし、近年では状況が大きく変化しつつある。冷戦構造の終了とともに軍事部門が開発、独占してきた技術が民間へと公開、移転され、さらに各方面での急速な技術革新が民生用宇宙技術自身を発達させた。むしろ従来とは逆に、軍事部門が民生部門由来の技術や提供サービスを積極的に活用する形や可能性も見えてきているところである。本章は、長期における宇宙開発活動と安全保障に関するこうした傾向を概観しようとするものである。

2　軍事／民生両部門により行われた宇宙活動

国際的な傾向

国際的に見れば、宇宙探査や活動は民生部門と軍事部門の双方によって行われてきた。その状況は現在でも大きく変わっているわけではない。例えば、宇宙開発と利用に関して最先端国家である米国では、民生部門といってよい国家航空宇宙局（National Aeronautics and Space Administration：以下「ＮＡＳＡ」）が宇宙開発に従事している一方で、安全保障部門である空軍も独自に大規模な宇宙開発を行っている。最近の国家安全保障政策においても、国防総省は「宇宙におけるリーダーシップと行動の自由を維持する」ため、宇宙活動を、空軍を通じて実施していると明示的に述べている。[*1]

今までも米空軍は、地球の低高度周回軌道に無人機X-38Bを打ち上げて、数ヶ月という長期にわたって周回させるという実験を数度にわたって実施していた。このような実験を含む各種の宇宙活動を行う米軍の宇宙開発・利用関連の予算は、ＮＡＳＡに認められている予算よりも規模が大きいのが現状である。例えば二〇一六年の米国防総省の宇宙関連予算が二二〇億ドルだったのに対して、ＮＡＳＡの予算は一割以上小さい一九三億ドルであり、二〇一二年には国防総省の二七五億ドルに対してＮＡＳＡは二五％以上小さい二〇四億ドルと、基本的に軍が使用する宇宙活動の金額の方が大きくなっている。[*2]

例外としての日本とインド

前項のような形は多くの宇宙活動国に共通の特徴であり、安全保障部門が活動全般をリードしつつ、時に民生部門とも共同しながら宇宙開発・探査を行ってきた。そうした中で数少ない例外は、日本やインドである。

日本は宇宙開発の開始当初から、宇宙開発事業団法成立の時点で、宇宙開発は平和目的（この場合は非軍事と解釈される）に限るという国会決議を採択し、*3 その後も、自衛隊による宇宙利用は一般的なユーザーとしてのみこれを認めてきた。二〇〇八年の与野党共同提案による宇宙基本法の成立以降、*4 現在ではこうした制約は外されているが、歴史的に見て、宇宙開発の主体は民生部門であり、資金も、民生部門（科学技術や教育といった公的部門）からそのほとんどが拠出されてきた。防衛省（かつては防衛庁）と自衛隊が供給した資金は、例えば衛星通信サービスの利用料であり、民間のリモートセンシング衛星が撮影した画像の購入費であった。*5 防衛省と自衛隊は、あくまでも宇宙活動から提供されるサービスの一ユーザー、一購入者として参画してきたといえよう。

もう一つの興味深い例外がインドである。インドは独自に宇宙開発を開始した。当初は米国とドイツの技術を導入しつつ、時に友好国であったソ連（当時）から支援を得つつも、一九六二年に設立されたインド国家宇宙研究委員会（India National Committee for Space Research：INCOSPAR）が一九六九年にインド宇宙研究機関（India Space Research Organization：以下「ＩＳＲＯ」）へと発展して以降、基本的に一貫して民生部門がその活動の主力である。インド軍はその間、宇宙開発に直接にはほとんど従事してこなかった。インド軍が実際に宇宙から取得した情報を積極的に使用するようになったのは、イスラエル製レーダを搭載した偵察衛星「ライサット２」をＩＳＲＯが打ち上げ、そのデータを用いてテロ対応やパキスタンの動向探査を行うようになって以来のことである。こうした宇宙開発の形は、宇宙研究所や宇宙開発事業団（現在は統合されて宇宙航空研究開発機構：Japan Aerospace eXploration Agency：以下「ＪＡＸＡ」）を中心に、自衛隊による宇宙開発への特段の貢献がないまま進んでいった、日本の事情とよく似た形態であろう。

3　軍事部門主導の宇宙活動からのスピンオフ

技術のスピンオフ

特に冷戦期においては、軍事部門の活動によって得られた様々な成果が民生部門に転用され、活かされるという傾向も見られたところである。当時は、宇宙活動には現在よりさらに巨大なマンパワーと資金が必要とされたが、それを十分に用意できるのは、東西陣営の対立構造の下、まずは先進国の軍事部門だけであった。人工衛星を用いた通信や気象観測、偵察（リモートセンシング）などの技術が開発され、安定的に活動が行われるようになった後で、はじめてそれらの技術の多くが民生部門に段階的に移転され、使用されるようになっていった。一般的にも、軍用技術基準（いわゆるミリタリースペック）の製品なら、性能も信頼性も民生品より高いという安心感があった時代である。

こうした、軍事部門の技術が民生部門に活かされるという形態がスピンオフと呼ばれる。今では我々一般市民も、民間の通信衛星を利用した長距離通信を行い、気象衛星から取得したデータをもとにした気象予報を聞き、様々な地点の地上の様子を商用リモートセンシング衛星が提供する画像データから知ることができる時代となっている。

もっとも、逆に民生用として開発された技術が軍事部門に使われた例（いわゆるスピンオン）もないわけではない。例えば一九八〇年代には、日本の一民間企業である東京電気化学（ＴＤＫ）が開発していた電子レンジの電磁波を吸収させるためのフェライト技術が米軍の興味を惹いた結果、レーダ波を吸収するステルス性を確保するための特殊塗料の開発に利用されたケースがある。同じ時期には、このフェライト技術のほかにも、炭素繊維（カーボンファイバー）やファインセラミック、ガリウムヒ素半導体、光通信技術などについても、日本の民間企業から米国の軍事部門へと一部のノウハウが移されたと思われる。

また、さらに以前のことであるが、日本の宇宙開発草創期には、非軍事目的で開発された観測ロケットシステムが海外に輸出され、その技術がミサイル開発・製造につながったという意図しないスピンオンも起こったことがある。開発者の想定外の軍事利用というケースがありうるのである。その技術とは、東京大学の航空宇宙研究所[*6]が開発した観測ロケット「Ｋ‐６」（カッパロケットシリーズの一つ）である。「Ｋ‐６」は一九五八年に完成した、高度四〇キロメートルまで到達可能な観測用ロケットであったが、その技術と実物（ロケット、燃料製造装置と追尾用レーダ等）が、富士精密工業[*7]からユーゴスラビアに輸出された。一九六一年のことである。しかしこの観測用ロケットは、翌一九六二年に完成したユーゴ初の国産地対空ミサイル「Ｒ‐25ヴルカン」開発のために使われたのであった。[*8]

提供サービスのスピンオフ

前項のような技術に関するこうしたスピンオフのほかに、民生部門に対して、軍事衛星の技術そのものは移転しないが、その使用を許諾することによって利用者数が莫大な規模にまでなり、全世界に広がる巨大な市場が生まれた例もある。それが全地球測位システム（Global Positioning System：以下「GPS」）などの測位衛星システムである。

測位衛星の中で最も長い歴史を持ち、その安定的な運用で群を抜くのが、米軍が開発し運用するGPSである。GPSのほかにも、ロシアの「グローナス」、欧州の「ガリレオ」、中国の「北斗」、日本の「みちびき」などが実用レベルの測位サービスを民間に開放している。こうした測位衛星から出される信号の受信機器や関連機器の世界市場は大きく、ある調査によれば、衛星を利用した測位機器の総数は、二〇一九年には世界中で六四億であったものが、一〇年後の二〇二九年には、ドローンなどが急増することも相まって九五億にまで急成長すると予測されている。[*9] 民生部門は多くの場合、こうした測位衛星システム自体に資金を提供する必要がまったくないか、[*10] もしくは資金の一部を提供するだけ（欧州の「ガリレオ」の場合）で、そのサービスを無料で利用して経済活動を行うことができる。

また、経済活動だけでなく、危険を伴うことのある諸活動の安全確保のためにも、この測位システムは重要な役割を果たすに至っている。例えば、一九八三年のいわゆる大韓航空機撃墜事件の結果、国際航空業務に従事する民間機に対して、航空路を外れないように飛行することが強く求められることとなった。その結果、当時は使用できなかったGPSが民間航空機に対しても利用開放されることとなった。ニューヨーク発アンカレッジ経由ソウル行きの大韓航空KE007便は、アラスカのアンカレッジを離陸後、当初の予定航空路を右方向（西）にずれ始め、ソ連（当時）領のカムチャッカ半島上空を通過することでソ連領空を侵犯した。その後、サハリン付近でソ連の迎撃戦闘機に撃墜されるという最悪の結果となった。当時の長距離飛行で一般に用いられていた慣性航法装置（Inertial Navigation System：INS）への入力ミスや起動ミスなどによって航路がずれたのではないかともいわれるが、常時、自らの現在位置を正確に確認できるGPS受信機が搭載されてさえいれば、予定したルートからのずれは直ぐに察知できたはずであった。現在は、空を飛ぶ民間航空機のみならず、海上を航行する各種船舶、地上の道路上を走行する自動車などの移動体にもGPS受信機が搭載され、位置情報が活用される時代となっている。さらには、個人が携帯して使える小型デバイスとして、GPS受信機能を備えるスマートフォンや腕時計といった安価な装置も我々の前には登場しつつあり、山岳などの危険地帯における遭難事故の回避や、老齢者が徘徊した場合の早期発見まで含め、多様な形で用いられるに至っている。これらの測位関連機器の市場は大きく、関連する周辺ビジネスの規模はさらに巨大である。[*11]

4　将来の新傾向――民生技術とサービスのデュアルユース

環境の変化

ここまで見てきたように、冷戦期の宇宙活動は、日本などの一部の例外を除けば、軍事部門がリードしつつ行われることが多かったが、近年では、宇宙をめぐる状況は相当程度変化しつつある。そのきっかけは宇宙活動先進国のトップに立っている米国の政策の変化である。一九九〇年代、ブッシュ（父）政権の終わり頃からクリントン政権にかけて、偵察衛星の観測精度に準ずる高性能な光学式リモートセンシング技術を用いた民間衛星が許可されるようになった。[*12] 冷戦構造の中で保護されてきた米国の偵察衛星産業を引き続き維持する必要があったことや、フランス[*13]やロシア[*14]が相当程度に精度の高いリモートセンシングデータを国際市場で販売しようとしていたにもかかわらず、当時の米国の市販データが「ランドサット」の三〇メートル級のみであったことから、世界のリモートセンシング市場での米国の優位性維持を狙った政策変更であったと思われる。[*15]

この時期を境に、民生用の光学式リモートセンシング技術は急速に向上し、衛星から撮影した画像の世界市場は急激に拡大した。例えば今でも、グーグルアースのようなインターネットサービスでは、最新画像ではないものの、宇宙空間からの高精度画像をネット上で無料で見られるまでになっている。[*16] ユーザーが増えたことによって市場における資金調達も容易になり、さらに技術開発も進むという、いわば上向きのサイクルが生まれており、前述のように、かつての軍事用偵察衛星に匹敵する高精度に達する、地上分解能が三〇センチメートル程度の民生用リモートセンシング衛星まで生まれたのである。

さらに二〇一六年には米国で、それまで許されてきた光学リモートセンシングに加えて、合成開口レーダ(Synthetic Aperture Radar：以下「ＳＡＲ」)を用いたリモートセンシング衛星の商業利用も解禁されるに至った。ここで用いられるレーダ波は雲も通過できる上、衛星自身から地上に電波を照射し、その反射を捉えて観測を行うため、夜間のような暗闇の中でも使用することができる。つまり、地上が晴れていなくても、また暗い夜間であっても常時観測が可能である。光学式に比べて精度がやや落ちるものの、全天候型・終日型の地球観測がこのＳＡＲ衛星によってできるようになった。現在の民生用ＳＡＲ衛星の地上分解能は一メートルに達している。民生部門による技術開発が進むにつれて、その技術や成果が軍事部門の宇宙活動にとっても重要となる可能性が高まったのである。

例としてのリモートセンシングと測位

　一例として挙げられるのはリモートセンシングデータであろう。もともとは軍事部門の偵察衛星技術をもとに開発され発展したリモートセンシングであるが、民生部門が保有し運用する衛星の精度が急速に向上し、現在では光学式の地上分解能が三〇センチメートル程度、電波を用いたレーダ式では一メートル程度までに高まっている。例えば、米国の商用光学リモートセンシング衛星である「ジオアイ」は四一センチメートル、[*17]「ワールドビュー4」は三一センチメートルの地上分解能を有している。[*18]レーダ式では、ドイツの「テラサーX」と「タンデムX」が一メートル分解能である。[*19]分解能の数字だけでは分かりづらいかもしれないが、例えば一メートルの分解能があれば自動車がはっきりと分かり、三〇センチメートルの分解能があれば道の上に立っている人間も宇宙から点として捉えることができる。最近の衛星はそれくらいの観測能力を持っていることになるのである。

　こうして宇宙から観測したデータを用いることで、地上の様子を相当詳細に知ることができるようになった。[*20]しかも衛星数が増えて撮影頻度も高くなっているため、画像データ調達のための資金さえ潤沢に用意できれば、観察したいと考える地域に関するかなりの情報を民生市場で得ることができるようにもなっている。日本の例を見れば、防衛省は、民生部門の販売するリモートセンシングデータを年間一〇〇億円程度購入している。民間商用データの有用性を察することができる。[*21]

　また、今後整備が進むこととなっている日本による準天頂衛星「みちびき」による精密測位[*22]も、その安定的利用が確実になるのであれば、安全保障関係者が利用する可能性も出てこよう。最先端技術を用いた軍事活動には、精密な位置と時間の把握を要求されることが見込まれるためである（例えば、第三者に察知されにくい通信を行うには、その電波の指向性を高めて絞り込み、漏れを最小に抑える必要があるが、そのためには、電波を発信する者と受信する者との位置が三次元的に正確に分かることが必須である）。このように、同じ技術や情報を、民生部門だけでなく軍事部門もともに有効利用していこうとしている昨今の状態は「共用（co-users）」型のデュアルユースと呼べようが、現在の宇宙開発では、そうした新しい形のデュアルユースが増えてきているといえるのである。

「サービスとしての〇〇」

さらに、一部では近年、「サービスとしての〇〇（〇〇 as a service）」という形の考え方が宇宙活動にとどまらず、広く認められつつある点も注目できる。これは、打上げロケットや人工衛星などの宇宙機器を利用者が発注、購入するのではなく、人工衛星などの宇宙システムが提供するサービスに対価を支払うことによって、実質的に宇宙利用を行おうとする考え方である。ここでは、ロケットや人工衛星の構造や能力といった技術的な仕様ではなく、ユーザーに提供されるサービスの内容や品質が重要である。これは、民間部門だけでなく、米国などでは軍事部門も採用する方式となっている。

ここでは、誰がサービス提供者なのかについては特に問題とされない。軍事部門は過去には、多くの場合、自らが自らのために宇宙活動を行い、自らにサービスを提供していたが、現在では、民間部門が提供するものであったとしても、軍の運用上有効なサービスであればそれを利用するようになってきている。さらに今は、民間部門を支援して、彼らが開発・運用する宇宙活動からもたらされるサービスを、一ユーザーとして調達・利用することも行われ始めている。民間部門としても、一般市場で獲得する資金のみに依存するよりも、軍事部門からの資金も活用した方が開発は容易であり、実際にサービスを提供し始めた後も、軍事部門が有力ユーザーとなり続けてくれれば、その安定収入によって運用を長期継続することができる。民間の性能が必要なレベルに達してくれるのであれば、こうした協業は受け入れるべきであるという考えが生まれてきているのである。実際に米国の国防総省宇宙開発局は先年、超小型衛星の基礎的共通部分であるバスなどに関する情報提供依頼書（Request For Information：RFI）を発行した。[*23] 情報提供依頼書とは、実際に開発者を募る提案依頼書（Request For Proposal：RFP）を出す前に必要な情報を広く求める書面のことである。次世代の宇宙ビジネス構築に積極的に国防総省が関与し、大量生産される超小型衛星バスを用いた米国企業の国際市場における優位性を確保しながら、同時に米軍の活動にも資するようにしようという一石二鳥を狙った行動である。[*24]

ロケットによる人工衛星の打上げサービスの調達も同じ動きの中に位置づけられる。米国防総省は今までは、自らが開発した「アトラスⅤ」や「デルタ４」といった使い捨てロケットを使って軍事衛星を宇宙空間に投入してきたが、現在では、これらのロケットをすべて民間企業に移転し、それらの企業との間で打上げサービス提供契約を締結し、打上げを行わせている。しかも、国家が開発してきたこうした既存ロケットだけでなく、民間ベンチャー企業であるスペース・エクスプロレーション・テクノロジーズ社（スペースＸ社）[*25]が開発した新しい打上げロケットである「ファルコンＸ」や「ファルコンヘビー」による打上げサービスも積極的に購入している。これらのファルコンは大型ロケットであるが、小型ロケットについても同様の調達が始まっているところである。

こうした傾向は、今後、各国に拡大してゆくことになると思われる。民間企業によって提供されるサービスを買い取ることで自主開発費用を節約し、軍事部門が自ら行うべき事業に対して限られた資金を集中することが多くなっていくであろう。宇宙産業に新しく参入しようとする民間企業の数は、近年、急激に増大している。多機能な長寿命大型衛星や、そうした大型衛星を打ち上げるための大型ロケットを製造できる従来から存在した宇宙関連巨大企業とは異なり、小型衛星に注目し、機能を絞り込んで開発費用をカットし、多くの短寿命衛星を低い地球周回軌道に次々と投入してコンステレーション（編隊）化を図る比較的小規模の企業が宇宙市場に参入し始めている。これら小型企業の一部はさらに、多数の小型衛星によるそうしたシステム構築に絶好の、小型で安価な打上げロケットを開発することによって新規参入ユーザーのニーズに応えようともしており、彼らはニュースペースと総称される。提供するサービスも、前記のような打上げサービスや、軌道上の衛星コンステレーションによる通信サービス、リモートセンシングサービス、さらには今までは国家やその軍事部門が中心的に行ってきた宇宙状況認識（Space Situational Awareness：SSA）に関わるサービスなど多岐にわたっている。これらのサービスを調達することで、軍事部門も一般的内容の通信や安全保障上懸念のある地域の監視、さらには宇宙ゴミのチェックや他国の人工衛星活動を妨害するために意図的な軌道変更を行おうとする衛星の観測などが、現在よりも安価に行えるメリットが考えられる。このような、同一のサービスを民も軍もともに利用する共用型の宇宙利用は、今後、より拡大していくことになるであろう。

5　将来の可能性——日本発のデュアルユースは

前節では、国際的なデュアルユースの様々な可能性について概観してみたが、日本においても同様の可能性が考えられる。軍事部門によってではなく、民生部門によって行われた科学探査の成果や技術の進歩が、安全保障上の様々な活動に有用となるケースも十分に考えられるところである。日本の民生宇宙開発部門であるＪＡＸＡが開発に関わっている、安全保障上将来有望と思われる技術やサービスのいくつかを以下に取り上げて見てみたい。

技術的な可能性

①固体燃料技術

日本はすでに、液体酸素と液体水素を使用する液体燃料型ロケットに先んじて固体燃料型ロケット技術を確立し、「イプシロン」[*26]や「ＳＳ-５２０」[*27]を用いた人工衛星の打上げに成功している。弾道ミサイルには、発射までに時間のかかる、液体燃料を注入してから発射するタイプと、当初から固体燃料を充填しておき、即座に発射できるタイプとがある。固体燃料型のロケットは、燃料を容器に事前に充填して長期にわたってそのまま維持できるようになっており、特に準備の時間を必要とせずに発射することができる。この技術はそのまま固体燃料式の弾道ミサイル技術につながることになる。

②ランデブー、ドッキング技術

日本は、国際宇宙ステーションへの補給品の輸送と、廃棄品の焼却のために、無人の人工衛星である宇宙ステーション補給機（ＨＴＶ）「こうのとり」[*28]を製造し、打ち上げてきた。ＨＴＶは、最終段階ではステーション側の支援を得るものの、国際宇宙ステーションに一〇メートルまで自律的に接近できるという、高精度のランデブー性能を持っている。また、以前は、技術試験衛星七号機「きく七号」が軌道上で二つの衛星、「おりひめ」「ひこぼし」[*29]に分離したのち、再びランデブードッキングすることに成功している。なお、この実験では、地上からの信号を軌道上に配置した別のデータ中継衛星でリレーすることにも成功していた。これらの一連の成功によって、直接信号を送ることのできない地球周回軌道上においてであっても、目標となる宇宙物体にランデブードッキングする技術を日本が持っていることが証明されたが、この技術を応用することで、適切でない行動を宇宙空間でとろうとする人工衛星を軌道上で捕捉し、その行動を抑制できる可能性もあろう。

③再突入技術

宇宙物体を大気圏に再突入させ地上に無事に帰還させるための技術も、軍事分野への応用が考えられるものである。弾道ミサイルの飛行経路は一般に、宇宙空間に向けて上昇するブースト段階と、宇宙空間を飛翔・通過するミッドコース段階、大気圏に再突入して目標地点に達するターミナル段階の三段階に分けられるが、重要だが獲得が困難な技術はターミナル段階、つまり大気圏への再突入に関するそれである。大気圏に再突入する飛翔体には、大気との断熱圧縮の効果で非常に高温になるため適切な素材とデザインが必要であり、目標とする地点に正確に落下させるためには、適切な軌道制御技術が求められる。

日本は今まで、科学探査の目的で何度かの大気圏再突入に成功している。「ＥＸＰＲＥＳＳ」[*30]などは地球周回中の軌道から地上に向けて再突入を行った。また、小惑星探査機ＭＵＳＥＳ-Ｃ「はやぶさ」[*31]は、地球を周回することなく直接、深宇宙からの高速での再突入を行い、ほぼ計画通り、オーストラリアのウーメラ砂漠に小惑星イトカワのサンプルを搭載したカプセルを着地させている。

④低高度軌道維持技術と超小型衛星

地球周回軌道でもより低い高度（三〇〇キロメートル以下）では、微量とはいえ存在する大気分子が飛行の抵抗となり、速度低下によって連続周回ができないという問題を抱えている。しかし、地上に近いこうした低軌道からリモートセンシングを行えればより高い地上分解能を得ることができるため、その利用価値は大きい。低高度における連続周回を実現するためには、低軌道でも大気の影響を受けにくい形状の衛星にイオンエンジンなどを搭載し、適切な推力を与え続けることによって速度の低下を抑え、軌道を維持することが必要である。

日本は小型衛星にイオンエンジンを搭載し、長期にわたって低軌道周回を続けるための実験を、超低高度衛星技術試験機ＳＬＡＴＳ「つばめ」を用いて開始し、数年かけてその成果を得ることができた。[*32] 低高度の周回軌道に長期間にわたって衛星を置くためのノウハウを獲得し、さらに、すでに技術が確立している超小型衛星と組み合わせることができれば、政府が運用する大型の情報収集衛星や民間のリモートセンシング衛星に何らかの重大な障害が生じた際に、それらの大型衛星ほどの性能は望めなくても、超小型衛星を即座に低軌道に投入・運用することによって一定程度のリカバリーを行うことができると期待される。[*33]

さらに、低高度の宇宙空間での人工衛星の飛行特性などについても一定の知識を有することができれば、関連するデータは、似た高度の宇宙空間を通過するミサイルの挙動を安定させるために有用な技術や情報となる可能性があろう。

サービス提供の可能性

次に考えられるのが、民間部門から提供される可能性のあるサービスである。日本でも、いわゆるニュービジネスの萌芽が見られており、彼らの技術がもたらすサービスは、日本の安全保障上も将来有用となる可能性がある。

①リモートセンシングのデータ

まず考えられるのが宇宙からの地球探査、リモートセンシングである。例えばアクセルスペース社は、二・五メートルの地上分解能を持つ光学式小型衛星を数十基、軌道上に置いて、地球上の陸域の半分を毎日観測することを計画している。二・五メートルの分解能であれば、前述したように、車両の移動や地形の変化、大規模な軍事活動などを宇宙空間から捉えることができるため、民間のこうした情報提供サービスを利用して大きな変化を監視した上で、政府が保有して運用する情報収集衛星などを使って詳細に調べるべき地点を効率的に絞り込むことができよう。*[34]
また、カメラなどの製造メーカとして知られるキャノンの子会社であるキャノン電子も小型リモートセンシング衛星CE-SAT-1を製造しているが、この地上分解能は一メートル以下の九〇センチメートルである。*[35] さらに、ベンチャー企業シンスペクティブ社*[36]やQPS研究所*[37]は、合成開口レーダ（SAR）を搭載した小型衛星開発を進めており、こうした衛星によって、天候や時刻に関わりなく地上の監視が可能となる。

②宇宙ゴミの除去

次に考えられるサービスが宇宙ゴミ（スペースデブリ）の除去である。日本発の宇宙ベンチャー企業であるアストロスケール社は、宇宙空間で増え続けるゴミを回収するビジネスを立ち上げつつある。*38 このサービスは本来、宇宙空間の持続的・安定的利用を確保するためにゴミを回収することを目指しているが、同じ技術を、ゴミにではなく日本や友好国の人工衛星の飛行を妨害しようとする物体に対して用いれば、それは事実上の衛星攻撃（Anti Satellite：ASAT）能力とすることが可能であろう。

③人工衛星の打上げ

日本のニュースペースでも、宇宙空間に到達するためのツールとしての打上げ機製造を計画している。例えばPDエアロスペース社は、ジェットとロケットを兼ねた特殊なエンジンを搭載した完全再利用型のスペースプレーンを開発中である。*39 宇宙空間への人間の輸送や軌道上への人工衛星放出を目指しており、こうした打上げサービスと小型衛星をつなげば、必要な時にいつでも地球周回軌道に衛星を配備することが可能になるはずである。

米国と同様に、宇宙開発と利用に関する先進国の一つであり、自国の周辺地域に安全保障上の不安定要因を持っている日本も、近い将来はニュービジネスなどが提供する各種サービスも現在利用しているサービスと平行して適宜調達しつつ、自国の安全保障を図れる可能性がある。

6　これからのデュアルユースは

現在までの動向

冷戦期の宇宙開発は一般的に莫大な資金と高度な技術力を必要とし、民間部門が営利目的で簡単に乗り出せるものではなかった。技術とその成果は軍から民へという方向でスピンオフされることが基本的な状況であり、スピンオンも限られたケースでは行われていた。提供サービスの民間への開放も、米国のＧＰＳのような特殊なものに限られていたように思われる。

冷戦後の現在は、米国で元軍事産業の保護のためもあって一部の技術が民間に開放されたことを一つのきっかけとして、民間部門の宇宙開発利用能力が急激に向上し、市場も拡大したため、宇宙産業は民間部門自身によっても次々と興されるようになっている。また、冷戦後の軍事予算制約という環境下で、市場に提供される民間サービスを軍事部門の側で積極的に利用するようにもなりつつある。しかし、それは技術のスピンオン（民から軍への技術移転）という関係によるよりも、民間部門が提供するサービスを使うユーザーとしての軍事部門、という形での利用が多いように思われる。ここでは軍事部門は非常に有力なユーザーであり、サービスへの対価を多額かつ安定的に支払い続けることによって、民間部門の宇宙活動を下支えし、同時に発展させる原動力ともなっている。軍事部門と民間部門の間にウィン‐ウィンな関係が生まれるのである。

同じ技術やサービスを軍事部門と民間部門の双方が同時に利用するという「共用」タイプのデュアルユースは、宇宙活動においてはますます高まることが予想される。宇宙活動先進国の一部では今日、官民の協働機運が高まっている。宇宙空間をはじめとして、世界の安全は、軍事力や軍事技術によってのみ保障されるものではない。軍か民かという単純な二分化ではない時代が到来しつつある。安全保障面では、誰が、何（軍事用の装備品やシステムなど）をつくったかという「もの」を重視することよりも、結果としてどんな結果（国際社会や自国の安全確保など）が達成されたのかという「こと」重視へとバランスが移りつつあるのではないだろうか。軍事部門によって開発された先進技術やサービスが次第に民間部門に移されていくという従来型の（日本のような一部の国家は除く）一般的動きではなく、軍事部門と民事部門との特段の区別なく、利用可能な宇宙サービスであればそれらを最大限に活用して宇宙や地上の総合的な安定化を図るという新しい動きが見出せるのである。ここでは、技術開発やサービス提供の主体が、軍事研究をしているか否かで判断することが難しいことが多い。軍事部門において宇宙開発活動に関わった経歴のある者が、のちに民間部門で純粋に営利目的を持って民生用技術を開発・実用化して経済活動に使うこともあれば、ある時その民生用技術や提供サービスが軍事部門によって採用・調達されることもありうる。そこには、技術開発者、サービス提供者の意図が本来どこにあったかという問題は、特に意味を持たないとも思われるのである。

ただし、こうした状況は宇宙開発においてだけ生起するわけではない。例えば、米国の国防高等研究計画局（Defense Advanced Research Projects Agency：以下「ＤＡＲＰＡ」）が開発したインターネットは、後に民間に開放され、今日の世界では社会体制を問わず、ほとんどの国でデータ通信のための基本インフラとなっている。そして多くの国の軍事部門は、一般的な通信のほとんどをこの民間インターネット網に依存しているのである。各国の軍が自ら構築し、防護・秘匿化措置を施した専用回線には特別な情報や指令などが流されるが、そのデータ量は全体の通信量に比すれば非常に小さい。また軍事部門は、時に民間インターネット網を活用して対象とする他の国家にデマを流して社会不安を煽り、インフラ施設の麻痺を狙ったサイバー攻撃などを行うこともあり、そうした行為は今では、ハイブリッド戦争と呼ばれているところである。このように民間の提供するサービスを軍事部門も積極的に利用するという共用型デュアルユースは、地上でも起こってきているのである。

日本の視点とは

将来の日本の宇宙開発について求められる視点の一つは、かつてのような「平和利用＝非軍事利用」という限定的な解釈にとらわれず、日本全体の安全をより高次に確保するために、今までの宇宙開発によって得た技術やノウハウを他の関連技術も含めて広く応用し、今後の各種の活動に活かしてゆくことであり、ニュービジネスのような新規参入の民間部門が提供するサービスをも適切に使いつつ、自らの安全確保を図ってゆくことであろう。宇宙基本法が指摘するように、日本の宇宙開発の目的は、国民生活の向上を図り、経済社会を発展させ、世界平和と人類全体の福祉に貢献することであり（第一条）、安全で安心な日本の国内社会の形成に資するとともに、国際社会の平和と安全、日本の安全を保障する（第三条）ことでなくてはならない。こうした日本の方針は、宇宙空間の開発・利用だけに止まらない。例えば海洋分野について、現在の日本の海洋基本計画[*40]では、海洋の安全な航行という「セーフティ」から海洋も利用した安全保障の確保「セキュリティ」へと明白な変化が見られるところであり、サイバー空間利用においてもすでに、安全保障に配慮した国家戦略[*41]が数次にわたって策定されるなど、海洋・宇宙・サイバーといういずれの国家の管轄権が及ばない領域、いわゆるグローバルコモンズにおける安全保障に対して相当な注意が払われるようになっていることは重要である。その点に関連して、防衛装備庁が近年公募を開始した安全保障技術研究推進制度は、[42]先進的な民生部門技術の萌芽を促し、デュアルユース性の向上を期待する新たな試みと思われるが、米国のように軍事部門の技術開発部局であるＤＡＲＰＡが強力なイニシアチブを発揮する形とは異なる間接的で柔軟性に富む技術開発支援であり、今後の発展には注目すべきと思われる。[43]本制度のような考え方が「防衛技術と民生技術のボーダレス化[44]」を進め、研究開発に従事する者の古典的な二分論、軍事研究を悪として関与を単純に否定するという考え方を乗り越えることにつながる可能性があるとまで見るのは、筆者の考えすぎであろうか。

追記

本章において行われた分析はすべて筆者個人によるものであり、筆者が所属するいかなる団体・組織のものではない。

注

＊1　National Security Strategy of the United States of America, December 2017, p.31. in https://www.whitehouse.gov/wp-content/uploads/2017/12/NSS-Final-12-18-2017-0905-2.pdf

＊2　一般社団法人日本航空宇宙工業会　二〇一八『平成二九年度　宇宙産業データブック』平成三〇年三月、五―二―八。

＊3　一九六九年の衆議院本会議決議（五月九日）及び参議院科学技術振興対策特別委員会決議（六月一三日）。

＊4　宇宙基本法（平成二〇年法律第四三号、平成二七年九月一一日公布、平成二七年法律第六六号）改正。

＊5　防衛省の令和二年度（二〇二〇年度）概算要求によれば、衛星通信の利用に一三五億円、商用画像衛星や気象衛星の情報利用に一〇一億円が計上されている。https://www.mod.go.jp/j/yosan/yosan_gaiyo/2020/gaisan.pdf

＊6　現在はＪＡＸＡの航空宇宙研究所（ＩＳＡＳ）となっている。

＊7　のちにプリンス自動車、日産自動車を経て、現在はアイ・エイチ・アイ・エアロスペースとなっている。

＊8　さらに一九六四年には同じく富士精密工業とインドネシアとの間で「Ｋ-８」観測ロケット（到達高度二〇〇キロメートル）の輸出契約が交わされ、翌一九六五年に輸出されている。この輸出は「ミサイル技術の流出につながる」と国会で問題視さ

れることになり、政府の武器輸出に関する方針である武器輸出三原則（一九六七年）がつくられるきっかけともなった。

＊9　*GNSS Market Report Issue 6*. October 2019, Brussels, European Global Navigation Satellite Systems Agency, pp. 6-7.

＊10　米国のGPSの場合、空軍は毎年一〇〜一二億ドルをその構築と維持に使っている。

＊11　現在でも、宅配車やバス、タクシーの配車システム、ゲーム機の位置情報システム、車両盗難探知システム、徘徊者探索システム、廃棄物確認システムなどに使用されている。

＊12　一九九三年に地上分解能三メートルの「アーリーバード」衛星に免許が与えられた後、翌一九九四年には「イコノス」「オーブビュー3」「クイックバード」（いずれも地上分解能一メートル）に相次いで免許が出されている。

＊13　「スポットイマージュ」衛星は分解能一〇メートルのデータを販売していたが、さらに性能向上が計画されていた。

＊14　KVR-1000センサーによって撮影できる分解能は二メートルと、当時としては高性能であった。

＊15　こうした経緯の全体像は、第1章「歴史学的手法で論点を整理する」の第2節「冷戦後の米国における『デュアルユース』」を参照すると分かりやすい。

＊16　一部の都市部などでは一メートル精度程度の画像が公開されている。また、自然災害などの人道上の危険がある場合などには、最新データが公開されることがある。

＊17　https://directory.eoportal.org/web/eoportal/satellite-missions/g/geoeye-1

＊18　https://directory.eoportal.org/web/eoportal/satellite-missions/v-w-x-y-z/worldview-3

＊19　https://directory.eoportal.org/web/eoportal/satellite-missions/t/tandem-x

＊20　例えば拙著では、探査や識別などに必要な解像度が示されている。Hashimoto, Y. 1995. *Verification Systems from Outer Space, Proceedings of the Thirty-Seventh Colloquium on the Law of Outer Space*. Washington, D. C.: American Institute of Aeronautics and Astronautics, Inc., p. 254.

＊21　注＊5を参照のこと。

＊22　サブメートル級測位（http://qzss.go.jp/technical/system/l1s.html）や、さらに細かいセンチメートル級測位（http://qzss.go.jp/technical/system/l6.html）も実現を目指すこととなっている。

＊23　バスとは、人工衛星に特有な機能を果たすミッション部を搭載するための、トラックでいえば車体と荷台に相当する部分であり、電力、通信や姿勢制御などの衛星にとっての基本的機能を備えている。

＊24　https://spacenews.com/space-development-agency-releases-its-first-solicitation/

＊25　スペースX社のCEOであるイーロン・マスクは電気自動車製造ベンチャー企業であるテスラ社のCEOでもある。

＊26　http://www.jaxa.jp/projects/pr/brochure/pdf/01/rocket07.pdf

＊27　http://www.isas.jaxa.jp/topics/001230.html

＊28　http://iss.jaxa.jp/htv/

＊29　http://www.jaxa.jp/projects/sat/ets7/index_j.html

＊30　http://www.isas.jaxa.jp/missions/spacecraft/past/express.html

＊31　http://www.jaxa.jp/projects/sat/muses_c/img/hayabusa_return.pdf

＊32　周回高度を低下させる試験を行った後、低軌道を維持した周回実験を行って二〇一九年九月末日で運用を終了、翌一〇月一日に通信電波を停止した。https://www.jaxa.jp/press/2019/10/20191002a_j.html

＊33　「つばめ」運用の結果、わずかにある大気の影響で衛星の飛行軌道がずれても目標の撮影が可能となる自律撮像についてのノウハウも獲得できている。「超低高度衛星技術試験機『つばめ』（SLATS）の開発と運用結果」『日本航空宇宙学会誌』六八（九）（二〇二〇年九月）：一―七。

＊34　アクセルスペース衛星と同等の性能を有する衛星が福井県民衛星「すいせん」としてすでに打ち上げられており、こうした衛星がネットワークに組み込まれる可能性もある。

＊35　https://www.canon-elec.co.jp/space/

＊36　一〇キログラム級で地上分解能一～三メートルのStriXというレーダ衛星を開発している。https://synspective.com/satellite/

＊37　一〇〇キログラム級のレーダ衛星で一メートル分解能、一〇分ごとの観測頻度を目指し、すでに初号機「イザナギ」の打上げに成功している。https://i-qps.net/mission/ 二号機「イザナミ」は七〇センチ分解能の画像データを取得した。https://

i-qps.net/news

＊38　https://astroscale.com/

＊39　開発中のＰＤＡＳシリーズは、乗客を宇宙空間まで運ぶタイプや人工衛星の空中発射母機となるタイプを含んでいる。https://pdas.co.jp/business01.html

＊40　海洋基本計画は各種の審議を経て、平成三〇年（二〇一八年）五月一五日に閣議決定されている。http://www8.cao.go.jp/ocean/policies/plan/plan03/pdf/plan03.pdf

＊41　二〇一五（平成二七）年に策定された現戦略に代わる新しいサイバーセキュリティ戦略が作成されている。

＊42　https://www.mod.go.jp/atla/funding.html

＊43　ＤＡＲＰＡが安全保障につながる政府内外の技術開発を支援し、戦争の態様を変えるゲームチェンジャーである精密誘導兵器やステルス技術を実用化していったのに対して、防衛装備庁は特段の制限を課さない基礎研究への助成、支援であって、直接的な軍事技術開発等に結びつけることはないとしている。

＊44　注＊42を参照。

第5章　先端生命科学研究――微生物学研究と生物兵器開発の境界

四ノ宮成祥

生命科学を軍事研究の視点から見た時に問題となるのは、何といっても微生物学研究領域における生物兵器開発技術であろう。本章では、先端生命科学研究の持つデュアルユース性が生物兵器化転用懸念の文脈からどのように議論されてきたのかについて、組換えＤＮＡ技術、合成生物学、逆遺伝学、ゲノム編集などを例にとり概説する。そして、先端生命科学研究と生物兵器開発につながる軍事研究との境界がいかに不明瞭になってきているのかについて示したい。

1　軍民デュアルユース性と善悪デュアルユース性の特異な関係

本書の序論で示したように、デュアルユースの概念はいくつかの類型に分かれるが、基本的にそれぞれの類型は相互に独立したものである。しかし、特殊な文脈下では、一方が他方に包摂されることがある。本章が扱う先端生命科学研究と生物兵器開発の問題は、軍民デュアルユースが善悪デュアルユースに包摂されるケースといえる。すなわち、生物兵器禁止条約の存在により、世界各国が共通して有する認識は「生物兵器開発は悪として規定されている」ものと理解される。したがって、この文脈における生命科学の軍事利用はすべて「悪」となる。これは、生命科学の善悪デュアルユース問題に常に軍民デュアルユース性の問題が伴う、あるいは少なくともその可能性について考えざるをえないということを意味する。

このような観点から、各セクションでは次のような事柄が焦点となる。まず、組換えＤＮＡ技術においては、病原体の遺伝子を操作することによりその強毒化が可能となることから、こうした技術は軍民関係なく悪として見なされる。一方で、「バイオテクノロジー研究の悪用誤用をいかに防ぐか」を重要な視点としたフィンクレポート（後述）は、生物兵器禁止条約批准国においては、自動的に生物兵器開発禁止の文脈と結びつけられるのである。次に、病原微生物の人工合成の問題では、ゲノム情報のみから生物の作出が可能となる合成生物学という技術領域が現れ、これが生物兵器開発につながる病原体の管理・規制の問題と関わってくることに焦点を当てる。すなわち、要素技術としての善悪デュアルユース性が軍民デュアルユースと否応なく関わってくるという事例を紹介する。さらに、インフルエンザウイルスの病原性操作の問題では、リスクとベネフィットの観点からの善悪デュアルユース問題が、公衆衛生におけるセキュリティ問題とリンクすることや、ひいては作成されたウイルスが生物テロ防止の観点から規制されている特定病原体リストに加えられることになる顛末について言及する。最後に、ゲノム編集については、その技術が国家安全保障の観点から取り上げられていることや、米国防総省の組織であるＤＡＲＰＡが出資して大規模な技術支援を行っていることについて述べる。

こうしたいくつかの事例から、本章では、先端生命科学研究、特に微生物学研究と軍事研究の切り離すことのできない関連性や善悪デュアルユース性と軍民デュアルユース性の特異な関係について考察する。

2　組換えDNA技術を応用した生物の兵器化の懸念

生命科学技術の進歩と生物戦の脅威

一九七〇年代に急速な発展を迎えた組換えDNA技術は、一九七四年に組換えDNA実験の一時停止を提案したモラトリアム・レター（Berg et al. 1974）という形で問題が表面化する。核酸の新規技術について科学者が話し合った前年のゴードン会議で、組換えDNAに対する道徳的・倫理的懸念が投げかけられたのを受けて、ポール・バーグをはじめとする一一名の科学者たちが「組換えDNA分子の潜在的な生物学的危険性」というタイトルでサイエンス誌に問題提起をしたのである。ポイントは大きく分けて二つあり、抗菌薬への耐性を強めたり毒素を生み出す能力を増強する遺伝子を導入する実験（タイプ1の実験）および癌遺伝子や動物ウイルスなどの遺伝子を導入する実験（タイプ2の実験）への懸念である。これらが研究実施上の危険性を伴うことは勿論であるし、環境中に漏出した場合には生態系を乱し我々人間にも危害を及ぼしかねない。研究のモラトリアム（一時停止）を受けて、翌一九七五年に対応を検討するために一線級の研究者が集まって開かれたアシロマ会議では、現在のバイオセーフティの基本概念が話し合われ、実験施設を整備して微生物が漏れないようにする手段（物理的封じ込め）や自然環境では生存できないように工夫した微生物を実験に用いる方法（生物学的封じ込め）といった安全上の取り決めや、生物多様性条約特別締約国会議で採択されたカルタヘナ議定書でのちに規定される組換えＤＮＡ生物の不拡散といった動きにつながった。

バイオセーフティに関する指針の明示により、組換えＤＮＡに関する問題はいったん収まったかに見えた。しかし、一九九〇年代に入ると微生物学研究に安全保障という文脈を加えたバイオセキュリティという新たな問題が噴出した。実験研究上の安全性に加えて、研究理念上の問題点が見え隠れする事例が出てきたのである。一つは、野兎病菌にホルモン様物質であるβ-エンドルフィン遺伝子を組み込んで産生させ、その結果として緊張病という統合失調症（精神病）の一症状を引き起こすような組換え細菌を作成した研究である（Borzenkov et al. 1993）。これは、もともと生物兵器として開発されていた野兎病菌に生理活性物質遺伝子を組み込み、感染症では見られにくい別の症状を起こす新たな兵器化の可能性を示したものといえる。もう一つは、炭疽菌ワクチンにセレオライシンABという赤血球を破壊する毒素の遺伝子を組み込んだという研究で、あたかも改良型ワクチンの作成を匂わせるような論文のタイトルであるが、その実、生物兵器開発の新たな方向性を示すものではないかとの懸念が示された。つまり、自然界に存在する炭疽菌は通常赤血球破壊毒素は持っていないわけで、そのような毒素に対する免疫を付与するような炭疽菌ワクチンは必要とされない。しかし、生物兵器として新たな毒素を持つ炭疽菌が開発されたとなると話は別で、それに対する対抗手段としての新規ワクチンが必要となる。この研究は、まさに「新規生物兵器とそれに対抗するワクチンをセットで開発する」ことに当たるのではないかというもので、攻撃する側は両方を有し、攻撃される側は診断に迷うだけでなく予防策も持たないということになる。これら二つの研究はいずれもロシアの研究グループによるもので、旧ソ連時代に大々的な生物兵器開発研究が行われていたことに関連する事例であろうと思われる。

ロシアは生物兵器禁止条約（一九七五年発効）の締約国でありながら、旧ソ連時代には生物兵器開発に伴い一九七九年にスヴェルドロフスクにて炭疽菌漏出の大事故を起こして多数の死傷者を出した過去も有する（Meselson et al. 1994）。このような見地から、生物兵器開発につながりかねない研究開発や科学技術の進展については、国際的に監視の目を強める必要があるという議論がなされるようになった。ヒトゲノムの読み取りが終了した二〇〇三年にペトロらが発表した論文「バイオテクノロジー——生物戦と生物防衛に与える影響」（Petro et al. 2003）の中で示されたモデルは、〝前ゲノム期〟と〝ゲノム期〟に分けて生物戦の脅威評価を行い、「伝統的生物剤」の脅威の上に「遺伝子を組換えた伝統的生物剤／生化学剤」が積み重なり、さらにその上に、後述する合成生物学やゲノム編集を利用した「先進的な生物剤」が積み上がっていくという構図を示している。このモデルはまさに、その後の先進生命科学の進展とデュアルユース問題についての議論の動向を予測するものとなった。

ポックスウイルス遺伝子改変研究のインパクト

二〇〇一年にオーストラリアの研究グループから出されたマウスポックスウイルスの遺伝子改変に関する研究は、生命科学のデュアルユース問題をめぐる議論に決定的なインパクトを与えた（Jackson et al. 2001）。この研究は、増え続ける齧歯類による農作物の被害を軽減するために、殺鼠剤で対応するのではなく避妊ワクチンをつくるという至極真っ当な考えの下に研究を進めたのであり、生物兵器の開発を目指したわけではないにもかかわらず、結果として生物兵器化可能なウイルスを生み出してしまった。ジャクソンらは、避妊ワクチンの担い手としてエクトロメリアウイルスというマウスのポックスウイルスを選定し、それに卵子の保護に必要な透明帯タンパクの遺伝子を組み込んで、この保護タンパクに対する抗体ができるよう設計した（Jackson et al. 1998）。その効果を高めるために抗体産生を増強する目的でインターロイキン４遺伝子を組み込んだところ、思いがけない毒性を発揮し、ワクチン効果を無効にする致死性ウイルスへと変化したというものである。

この研究の影響の及ぶ範囲がマウスに留まらないことは、少しウイルス学を勉強した者なら誰でも分かる。使用されたエクトロメリアウイルスはヒトに天然痘を起こす痘瘡ウイルスの近縁種であり、痘瘡ウイルスに同じような遺伝子操作を行えばワクチンが無効な強毒ウイルスができる可能性がある。天然痘は一九八〇年に地球上から根絶された感染症だが、今なおそれを用いたテロの可能性や生物兵器開発の疑念が払拭できておらず、先進諸国ではワクチンの備蓄をしているのが現状である。週刊ニューサイエンティスト誌は「つくられつつある災禍（Disaster in the making）」というショッキングなタイトルでこの問題を取り上げ、旧ソ連で攻撃的生物兵器開発に副司令官として関わり、のちに米国に亡命したケン・アリベックのコメントも掲載した（Nowak 2001）。また、ニューヨーク・タイムズ紙は「オーストラリア人研究者が致死性のマウスウイルスを作成（Australians Create a Deadly Mouse Virus）」という見出しで懸念を訴えかけた（Broad 2001）。

この懸念にさらなる追い打ちをかけたのが、翌二〇〇二年に米国科学アカデミー紀要（ＰＮＡＳ誌）に掲載された痘瘡ウイルスの病原性に関連する遺伝子の発見の報告である（Rosengard et al. 2002）。天然痘のワクチン株として知られているワクシニアウイルスは、ヒトの免疫機構を担う血液成分である補体と呼ばれる因子の働きを弱めて、その攻撃から逃げるのを助けるＶＣＰというタンパク質をつくる。しかし、ワクチン株であるがゆえにその働きは弱い。ローゼンガードらは、このＶＣＰをコードする遺伝子に着目し、それと類似の塩基配列を持つ遺伝子を痘瘡ウイルスの中に見出しＳＰＩＣＥと名づけた。組換えＤＮＡ技術によりこのＳＰＩＣＥを発現させると、ＶＣＰよりも一〇〇倍も強く補体の働きを弱めることができた。このことから、痘瘡ウイルスの病原性にSPICEが強く関わっていることが考えられる。すなわち、組換えDNA技術によりSPICE遺伝子を組み込むことにより、病原体の毒性を増強させることができるのである。この研究は、純粋に痘瘡ウイルスの病原メカニズムの解析を行ったものであるが、意に反してその結果は「病原体の毒性強化」につながりうるものであった。

生命科学のデュアルユース問題と研究規制

二〇〇一年九月一一日の米国同時多発テロは、世界の安全保障の構図を一変させた。それまで我々がごく普通に利用していた航空機は、テロリストが操る兵器となってしまった。空港では利用客が長蛇の列をなして荷物チェックを受けることとなり、自由や便利さを強く制限してまでも安全を優先せざるをえない世の中へと変貌した。加えて、同時多発テロに引き続いて起きた炭疽菌郵送テロにより、一週間のうちに一七人が発病し五人が死亡した。このバイオテロは、人々をさらなる不安の中に落とし込み、人々の間に疑心暗鬼を生じさせるとともに、模倣犯・愉快犯の続出により感染症危機管理体制が撹乱され、社会を混沌としたものにしてしまった。折しも、ジョージ・W・ブッシュ（子・第四三代）政権は「米国愛国者法（USA PATRIOT Act）」を制定し、法執行機関の権限を強化するとともに、テロリズムの定義を拡大してその制圧に乗り出した。これにより、連邦捜査局（FBI）は炭疽菌郵送テロの実行犯を絞り込み、その捜査線上に浮かび上がってきたのがブルース・イヴィンスであった。ここで米国政府が大きな問題だと考えたのは、彼は米陸軍感染症研究所の研究員であり、インサイダー犯行だと認めざるをえなくなったことである。これにより、感染症研究における人材管理システムが再考を迫られることになった。さらに米国は二〇〇四年にバイオシールド法を制定し、テロ対抗医薬品の調達・備蓄や緊急時使用などの体制を整えることになる。

このような流れの中、研究活動自体に大きく影響しかねない事象が発生した。一つは、ペスト菌研究の第一人者であるテキサス工科大学のトーマス・バトラーが、二〇〇三年に菌保管管理の不備と不正輸出入のかどで有罪となったことだ（Enserink and Malakoff 2003）。実際に事故や感染被害が起きていないにもかかわらず、米国愛国者法の煽りを受けて厳しすぎるとも思える司法判断が下されたのである。この事件を受けて、多くの研究者がバトラーに対して同情の念を抱いたと同時に、これは他人事ではないとの危機感を抱くに至った。さらに、二〇〇四年にはデラウエア大学のジョン・ローゼンバーガーが鳥インフルエンザウイルスの違法輸入の咎で有罪に問われた（Bhattacharjee 2004）。これらの事例は、そもそも病原体が持つ「善悪デュアルユース性」を視野に入れての取り扱い規制の強化の動きであると受け止めることができる一方で、社会の安全という大義名分のもと、場合によっては研究内容自体に政府の規制の波が及ぶかもしれない憂慮を招くきっかけともなった。

これに呼応するかのように、米国科学アカデミーが組織した「バイオテクノロジーの破壊的応用の防止のための基準と慣行に関する委員会（Committee on Research Standards and Practices to Prevent the Destructive Application of Biotechnology）」で病原体研究のデュアルユース性が議論され、二〇〇四年に報告書が出された。「テロリズム時代のバイオテクノロジー研究（Biotechnology Research in an Age of Terrorism）」（National Research Council 2004）と題するこの報告書は、世相を反映して〝デュアルユースのジレンマ〟という言葉を引き合いに出し、研究の悪用・誤用をいかに防ぐかといった側面を色濃く映し出したものとなった。マサチューセッツ工科大学生物学講座のジェラルド・フィンクが議長となってまとめたので、通称フィンクレポートと呼ばれる。

フィンクレポートが示した病原体研究の問題点

フィンクレポートは、単なる微生物の管理に留まらずバイオテクノロジーが関わる病原体研究の内容に踏み込み、そのデュアルユース性を検討してリスクの洗い出しや対応策の提言をまとめた点で特筆される。ここでは「生物兵器＝悪」という前提の下、善悪デュアルユース性の中に軍民デュアルユース性が包摂される。すなわち、デュアルユース懸念の観点から問題となる病原体研究を、①ワクチンの無効化、②有用抗菌剤などへの耐性獲得、③微生物の毒性増強、④病原体の伝染性増強、⑤病原体の宿主変更、⑥病原体の検知抵抗性、⑦病原体や毒素の兵器化、の七つのカテゴリーに分類した。これらはいずれも、病原性の解析、感染症診断能力の向上、生物剤対処能力の強化などに有益である一方で、生物兵器の凶悪化に関係するものと考えられる。

また、先進的病原体研究が孕むデュアルユース問題に対する解決策として、本レポートでは七項目の提言がなされた。すなわち、①科学コミュニティの教育、②研究計画の審査、③出版段階での審査、④バイオセキュリティ国家科学諮問委員会（National Science Advisory Board for Biosecurity：以下「ＮＳＡＢＢ」）の設置、⑤誤用・悪用防止に関する付加的要素、⑥生物テロ・生物兵器防止のために生命科学が果たしうる役割、⑦国際的に調和のとれた監視、を具体的方策として提示した。実際、提言項目④に従って米国立衛生研究所（National Institute of Health：NIH）の下部組織としてつくられたＮＳＡＢＢは、その後に発生するいくつかの生命科学のデュアルユース問題の対処に際して中心的な役割を果たすことになる。

フィンクレポートは、先進的病原体研究のデュアルユース問題について、研究の質的側面から切り込んだ点で、それまでにはなかった論点を加えており、生命科学のデュアルユース問題を考える上での画期的な報告となった。その基本的考え方は現在まで受け継がれている一方で、本レポート（二〇〇四年）以降に次々と新たな課題（例えば、病原ウイルスの人工合成、インフルエンザウイルスの感染宿主変更、ゲノム編集による新たな病原体作出の可能性など）が噴出しており、当初のスコープを超えた対応が必要となってきている。

3　病原微生物の人工合成とデュアルユース

合成生物学研究の可能性

一般の生物学がマクロの成分をパーツに分類して、組織や細胞の形態や機能についての理解を深めようとする学問であるのに対して、合成生物学は別名構成的生物学とも呼ばれ、遺伝子などを一から合成していく（すなわち創る）ことにより生命の成り立ちや働きを理解しようとする学問である。基本的考え方は、組換えＤＮＡ技術が発達してきた一九七〇年代頃からあったが、実際には一九八〇年代半ばに登場したＤＮＡ合成機により任意の塩基配列を持つＤＮＡ断片の作成が可能となったこと、ならびに二〇〇六年頃に核酸合成の大幅なコストダウンが図られたことが研究の大きな後押しとなっている。合成生物学研究には大きく分けて二つの流れがあり、一つは生命を一から忠実に再構成していこうとするもの、もう一つは独自のデザインにより自然界では有りえない（これまでには存在しない）生命を創造しようとする試みである。本学問分野はまだまだ発展途上の領域にあり、現時点ではデュアルユース問題として顕在化していない研究課題も多く存在する。

感染性ポリオウイルスの人工合成

合成生物学的アプローチにより微生物の完全人工合成の典型例として初めて報告されたのが、ヴィマーらのグループによる二〇〇二年の感染性ポリオウイルスの人工合成である（Cello et al. 2002）。ポリオウイルスは小児まひの原因となるウイルスで、その遺伝子は約七五〇〇塩基からなる一本鎖RNAである。技術的にはこのような長いRNAを直接化学合成できないので、彼らはまずそれに相当するDNA（cDNA）を合成し、次いでそのDNAにRNA転写酵素を作用させることによりウイルスのRNAを得た。これを単純にヒト細胞内に形質転換導入（すなわち、感染に類似した状況を再現）してウイルスをつくることもできたが、あえて細胞を用いない試験管内システムの中でウイルス作製を行うことで、工業生産ライン化の可能性をより高めた研究といえる。この技術を使えばバイオテロを行うことも可能であることが潜在的に示されたわけで、国防の観点からいち早く本技術を取得しておきたい国防高等研究計画局（Defense Advanced Research Projects Agency：以下「DARPA」）は彼らに資金供与を申し出ている（Wimmer 2006）。本研究は、成果の公表時期が二〇〇一年同時多発テロのわずか一年後であったということもあり、リスク管理に携わる人々を多く巻き込んでの社会的議論を誘発した。一方で、先進生命科学技術のデュアルユース性をめぐる議論を喚起するきっかけともなった。

合成生物学研究の広がり

最初の研究事例が発表されるとまもなく、合成生物学の研究は次々に新たな段階へと足を踏み入れることになる。それまで病原体の人工合成に批判的であったクレーグ・ヴェンターらは、手のひらを返したように、二〇〇三年に五三八六塩基対のバクテリオファージφX174の全ゲノム合成をわずか二週間で達成した（Smith et al. 2003）。彼らはさらに、二〇〇八年に五八万二九七〇塩基対にも及ぶマイコプラズマ　ジェニタリウム（*Mycoplasma genitalium*）という細菌ゲノムの完全化学合成を行い（Gibson et al. 2008）、その合成技術をもとに翌々年には一・〇八メガ塩基対のママイコプラズマ　マイコイデス（*Mycoplasma mycoides*）細菌の合成ゲノム（JCVI-syn1.0）をマイイコプラズマ　カプリコルム（*Mycoplasma capricolum*）という別の細菌に移植して、合成ゲノムを持つ新たな細菌を作製した（Gibson et al. 2010）。またこれとは異なるアプローチであるが、彼らは合成ゲノムJCVI-syn1.0を出発点として細菌の生存に必要でない遺伝子を次々と削ぎ落としていき、最終的に五三一キロ塩基対、四七三個の遺伝子までスリム化した「ミニマルバクテリア（JCVI-syn3.0）」を作製した（Hutchison et al. 2016）。このような合成生物学領域の研究は、ウイルスや細菌のみならず真核生物である酵母の研究にまで発展してきており、二〇〇六年にはヒトの全ゲノム完全人工合成を念頭に置いた「ゲノムを書くプロジェクト『ＧＰ-ライト』（The Genome Project-Write）」が計画された（Boeke et al. 2016）。

このように合成生物学は先端的成果を蓄積する一方で、研究の裾野も大きく広がってきている。合成生物学領域の生物版ロボットコンテストとして学生の登竜門ともなっているｉＧＥＭ（International Genetically Engineered

Machine competiton）は、インターネットのプロトタイプであるＡＲＰＡ Ｎｅｔの開発にも関わった電気工学者トム・ナイトやランディ・レットバーグらが二〇〇三年にマサチューセッツ工科大学で立ち上げたもので、当初は一六名の学生が参加して始まったが、二〇一九年には四六ヶ国から三五三チームが参加するまでに規模が拡大してきている（Kahl 2019）。コンピュータ上で生命の設計図をつくるという観点から、生物学者ではなく電気工学者先導で学問領域が切り開かれてきたこともさることながら、特筆すべきは、比較的早期からＦＢＩが本活動に興味を示し、スポンサーとなってバイオセキュリティについての全員出席のセッションを開催していることである。このことは、米国政府が本研究領域の行く末と科学者の行動規範のあり方に注目していると同時に、ＦＢＩに協力可能な人材発掘も目指している証左である。

馬痘ウイルスの人工合成が意味するもの

合成生物学の発展により種々の微生物作製が可能になってくると、当然のごとく生物テロに用いられる可能性がある病原体に対する監視の目が厳しくなった。二〇〇二年の段階ですでにワクシニアウイルスゲノムを人工染色体化して安定的に保存する方法と、それをもとにウイルスをつくる技術は確立していたが（Domi and Moss 2002）、あくまでもワクシニアウイルスというワクチン株に対する技術であるという認識であった。しかも、当時は長鎖ＤＮＡの人工合成は技術的にもコスト的にもまだハードルが高いと考えられていた。しかし二〇一七年になって、ニューヨーク市に拠点を置く製薬会社トニックス社は、カナダのアルバータ大学のデヴィッド・エヴァンスに資金供与し、馬痘ウイルスをワクチンとして人工合成したことを公表した（Tonix Pharmaceuticals 2017）。このことは、セキュリティ関係者の大きな懸念を招いたが、その理由は、痘瘡ウイルスの人工合成に道を開いたのではないかと考えられる点である。具体的には、第一に、馬痘ウイルスは痘瘡ウイルスの近縁ウイルスであり、痘瘡ウイルス作製に同様の手技が応用できること、第二に、痘瘡ウイルス（一八・八万塩基対）よりも大きなゲノムサイズを持つ馬痘ウイルス（二一・二万塩基対）の人工合成が可能となった以上、前者の人工合成も技術的に容易に可能であることを示していること、第三に、数名単位の小規模の研究室でわずか一〇万ドル（日本円にして約一〇八〇万円）の資金をもとに半年ほどで目的が達成できたこと、などが挙げられる。

古く一九〇二年に米国で製造されたマルフォード天然痘ワクチンの遺伝子解析から、当時のワクチンが現在のワクシニアウイルスよりも馬痘ウイルスに近かったことが分かっている（Schrick et al. 2017）。しかし、欧米や日本ですでに抗体産生効果のよい天然痘ワクチンが複数認可されていることを考えると、あえて後発品としての馬痘ウイルスを作製してワクチン化する必要があるのかについては、バイオセキュリティ上のみならずマーケティングの観点からも疑問が残る。この研究は、サイエンス誌とネイチャーコミュニケーションズ誌に不採択となった後、プロスワン誌に採択されて二〇一八年に論文として公表された（Noyce et al. 2018）。前二誌での不採択の理由としてバイオセキュリティ上の懸念があったかどうかは明らかになっていないが、プロスワン誌はデュアルユースの懸念に関する独自の委員会の判断により倫理規定の「バイオセキュリティとデュアルユース研究の懸念（Biosecurity and Dual Use Research of Concern）」に従って全会一致で採択したとコメントしている。しかし、その議論の詳細は不明である。本件を深刻に捉えたのが、世界の約八割のシェアを有する受託ＤＮＡ合成会社で形成される国際遺伝子合成コンソーシアム（International Gene Synthesis Consortium：IGSC）で、それまでの自主規制を改訂した『国際統一スクリーニング手順（Harmonized Screening Protocol© v2.0）』で痘瘡ウイルスのＤＮＡは合成しないことを明言した（IGSC 2017）。

4　インフルエンザ研究をめぐる懸念と規制

逆遺伝学の技術

逆遺伝学とは、人為的に設計したＤＮＡをもとに感染性ウイルス粒子を得る手法で、設計した遺伝子部分がどのような表現型に反映されるのかを調べる目的で用いられる。このような研究は、遺伝子の異なる様々なウイルスを採集して、それぞれの性質から遺伝子の機能を解析もしくは類推するのではなく、遺伝子に出発点を置き、通常とは逆方向の解析を進めるため、「逆」遺伝学と呼ばれる。特に、インフルエンザウイルス研究において現在使われている方法は、クローニングしたｃＤＮＡのみを材料として感染性ウイルス粒子を作製するもので、ウイルス作製のための遺伝発現に必要な機能を手助けするウイルス（ヘルパーウイルスと呼ばれる）を必要としない（Neumann et al. 1999）。このような技術の進歩により、遺伝子レベルでの変更を表現型の変化にダイレクトに結びつけることが可能となり、特定の遺伝子の変異がウイルスにどのような性質の変化をもたらすのかをシステマティックに検証できるようになった。

一九一八年スペイン風邪ウイルスの復活

二〇〇五年、このような逆遺伝学的手法を用いて、過去に忌まわしい惨禍をもたらしたスペイン風邪ウイルスの再構成がなされた（Tumpey et al. 2005）。スペイン風邪が蔓延した一九一八年当時は、米国からヨーロッパに持ち込まれたこの病気の原因ウイルスを分離する術がなかった。したがって、当時のウイルス株はどの研究室にも存在しない。タウベンバーガーらのグループは、当時の患者の肺の病理標本やアラスカの永久凍土に埋葬されている遺体からウイルスＲＮＡの回収を試みるなどして過去のウイルスを再現するという難題に立ち向かい、遺伝情報の再構築を行った（Taubenberger et al. 2005）。このような逆遺伝学的手法により蘇ったスペイン風邪ウイルスは、その性質が動物感染実験などで確認されることになるが、論文掲載に至るまでにはＮＳＡＢＢでのバイオセキュリティ・レビューが必要とされた。研究内容の善悪デュアルユース性を考慮し、論文の末尾には「校正時の追加注釈（Note added in proof）」として次の文言が掲載された。

本研究は、抗ウイルス予防薬を服用した研究員により行われ、研究者自身、環境、公衆を保護するためバイオセーフティ上の厳格な注意を払った。本研究の根本的な目的は、将来のインフルエンザ流行に対して公衆衛生を保護し効果的な方策を開発するために重要な情報を提供することであった。

（Tumpey et al. 2005: 80）

高病原性鳥インフルエンザの感染宿主改変技術

逆遺伝学による研究のデュアルユース問題は、高病原性鳥インフルエンザの感染宿主改変技術をめぐって大きな議論を呼ぶことになる。二〇一一年秋にロン・フーシェらがサイエンス誌に投稿した論文と河岡義裕らがネイチャー誌に投稿した論文の二つをめぐって、実験の詳細の公表の是非が問われる事態となった。二〇〇三年以降、東南アジアや中東を中心に高病原性鳥インフルエンザがヒトに感染する事例が散発的に見られ、感染症の危機管理の観点から、それがいつパンデミックウイルスへと変異を起こすのかが注目されていた。彼らの研究はこの疑問に答える形で行われたが、その手法はウイルスに意図的な変異を導入し、鳥にしか感染しなかったウイルスを、哺乳類間での飛沫感染が可能なものへと作り変えるというものであった。結果は、ウイルスの遺伝子の中の特定の五ヶ所に決まった変異を入れると感染宿主を鳥から哺乳類へと変更できることを示しており（Herfst et al. 2012）、これがパンデミックウイルスの作製方法を示唆するものになりはしないかという懸念がＮＳＡＢＢから出された。

翌年早々に著者たちは共同で書簡を発表し、鳥インフルエンザの伝播に関する動物実験を一定期間休止することを発表した（Fouchier et al. 2012）。その一方で、この類の研究には緊急性があり、公衆衛生上意義深いものであることを訴えて、研究実施に対する理解を求めた（Kawaoka 2012）。ウイルス作製法の公表の是非は、多くのメディアを巻き込んで論争となったほか、研究の継続について学界を二分する形で賛否の議論が展開された。二月にはＷＨＯジュネーブ本部にて会議が行われ、デュアルユース問題の存在は認めつつも本研究の重要性が再確認された。結局、三月に再度ＮＳＡＢＢによる審議が行われることになり、両論文の著者からの直接的な聞き取りにより論文自体は出版が認められることになった（Cohen and Malakoff 2012）。

機能獲得研究をめぐる議論と規制

遺伝子操作による鳥インフルエンザの宿主変更研究に端を発したデュアルユース問題をめぐる議論はその後も続き、そこにおいては、リスク‐ベネフィット解析による研究の必要性と安全性のバランスが焦点となったほか、どのような条件なら研究資金を提供して研究を推進してよいのかについて各方面からの検討がなされることになった。この頃から、潜在的にパンデミックを引き起こしうる病原体（具体的には、鳥インフルエンザウイルス、ＳＡＲＳウイルス、ＭＥＲＳウイルスの三つを指す）に遺伝子操作を加えて感染力や感染する動物の範囲などを変化させる研究のことを「機能獲得研究（Gain of Function Research）」と呼ぶようになり、悪用可能性というデュアルユースに関わる問題が懸念される病原体研究の代表格として捉えられるようになった。

二〇一二年一二月にベセスダで行われた国際ワークショップ「高病原性鳥インフルエンザＨ５Ｎ１ウイルスでの機能獲得研究（Gain-of-Function Research on Highly Pathogenic Avian Influenza H5N1 Viruses）」における議論をもとに、翌年にまとめられた高病原性鳥インフルエンザの機能獲得研究に関する資金供与の是非の基準は、次の七項目をもって示されることとなった（Patterson et al. 2013）。

Ｈ５Ｎ１機能獲得研究申請に対する米国保健福祉省による資金拠出決定指針のための基準

一、作出予定のウイルスが自然進化の過程で生み出される可能性があること
二、研究が公衆衛生上の高い意義を有する科学的課題に答えるものであること
三、同一の科学的課題に答えることができる、提示手段よりも低リスクの代替実験法が存在しないこと
四、研究従事者と公衆に対するバイオセーフティ上のリスクが十分に軽減され管理されていること
五、バイオセキュリティ上のリスクが十分に軽減され管理されていること
六、全世界的な健康に益する潜在的利益をもたらすために研究情報が広く共有されるようになっていること
七、研究の実施状況に対する適切な監視や研究についての対話が促進されるような資金供与の仕組みを通して研究が

支援されること

（Patterson et al. 2013より表の内容を筆者訳）

ここで示された公的資金供与についての基本的な考え方は現在でも変わっていない。一方で、本基準の制定以降、何度も繰り返された議論では、特にリスク‐ベネフィット解析において、リスクを過度に重視しない現実的な対応をとるべきとの意見が出されるようになった。二〇一六年五月にＮＳＡＢＢがまとめた報告書（NSABB 2016）では、機能獲得研究に対する認識として、すべての研究が高いレベルのリスクを有するわけではなく、監督が必要なものはごく一部に限られることが明示された。しかしその一方で、この報告書は、一定以上のリスクを孕むと認定された機能獲得研究に対しては、資金供与元がどこであれ公的機関が監督すべきであるとも提言している。このような流れを受けて、米国政府は一九一八年型スペイン風邪ウイルスならびに高病原性鳥インフルエンザウイルスを、生物テロ防止の観点から取り扱いに際しての規制を定めた連邦特定病原体プログラムにいう「特定病原体・毒素リスト」に指定して（CDC and USDA）、保持・使用・移譲にあたっての制限を行っている。

一方、我が国では二〇一一年一一月に日本学術会議に課題別委員会「科学・技術のデュアルユース問題に関する検討委員会」が設置され、約一年間の議論を経て、二〇一二年一一月に「科学・技術のデュアルユース問題に関する検討報告」という委員会報告が出された。これを受けて翌二〇一三年一月には学術会議の声明「科学者の行動規範（改訂版）」が改訂され、その第六項に「科学研究の利用の両義性」が新たに付加された。さらに、この問題は日本学術会議基礎医学委員会病原体研究に関するデュアルユース問題分科会でも取り扱われ、二〇一四年一月の分科会からの提言「病原体研究に関するデュアルユース問題」につながった。このような動きと並行して、科学技術振興機構・研究開発戦略センター（ＪＳＴ‐ＣＲＤＳ）においても、「ライフサイエンス・臨床医学」領域で行うべき研究課題の俯瞰作業として「ヒトと社会」分野で生命科学のデュアルユース問題が討議され、二〇一三年三月に戦略プロポーザル「ライフサイエンス研究の将来性ある発展のためのデュアルユース対策とそのガバナンス体制整備」が出された。しかしながら、我が国においてはデュアルユース問題が議論されるに至った国内の生命科学研究事例が限られており、研究者における切迫感が薄いことや、学術界における認識度合の低さもあり、その論議は必ずしも深まっているとはいえない。

5　ゲノム編集と軍事研究

革新的なゲノム編集技術

組換えDNA技術の発展と相前後して一九七〇年代にはゲノム編集という概念はすでに生まれていた。しかし、四～六塩基という短いDNAの配列を認識して切る制限酵素では、ゲノム上に同一の塩基配列が多数存在するためバラバラに切られてしまい、実際にゲノムを編集することはできなかった。初期の技術は、一九九六年に開発されたジンクフィンガーヌクレアーゼ（ZFN）と呼ばれるキメラタンパク質（特定の塩基配列を認識する部分とDNA切断活性のある酵素部分が合いの子になったタンパク質）により標的部分の遺伝子を変えるというものであった。しかし、この技術は、編集部位を正確に認識できるタンパク質を作製するのが難しいという問題を抱えていた。塩基配列を特異的に認識してDNAに結合する部分を長くし、これを改善したのが二〇一〇年に登場したTALEN（Transcription Activator-Like Effector Nucleases）と呼ばれる技術である。しかし、この技術もZFNと同様、TA

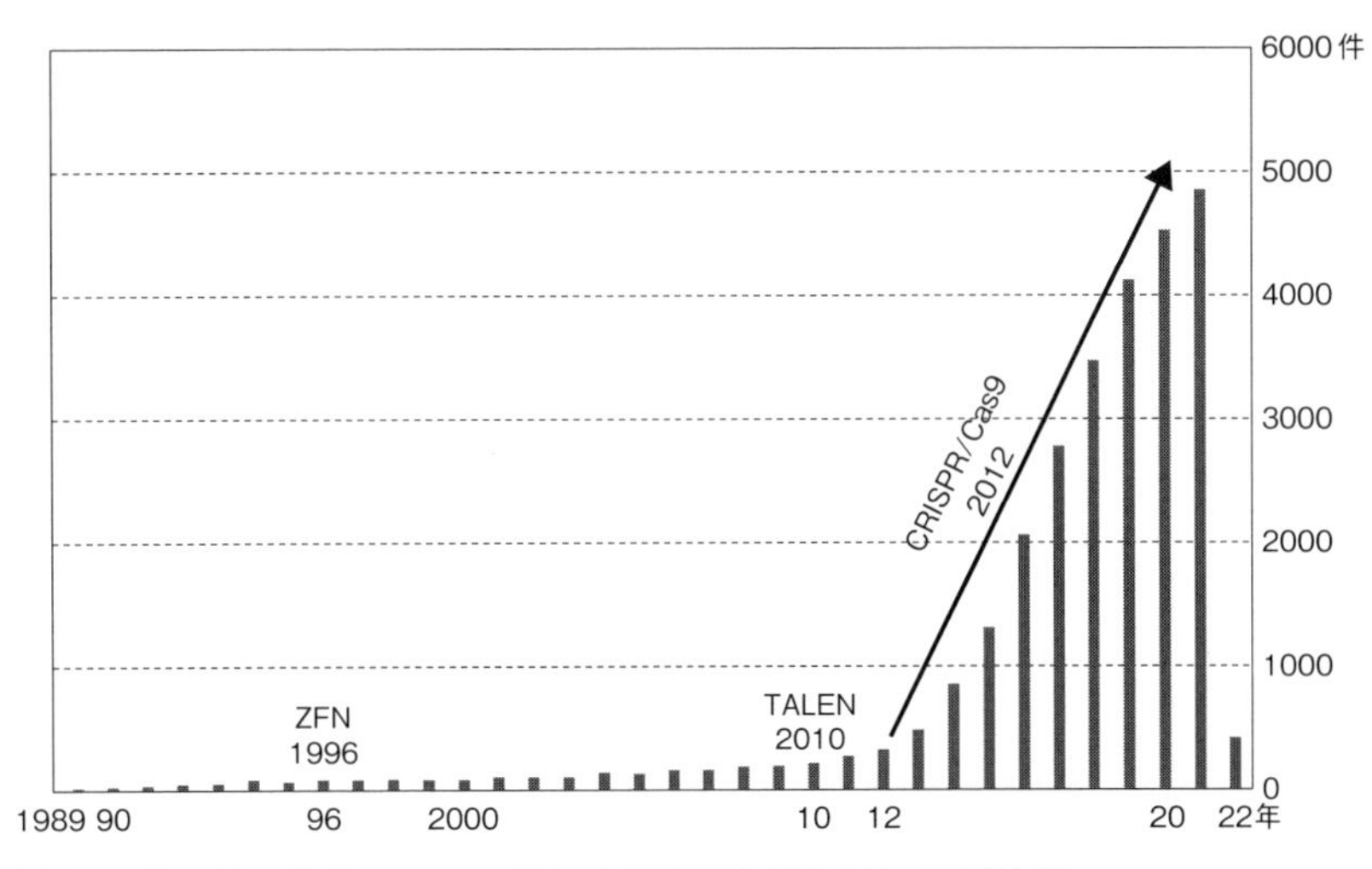

図5-1　キーワード「genome editing」検索によるPubMedの論文数

注）1996年にZFNが、2010年にはTALENが開発されたが、研究の活発化には至らなかった。しかし、2012年にCRISPR/Cas9技術が発表されて以降、論文数が急増している（2022年のデータは1月末時点のものを示す）。

LENがDNAを認識する部分の設計が煩雑であり、特定の研究室でのみ使用可能なものに留まっていた。

本領域に革新的変化をもたらしたのが、ジェニファー・ダウドナとエマニュエル・シャルパンティエらによって二〇一二年に発表されたクリスパー・キャスナイン（Clustered Regularly Interspaced Short Palindromic Repeats/CRISPR associated protein 9: CRISPR/Cas9）技術である(Jinek et al. 2012)。これはもともとバクテリオファージ（細菌に感染するウイルス）に対する、細菌が持つ免疫システムを利用したもので、ガイドRNAがゲノム上の特定の塩基配列を認識し、それと複合体をつくるキャスナインタンパク質（DNA切断酵素）が塩基配列特異的に標的DNAを切断して編集するというものである。ガイドRNAの設計を自由に行って、どのDNA塩基配列にも特異性を持たせることができるほか、簡便さ、低コスト、効率のよさの三拍子が揃っていたため、またたくまに全世界の研究室に広まった（図5-1）。

遺伝子ドライブをめぐる議論

ゲノム編集技術は遺伝子操作が関わる多くの研究領域に大きな変革をもたらしているが、とりわけ活発になってきた研究課題として遺伝子ドライブ（通常のメンデルの遺伝の法則とは異なり、特定の遺伝子が偏って遺伝する技術）を利用したものがある。ケヴィン・エズヴェルトらは、このクリスパー・キャスナインのシステムを遺伝子ドライブに応用すれば、昆虫媒介性感染症の根絶や有害外来生物の駆除が可能となることを理論的に示した（Esvelt et al. 2014）。実際、この考えを利用してマラリアを伝播しないハマダラ蚊が作成され、研究室内という限定的な環境ながらマラリアを伝播する蚊のいない世界を作り出すことに成功している（Gantz et al. 2015）。こうした研究成果に注目してアフリカでの蚊媒介性感染症を根絶するための資金提供を申し出ているのがマイクロソフト創業者夫妻が設立したビル・アンド・メリンダ財団で、同財団は「ターゲットマラリア」への投資の増額を進めたい意向を示した（Regalado 2016a）。しかし、環境保護団体は、このような手法によっては生物多様性が損なわれるかもしれないとして、その動きに警戒感を強めている。このような先進的研究課題について、科学的な見地からその可否を決めることは非常に困難で、米国科学アカデミーから出された報告書「遺伝子ドライブの展望」（National Academies of Sciences, Engineering, and Medicine 2016）では、「現時点では遺伝子ドライブ操作した生物を環境中に放つことを支持する確証は不十分である。しかしながら、遺伝子ドライブの基礎・応用研究が持ちうる潜在的な恩恵は顕著であり、実験室での研究や高度に制御された野外試験の進行を正当化するものである」（ibid.: 10 筆者訳）と記載されており、現状では環境中で実施してよいという十分な証拠はないが、潜在的利点を考えれば研究を推進すべきとしている。

ゲノム編集に対する米国ＤＡＲＰＡの戦略

ゲノム編集と軍事研究との接点を示す一つの動向として、米国の諜報機関の年報（Clapper 2016）にゲノム編集技術が大量破壊兵器化を可能とする技術としてリストアップされたことがある（Regalado 2016b）。その後の具体的動きが確認されているわけではないが、安価かつ広範に普及しつつある技術として、ゲノム編集の善悪デュアルユース性が懸念の対象とされているのである。ただし、ゲノム編集技術が、ヒト遺伝子の切断ツールとして用いられる可能性や編集された遺伝子が後世に遺伝する影響などを考慮する必要があると思われるものの、その技術を生物兵器に応用する具体的プロセスが明確に論じられているわけではない。

もう一つの特筆すべき動きは、米国防総省の傘下機関であるＤＡＲＰＡが遺伝子ドライブを含むゲノム編集技術に関心を示し、六五〇〇万ドルもの資金を拠出して研究開発に乗り出したことである。レネー・ウェグリンをプログラムマネジャーに据えて二〇一七年に開始したプログラムは、二〇二一年八月にアン・チーヴァーを二代目のプログラムマネジャーに招き入れ、引き続き「セーフ・ジーンズ・プログラム（Safe Genes Program）」（Cheever 2021）としてゲノム編集の制御に関わる次の三つの課題を設定し、その解決を図ろうとしている。

セーフ・ジーンズ・プログラムが設定する三つの課題

一、生体系におけるゲノム編集活動を強固に、空間的に、時間的に、そして可逆的に制御するための遺伝子回路とゲノム編集装置の開発

二、ゲノム編集を阻止・制限し、生物・集団のゲノムの完全性を保護する予防・治療法を提供するための低分子・分子戦略の開発
三、幅広い複雑な集団や環境の文脈から不要な操作遺伝子を排除し、システムを機能的・遺伝的な基本状態に回復させる「遺伝的修復」戦略の開発

このプログラムでは「ＤＡＲＰＡスタイル」と呼ばれる独特の短期集中型のプロジェクトが展開されている。ＤＡＲＰＡに勤務する者が口を揃えて言うのは、ＤＡＲＰＡはスプートニクショックの反省のもとにつくられた組織であり、米国を科学技術で圧倒的優位に立たせることである。彼らは、それこそが国防上の重要事項であると認識しており、「我々は最先端の科学の研究に携わっている」という自負を持って働いている。ゲノム編集に関わる最先端科学の遂行が軍事開発に直接的に関係がないように見えても、それをＤＡＲＰＡが実施するとなると話は別だ。というのも、ＤＡＲＰＡ自体が最先端科学を研究することが国防に役立つという考えのもと運営されているからである。二〇一七年に七つの研究グループとともに開始されたセーフ・ジーンズ・プログラムは、厳格な研究進捗管理を行い、選択と集中により二〇二〇年現在では特に有望な四グループへと絞り込まれた（DARPA 2019）。特筆すべきは、ＤＡＲＰＡが推進するこの研究プロジェクトにクリスパー・キャスナイン技術の生みの親であるジェニファー・ダウドナも参画していることである。

ゲノム編集と公共倫理・政策課題

ゲノム編集技術は、今や飛ぶ鳥を落とす勢いで様々な分野に急速に広まりつつある。加えて、クリスパー・キャスナインの登場以降まもなくして、次世代型ゲノムエディターといえる技術が次々に登場してもいる。クリスパー・キャスナインとは異なるメカニズムによりＤＮＡ鎖切断を伴わずにＤＮＡとＲＮＡの両方を書き換えることが可能な技術（ＰＰＲ技術）（Nakamura et al. 2012）、ＤＮＡ鎖を切断することなくＡ・ＴをＧ・Ｃに編集する技術（Gaudelli et al. 2017）、ゲノムを切断せずにＤＮＡ断片の置き換えが可能なプライム・エディティング技術（Anzalone et al. 2019）などはその例で、編集技術はより正確により多彩になってきている。こうした技術を多彩な用途（左記）に適切に用いるためには、医療・産業応用促進のための枠組みや、研究開発に関する指針ならびに規制の仕組みがどうしても必要となってくる。

考えられるゲノム編集の用途

・遺伝子治療（先天性免疫不全症などの根本的治療）
・ｉＰＳ細胞と組み合わせた治療・再生医療
・受精胚のゲノム編集（先天性遺伝疾患の治療：「ヒト受精胚に遺伝情報改変技術等を用いる研究に関する倫理指針」により規制）
・遺伝子改変動物の作製（ノックアウト、ノックイン、トランスジェニック動物などを短期間で効率よく作製することが可能）

・遺伝子ドライブ（例えば、マラリアに対する抵抗性を持った蚊の作製）
・農作物や家畜の遺伝子改変（品種改良、収穫の向上、病気に強い家畜など）
・絶滅危惧種の保存、絶滅種の復活（マンモス復活プロジェクトなど）

他のいくつかの先端生命科学技術と同様、ゲノム編集は生物兵器転用のデュアルユース性を有する技術として、生物兵器禁止条約の中でも継続的な議論の対象とされている。先進的技術であればあるほど、公共倫理的観点とそれを担保しつつ、いかに有益な政策課題に結びつけることができるのか、先導者の識見が問われている。

おわりに

先進生命科学研究と軍事研究との関わりは、生物兵器禁止条約の文脈から善悪デュアルユースが軍民デュアルユースを包摂するという、他の学術分野にはない特徴を持つ。しかも、軍事技術のほとんどがそうであるように、相手に対する技術的優位性が必要とされることから、生命科学における軍事研究の懸念においても先進性や独創性が密接に関係している。したがって、本章において取り扱ったデュアルユース問題に関わる研究のほとんどが、世界トップクラスの生命科学・微生物学研究そのものであるという事実は注目に値する。また、ゲノム編集技術における遺伝子ドライブに代表されるように、先進生命科学研究が、単なる軍事的悪用の問題のみならず、環境問題を引き起こすといったより広い意味での懸念を生起していることにも、善悪デュアルユース性の新たな側面が見えてくる。新興技術はますますその進化のスピードを速めており、既存の枠組み内では考えにくいデュアルユース性の変容をもたらしている。このような軍事兵器への転用に留まらないデュアルユース問題は、その解決に関わる要因をより複雑にし、議論の軸をさらに不明確にする危険性を孕んでいるのである。

参照文献（ウェブサイトの閲覧日は特記のないかぎり、すべて二〇二二年一月二三日）

科学技術振興機構・研究開発戦略センター　二〇一三戦略プロポーザル「ライフサイエンス研究の将来性ある発展のためのデュアルユース対策とそのガバナンス体制整備」。

日本学術会議改革検証委員会　二〇一三声明「科学者の行動規範（改訂版）」。

日本学術会議科学・技術のデュアルユース問題に関する検討委員会　二〇一二報告「科学・技術のデュアルユース問題に関する検討報告」。

日本学術会議基礎医学委員会病原体研究に関するデュアルユース問題分科会　二〇一四提言「病原体研究に関するデュアルユース問題」。

Anzalone, A. V., et al. 2019. Search-and-replace genome editing without double-strand breaks or donor DNA. *Nature* 576: 149-157.

Berg, P., et al. 1974. Letter: Potential biohazards of recombinant DNA molecules. *Science* 185: 303.

Bhattacharjee, Y. 2004. Microbiology: Scientist pleads guilty of receiving illegally imported avian flu virus. *Science* 305: 1886.

Boeke, J. D., et al. 2016. GENOME ENGINEERING. The Genome Project-Write. *Science* 353: 126-127.

Borzenkov, V. M., Pomerantsev, A. P. and Ashmarin, I. P. 1993. The additive synthesis of a regulatory peptide in vivo: The administration of a vaccinal *Francisella tularensis* strain that produces beta-endorphin. *Biull Eksp Biol Med* 116: 151-153.

Broad, W. J. 2001. Australians Create a Deadly Mouse Virus. *New York Times* 23 Jan. https://www.nytimes.com/2001/01/23/world/australians-create-a-deadly-mouse-virus.html

CDC and USDA. Select Agents and Toxins List. *Federal Select Agent Program* https://www.selectagents.gov/sat/list.htm（二〇二一年四月二六日閲覧）

Cello, J., Paul, A. V. and Wimmer, E. 2002. Chemical synthesis of poliovirus cDNA: Generation of infectious virus in the absence of natural template. *Science* 297: 1016-1018.

Cheever, A. 2021. Safe Genes. *Program Information* (Defense Advanced Research Projects Agency) https://www.darpa.mil/program/safe-genes

Clapper, J. R. 2016. Worldwide threat assessment of the US intelligence community. *Statement for the Record* (ed. Senate Armed Services Committee) https://www.armed-services.senate.gov/imo/media/doc/Clapper_02-09-16.pdf

Cohen, J. and Malakoff, D. 2012. Avian influenza: On second thought, flu papers get go-ahead. *Science* 336: 19-20.

Defense Advanced Research Projects Agency 2019. Safe genes tool kit takes shape. (ed. outreach@darpa.mil) https://www.darpa.mil/news-events/2019-10-15

Domi, A. and Moss, B. 2002. Cloning the vaccinia virus genome as a bacterial artificial chromosome in *Escherichia coli* and recovery of infectious virus in mammalian cells. *Proc Natl Acad Sci U S A* 99: 12415-12420.

Enserink, M. and Malakoff, D. 2003. Scientific community: The trials of Thomas Butler. *Science* 302: 2054-2063.

Esvelt, K. M., Smidler, A. L., Catteruccia, F. and Church, G. M. 2014. Concerning RNA-guided gene drives for the alteration of wild populations. *eLife* 3: e03401.

Fouchier, R. A., Garcia-Sastre, A. and Kawaoka, Y. 2012. Pause on avian flu transmission studies. *Nature* 481: 443.

Gantz, V. M., et al. 2015. Highly efficient Cas9-mediated gene drive for population modification of the malaria vector mosquito *Anopheles stephensi*. *Proc Natl Acad Sci U S A* 112: E6736-6743.

Gaudelli, N. M., et al. 2017. Programmable base editing of A·T to G·C in genomic DNA without DNA cleavage. *Nature* 551: 464-471.

Gibson, D. G., et al. 2008. Complete chemical synthesis, assembly, and cloning of a *Mycoplasma genitalium* genome. *Science* 319: 1215-1220.

Gibson, D. G., et al. 2010. Creation of a bacterial cell controlled by a chemically synthesized genome. *Science* 329: 52-56.

Herfst, S., et al. 2012. Airborne transmission of influenza A/H5N1 virus between ferrets. *Science* 336: 1534-1541.

Hutchison, C. A., 3rd, et al. 2016. Design and synthesis of a minimal bacterial genome. *Science* 351: aad6253.

International Gene Synthesis Consortium 2017. Harmonized Screening Protocol© v2.0, Gene Sequence and Customer Screening to Promote Biosecurity. https://genesynthesisconsortium.org

Jackson, R. J., et al. 2001. Expression of mouse interleukin-4 by a recombinant ectromelia virus suppresses cytolytic lymphocyte responses and overcomes genetic resistance to mousepox. *J Virol* 75: 1205-1210.

Jackson, R. J., Maguire, D. J., Hinds, L. A. and Ramshaw, I. A. 1998. Infertility in mice induced by a recombinant ectromelia virus expressing mouse zona pellucida glycoprotein 3. *Biol Reprod* 58: 152-159.

Jinek, M., et al. 2012. A programmable dual-RNA-guided DNA endonuclease in adaptive bacterial immunity. *Science* 337: 816-821.

Kahl, L. 2019. What is iGEM?（part 3）. *Insights from iGEM's History* https://blog.igem.org/blog/2019/9/18/what-is-igem-part-3

Kawaoka, Y. 2012. H5N1: Flu transmission work is urgent. *Nature* 482: 155.

Meselson, M., et al. 1994. The Sverdlovsk anthrax outbreak of 1979. *Science* 266: 1202-1208.

Nakamura, T., Yagi, Y. and Kobayashi, K. 2012. Mechanistic insight into pentatricopeptide repeat proteins as sequence-specific RNA-binding proteins for organellar RNAs in plants. *Plant Cell Physiol* 53: 1171-1179.

National Academies of Sciences, Engineering, and Medicine 2016. *Gene Drives on the Horizon: Advancing Science, Navigating Uncertainty, and Aligning Research with Public Values.* Washington, DC: The National Academies Press.

National Research Council 2004. *Biotechnology Research in an Age of Terrorism.* Washington, DC: The National Academies Press.

Neumann, G., et al. 1999. Generation of influenza A viruses entirely from cloned cDNAs. *Proc Natl Acad Sci U S A* 96: 9345-9350.

Nowak, R. 2001. Disaster in the making. *NewScientist* Jan. 13, 2001. https://www.newscientist.com/article/mg16922730-300-disaster-in-the-making/

Noyce, R. S., Lederman, S. and Evans, D. H. 2018. Construction of an infectious horsepox virus vaccine from chemically synthesized DNA fragments. *PLOS One* 13: e0188453.

NSABB 2016. Recommendations for the Evaluation and Oversight of Proposed Gain-of-Function Research. *A Report of the National Science Advisory Board for Biosecurity.* https://www.aai.org/AAISite/media/Public_Affairs/Policy_Issues/Public_

Health_and_Biosecurity/NSABB_Final_Report_Recommendations_Evaluation_Oversight_Proposed_Gain_of_Function_Research.pdf

Patterson, A. P., Tabak, L. A., Fauci, A. S., Collins, F. S. and Howard, S. 2013. Research funding: A framework for decisions about research with HPAI H5N1 viruses. *Science* 339: 1036-1037.

Petro, J. B., Plasse, T. R. and McNulty, J. A. 2003. Biotechnology: Impact on biological warfare and biodefense. *Biosecur Bioterror* 1: 161-168.

Regalado, A. 2016a. Bill Gates doubles his bet on wiping out mosquitoes with gene editing. *MIT Technology Review*. https://www.technologyreview.com/2016/09/06/244913/bill-gates-doubles-his-bet-on-wiping-out-mosquitoes-with-gene-editing/

Regalado, A. 2016b. Top U. S. Intelligence official calls gene editing a WMD threat. *MIT Technology Review*. https://www.technologyreview.com/2016/02/09/71575/top-us-intelligence-official-calls-gene-editing-a-wmd-threat/

Rosengard, A. M., Liu, Y., Nie, Z. and Jimenez, R. 2002. Variola virus immune evasion design: Expression of a highly efficient inhibitor of human complement. *Proc Natl Acad Sci U S A* 99: 8808-8813.

Schrick, L., et al. 2017. An early American smallpox vaccine based on horsepox. *N Engl J Med* 377: 1491-1492.

Smith, H. O., Hutchison, C. A., 3rd, Pfannkoch, C. and Venter, J. C. 2003. Generating a synthetic genome by whole genome assembly: φX174 bacteriophage from synthetic oligonucleotides. *Proc Natl Acad Sci U S A* 100: 15440-15445.

Taubenberger, J. K., et al. 2005. Characterization of the 1918 influenza virus polymerase genes. *Nature* 437: 889-893.

Tonix Pharmaceuticals 2017, Press Releases. Tonix Pharmaceuticals Announces Demonstrated Vaccine Activity in First-Ever Synthesized Chimeric Horsepox Virus. https://www.tonixpharma.com/news-events/press-releases/detail/1052/tonix-pharmaceuticals-announces-demonstrated-vaccine

Tumpey, T. M., et al. 2005. Characterization of the reconstructed 1918 Spanish influenza pandemic virus. *Science* 310: 77-80.

Wimmer, E. 2006. The test-tube synthesis of a chemical called poliovirus. The simple synthesis of a virus has far-reaching societal implications. *EMBO Rep* 7 Spec No, S3-9.

第6章　サイバーセキュリティとデュアルユース性

荻野　司

情報機器が社会の隅々にまで行き渡った情報化社会では、それらの機器が持つ情報やデータを意図的に漏洩させたり、破損・改変したり、またそれらの機器自体を機能不全に陥れたり、さらには、遠隔操作によって悪用する「サイバー攻撃」もまた現実のものとなっている。個人のみならず軍民を問わず様々な組織、ひいては社会一般に多大な被害を与えるケースが続発している。自動車、ドローンや家電などの業務用・民生用製品にとどまらず、様々な社会インフラ、さらには軍事や安全保障に関わる装置・機器までもが互いにインターネットを介してつながり情報をやりとりする、「モノのインターネット（ＩｏＴ）」がグローバル規模で実現しつつある昨今、このようなサイバー攻撃への懸念はいっそう高まっている。あらゆるモノがインターネットでつながることで、あらゆるシステムのサイバー攻撃に対する脆弱性はよりいっそう高まり、サイバー攻撃による被害も深刻化・広範化する傾向があるからである。このような情勢を受け、本章では、ＩｏＴ時代におけるサイバー攻撃から個人や社会を守るサイバーセキュリティの現状と課題を見た上で、そのデュアルユース性について考えてみる。

1　サイバー攻撃の事例

イラン核開発施設攻撃事件

まずＩｏＴ時代以前に遡って、インターネットから隔離され、国家による厳重なセキュリティ管理下におかれた施設においても防げなかったサイバー攻撃の事例として、二〇一〇年七月、一一月にかけて起こったイランの核施設へのサイバー攻撃事件を振り返ってみよう。*1 これは、前記のようにネットワークから隔離された核施設に、あらかじめマルウェア（悪意あるソフトウェア）を組み込んだＵＳＢを持ち込ませ、そのＵＳＢを介して施設の制御システムをマルウェアに感染させることで設備を破壊した事案と考えられている。ここで用いられたマルウェアは、当時、一般には知られていなかったウィンドウズの脆弱性を突いたものであることから、この攻撃自体が、未知の脆弱性を利用するマルウェアを開発することができる高度なＩＴ技術を有した組織による活動であることを示唆している。また、このようなウィンドウズやアンドロイドなど、広く用いられているアプリケーションの脆弱性情報は、通常の方法ではアクセスできないようになっている、例えば、一般的な検索エンジンでは発見できないダークウェブで取引が行われ、いわゆるブラックマーケット上での取引の対象となっているとも言われている。

自動運転のハッキング

ＩｏＴの代表例の一つに自動運転車がある。自動運転が普及した場合、インターネットを通じて自動運転車の車

表6-1　ハッキング概要

・ネットワークから隔離されている産業制御システムにUSBメモリや持ち込みPC経由でマルウェアが感染、不正な命令を実行させられた結果、工場の設備を大規模に破壊された。
・マルウェアには電動機の回転数制御用インバータの周波数を変更して回転数を不正に操作する機能が備わっていた。また目立たないよう、他の機能は攻撃しない仕様になっていた。
・マルウェアは未知の複数の脆弱性を突いたものであり、完全な防御は困難であったと指摘されている。

注）「Stuxnet の脅威と今後のサイバー戦の様相」より筆者作成。

載ＬＡＮに侵入し多数の車を一挙に暴走させるという大規模なテロが引き起こされる可能性も危惧される。実際、二〇一五年には、著名なハッカーが、米クライスラー社のジープの車載ＬＡＮに侵入し、エアコン、ワイパー、ブレーキ、変速、ステアリングといった機能に干渉することに成功したことを公表するという出来事が起こった。この事態を受けて、クライスラー社は、一四〇万台のリコールを余儀なくされ、数十億円規模の損害を被ることとなった。[*2] [*3]

だが二〇二〇年代に入り、自動運転車に対するハッキング事案が公表される例はめっきり減った。これは、そのような事例がなくなったことを意味するのではなく、単に表沙汰にならなくなった結果ではないかと推測される。ハッカーはたとえ自動運転車のハッキングに成功したとしても、それを公表せず、車の製造元にだけ報告し、そこから報奨金を受けている可能性があるからである。

「Ｍｉｒａｉ」ボットネットによるＤＤｏｓ攻撃

コンピュータに侵入し留まり続けることでそれを外部から操作可能な「ゾンビ」化するコンピュータウイルスを「ボット」、このボットによって乗っ取られたゾンビコンピュータからなるネットワークを「ボットネット」と呼ぶ。二〇一六年には「Ｍｉｒａｉ」と名づけられたボットに次々と感染した数十万台の機器からなる巨大なボットネットが構築され、そのネットワークに属する各々の機器が有名なサーバに対して多量のアクセスを集中させることでサーバをダウンさせるという、攻撃源が多数に分散したタイプのＤｏｓ攻撃、すなわちＤＤｏｓ攻撃を行うという事件が発生した。[*4]

民生用ドローンのハッキングの危険性

小型化・高性能化が著しい民生用ドローンに関しても、ＩｏＴ化が進むことによるサイバー攻撃に対する脆弱性の高まりが懸念されている。ハッキングされゾンビ化した多数の民生用ドローンからなるボットネットが構築され、先に触れた自動運転車と同様の仕方で大規模テロに用いられる危険性も考えられる。そこで、啓蒙のためのガイドライン策定やドローンの製造者に対して適切なセキュリティ要件の遵守を求める規則整備などを進めているが、民生用ドローン、なかでもホビーユースのドローンでは、ハッキングを防ぐことは難しい。例えば、ドローンに脆弱性が発見された場合、製造者が脆弱性を防ぐアップデートソフトウェアを使用者に配布したとしても、使用者自身がソフトウェアのアップデートを実行しないと効果がない。ドローンの機能として自動アップデートの仕組みを取り入れるなどの対策も進められてはいるものの、民生機器のように使用者自身によって運用管理が必要な機器では、販売後のセキュリティの確保が大きな課題である。

ＶＰＮの脆弱性攻撃

コロナ禍を受け、二〇二〇年からリモートワークが世界中で急速に広がった。そのリモートワークに欠かせないのが、自宅のパソコンと会社のシステムを安全につなぐＶＰＮ（バーチャル・プライベート・ネットワーク）の仕組みである。ＶＰＮを利用することで、社員が自宅のパソコンから会社の機密情報にアクセスすることが可能となる。このＶＰＮが脆弱性を抱えていた。[*5] この脆弱性はすでにコロナ禍以前に判明しており、製造企業は利用者に修正プログラムを配布していたが、ユーザー企業がこの修正プログラムを実装していなかったケースが多々あった。製造者に対する規制だけではサイバー攻撃に対処できないという課題がここにも顔を出しているのである。

結果として、コロナ禍の最中、ＶＰＮを狙ったハッキングが多発したと推測する。ハッカーは、ＶＰＮの脆弱性に付け込んで社員のＩＤとパスワードを入手し、企業のシステムに侵入して機密データにアクセスした上で、例えば機密情報を暗号化して利用できないようにし、暗号化の解除と引き換えに企業に対して身代金を要求したのではないか（ランサムウェア攻撃）。これ以外にも、機密情報を流出させる、情報を入手してダークウェブで売りさばく、といった様々な手口が考えられる。

このようなＶＰＮを経由したハッキングのよく知られた事例として、二〇二一年五月に起こったコロニアル・パイプラインへのサイバー攻撃がある。米国東海岸の燃料供給の四五％を担っているインフラ企業であるコロニアル・パイプラインが、情報システムにユーザー名とパスワード認証によるログインを許すタイプのＶＰＮ（高度な認証の仕組みが施されてないタイプのＶＰＮ）を介して侵入され、情報の暗号化や搾取をされたことで、操業停止に追い込まれた。[*6]その結果、米国東海岸における燃料供給が滞り、消費者の間でガソリンのパニック買いが起こってしまった。事態打開のため、コロニアル社は、ハッカー側にいったんは四四〇万ドルの身代金を支払ったという（その後、大半を取り戻したとの報道もある）。

東京オリンピックへのサイバー攻撃の阻止

近年、オリンピックは、毎回、大規模なサイバー攻撃の標的とされるようになってきた。実施側も事前にサイバーセキュリティの強化策を講じざるをえなくなり、オリンピックは、大規模なサイバー攻撃をどこまで防ぎきるかをめぐる、四年に一度の国際的なサイバーセキュリティコンテストの場と化してしまっているともいえる。実際、ロンドン、ソチ、リオ、平昌の各オリンピックは、サイバー攻撃の被害を少なからず受けている。二〇二一年の東京オリンピックでも、鉄道・水道・発電からビル管理に至るまで、オリンピックの運営に関わる社会インフラへの大規模なサイバー攻撃をあらかじめ想定し準備されていたであろう。だが結果、東京オリンピックは大過なく終えることができたようである。コロナ禍によって攻撃側の活動が縮退した可能性も否定できないが、過去のオリンピックでは多発していたサイバー攻撃の被害が今回ほとんど見られなかったのは、日本側の七年をかけたサイバーセキュリティの事前準備が功を奏した組織マネジメントの成功例といえる。

ハッキングの最新手法

現在もよく使われるＩＤやパスワードによって、ＩｏＴ機器やサービスへの侵入が一般的である。例えば、Ｍｉｒａｉのマルウェアのソースコードには、よく使われるパスワードが六〇例ほど掲載されていた。インターネット上では、一〇〇万余りのよく使われる文字列を掲載したパスワード辞書も出回っている。メーカー側では、文字列の網羅的な入力といった振る舞いを、機械を使ったハッキング行為として、システムへのログインを拒否するという対策も浸透しつつあるが、攻撃者側は、人による手作業の攻撃から機械による自動ハッキングへと進化しており、スキャニングすることで脆弱な機器を見つけて巧妙に侵入を図っている。二〇一六年に開催されたＤＡＲＰＡサイバーグランドチャレンジ（DARPA Cyber Grand Challenge）では、守りも攻めも人を介在せず、自動ソフトウェアによって実施された。この大会での優勝チーム（機械だけのチーム）は、その後に開催された、ハッキングコンテスト（ＣＴＦ）に人間中心の複数のハッカーチームに交じって参加し、序盤戦では上位に食い込む戦いぶりであった。ＡＩの進化がハッキングの自動化を推し進めている。

また、ＩｏＴ機器を動作させるソースコードは、通常バイナリーコードという機械語に変換された上でシステムに記録されているが、このプロセスを逆転し、機械語からソースコードを復元する操作（逆アセンブリ、もしくは逆コンパイル）を行い、ソフトウェアの脆弱性を探す行為、リバースエンジニアリングによって、脆弱性を探索する手法が一般的になりつつある。例えば、廃棄された製品から電子回路基板を取り出し、搭載されているメモリから、機械語化されたバイナリーコードを入手し、リバースエンジニアリングによって、製品内の設定情報や個人情報などを抜き取れる可能性もある。さらにソフトウェアの脆弱性を探索することも可能なのである。

2　サイバーセキュリティの動向

次に、以上のようなサイバー攻撃に対抗するサイバーセキュリティ側の動向を見てみよう。

ホワイトハッカーへの報奨

システムの安全性確保のためには、システムの脆弱性を早期に発見する必要がある。そのため、各企業や公的機関は、コンピュータやそのネットワークに精通し、システムの脆弱性を善意で指摘する民間のハッカー（ホワイトハッカー）の協力を広く募っている。例えばマイクロソフト、グーグル、アップルなどの各社は、自社システムの脆弱性を通報したホワイトハッカーに対し報奨金を支払うバグ報奨金プログラム（Bug Bounty Program）を設けている。結果として、ハッカーの前には、悪意あるサイバー攻撃を行うブラックハッカー（ないしはクラッカー）として身代金など闇市場からの利益を得るのか、ホワイトハッカーとしての報奨金を獲得するのかという選択肢が開かれていることになる。

ＤＥＦ　ＣＯＮにおける人材発掘

このような企業や公的機関によるホワイトハッカーの人材発掘の場として近年活用されているのが、ハッカーたちが集まる様々なイベントである。中でも一九九三年から北米のハッカーによって自発的に運営されている世界最大のハッカーの祭典であるＤＥＦ　ＣＯＮは、ホワイトハッカーのリクルーティングの主戦場ともなっている。例えば、テスラ社は、ＤＥＦ　ＣＯＮにおいて、自社が開発した最新車をハッキング対象とし、その脆弱性を発見するコンテストを開催した。ＤＥＦ　ＣＯＮは、人材発掘の場にとどまらず、自社製品の脆弱性を検証する機会としても活用されているのである。

特筆すべきは、米国の国防機関であるＤＡＲＰＡ（米国防高等研究計画局）によるＤＥＦ　ＣＯＮへの参入である。近年、ＤＡＲＰＡはサイバーセキュリティ分野の強化に力を入れており、その一環として、前述したように二〇一六年に、ＤＥＦ　ＣＯＮにおいて優勝賞金二〇〇万ドル（一ドル一一五円として二億三千万円）のハッキングコンテストであるＤＡＲＰＡサイバーグランドチャレンジ（DARPA Cyber Grand Challenge: CGC）を開催した。

米国のセキュリティ基準の強化

近年、経済安全保障の観点から、米国の政府機関における情報セキュリティ基準が厳格化される傾向にある。その一環として、二〇一五年に米国標準技術研究所（ＮＩＳＴ）が定めた「ＳＰ８００-１７１」という規制がある。

これは、米国政府に調達品を納入している米国企業のみならず、それらの企業と取引関係にあるすべての外国企業も事実上対象とする形で、情報セキリティの一定のスタンダードを遵守することを求める規制である。特に、米国防総省は全世界の取引先に対して、NIST SP800-171への準拠を求めている。なお、日本の防衛省も、二〇一九年五月にNIST SP800-171相当のセキュリティ要求事項を調達基準に盛り込んでいる。この背景としては、数多くの民生品で使用されている中国製半導体チップに、バックドア（不正侵入口）が仕掛けられているという疑いや、そのチップを利用した製品を経由して、政府や企業のシステムがハッキングされる可能性が指摘されていることも影響していると考えられる。

CCDSの設立

ここで日本のサイバーセキュリティの現状にも目を向けよう。冒頭で触れたように、IoT機器の登場に伴い、情報機器や情報システムの脆弱性はむしろ高まっている。また前項で見たように、半導体チップにも脆弱性が潜んでいる可能性を考慮すると、外国製の半導体への依存度を高めている日本企業は、半導体といったハードウェアレベルでも、サイバーセキュリティに関する問題点を抱えていることになる。

このように日本のサイバーセキュリティは様々な課題を抱えているが、特にIoTの進展に伴い、様々な情報機器が製造業界の枠を超えてネットワーク化されるようになったにもかかわらず、業界横断的にサイバーセキュリティに対応する仕組みがなかったことは大きな問題であった。このような問題意識を踏まえ、業界横断的な視野の下、生活機器の各分野におけるセキュリティに関する国内外の動向調査、セキュリティ技術やセキュリティ設計プロセスの開発、セキュリティ検証方法のガイドラインの策定および国際標準化の促進、セキュリティに関する人材育成などを行う組織として、二〇一四年に「重要生活機器連携セキュリティ協議会（ＣＣＤＳ）」が設立された。ＣＣＤＳでは、産業界が実際に利用できる具体的ガイドラインとして広く国内外に向けた発信を行っている。また、ＩｏＴ機器が最低限守るべき要件をまとめ、これに適合したＩｏＴ機器に対する任意認証制度を実施している。この制度は、安心・安全なＩｏＴ機器を選択するための指標となるマークを付与するとともに、国内初となる「ＩｏＴ機器保険付認証制度」となっている。マークを付与した製品に対してサイバー保険を自動付帯することで、インシデントが発生した時へのセーフティーネットとなる仕組みにもなっている。

デジタル庁創設

また二〇二一年にはデジタル庁が創設され、省庁ごとに分かれていたサイバーセキュリティ基準の一本化や、省庁・自治体ごとに異なる情報システムの共通化とそれに伴うコストダウンなどが期待されている。一方では、従来の慣行や既得権によるしがらみに対して、一定のスピード感を持って、どの程度まで打破できるかは未だ不透明である。

リバースエンジニアリングの活用

ソフトであれハードであれ、開発者本人は自らが開発した製品の脆弱性になかなか気づけない。脆弱性の発見には他者（第三者）による検討も有効である。一方、製品の内部構造、例えば組み込まれているソフトウェア（バイナリーコード）は他者の目には隠されているが、先にも触れたようにリバースエンジニアリングを用いることで、そこに隠された脆弱性を見つけ出すことが可能である。日本では長らく、リバースエンジニアリングは、プログラム開発者の著作権を侵害する恐れがあるとして禁止されてきたが、ブラックハッカーは、違法と知りながら、リバースエンジニアリングによってソフトウェアの脆弱性を見出し、サイバー攻撃を行ってきた。つまりリバースエンジニアリングに関しては、善意に基づいた利用はできない、一方、悪意を持った利用は現実に行われているという非対称性が際立っていたのである。

この非対称性を解消することを目指した二〇一八年の著作権法改正によって、日本でも善意に基づくリバースエンジニアリングの実施が可能となった。例えば、企業のセキュリティ担当者やサイバーセキュリティ企業が、他企業から購入したソフトウェアの脆弱性を、リバースエンジニアリングで発見し分析し、その内容を報告するといった道ができたのである。

レジリエンスの確保

以上のように、日米両国に限っても、様々な対策が講じられていることが見て取れるが、サイバーセキュリティでは、やはり自由に攻撃手法を選べる攻撃者側が優位に立っているという構造は否定できない。ＩｏＴ機器の普及によってサイバーセキュリティの脅威が高まる一方、このような攻撃者優位という基本的な状況を鑑みれば、今後のサイバーセキュリティ活動においては、従来のような防御策一辺倒ではなく、攻撃によるシステムダウンを織り込んで、そこからの復旧能力、いわゆるレジリエンス能力をも重視すべきであろう。システムダウンを回避するためのコストだけでなく、いったんダウンしたシステムを復旧するためにかかるコストも考えておく必要がある。つまり、これからのサイバーセキュリティの重点は、システムがダウンしてもすぐにそれを復旧させられるレジリエンス能力の構築にも置かれるべきだと考える。

3　善悪デュアルユースと防御／攻撃デュアルユース

最後に、サイバーセキュリティ技術と本書のテーマであるデュアルユース性との関わりを見ておく。本書の序論で述べられているように、デュアルユース自体、多義的な概念であるが、ここでは「軍民デュアルユース」と「善悪デュアルユース」という二つの概念に即して考察を進めたい。なおサイバーセキュリティ技術に関しては、後者における「悪」とは具体的にはサイバー攻撃を、また「善」とはそれに対する防御を意味する。つまり、ここでは「善悪デュアルユース」は「防御／攻撃デュアルユース」を意味することになるのである。

まず「軍民デュアルユース」についていえば、同じ一つのサイバーセキュリティ技術は基本的に軍民いずれの用途にも供されるという意味で、典型的なデュアルユース技術であるといえる。実際、民間企業がＩＴ防衛として実施する内容は、防衛省におけるそれとあまり違いはないのである。

さらにいえば、サイバーセキュリティ技術に関しては、軍民という用途の区別自体が消失しているという意味で、第12章で語られる「混用態（ミックスドユース）」が成立しているケースすら存在するのである。

現代の軍事は、民生インフラの上に成立している。したがって、例えば民生用の情報システムへの攻撃は、同時に、軍事情報システムへの攻撃を意味することになる。このことは二〇一四年のロシアによるクリミア併合を見ても明らかである。ロシアは、「電子戦」「サイバー戦」を一体化させて世界初の作戦を展開したといわれている。[*7] まずロシア軍は、ウクライナ軍の無線通信の利用を電子戦で妨害することで、ウクライナ軍の通信手段を民間の携帯電話システムを使わざるをえない状況に仕向けた。その上で、ウクライナ軍兵士の携帯にメールで展開拠点を変更させるような虚偽指令を送信するなど、ロシア軍に有利となる状況に向けたサイバー攻撃を仕掛けたとされる。民生利用の携帯電話システムを攻撃する、もしくは守るという行為は、そのまま軍事情報インフラを攻撃する、ないしは防御するという営みなのである。ここではサイバーセキュリティ技術の軍事利用と民生利用という区別自体が無効となっているのである。

この意味で、情報インフラに対するサイバーテロは、軍事、民生を問わず同時に広範な被害をもたらすという点で地震災害に似ている。情報インフラを守るサイバーセキュリティ活動は、技術の民生的使用であり、かつ同時に軍事的使用でもある点で、混用的使用と呼んでもよいであろう。

このことはまた、軍事目的での民生インフラに対するサイバー攻撃の危険性が存在することを意味する。現在のところ、軍事組織と民生組織との違いは維持されており、その意味で第12章がいう軍民組織の融合という事態は生じてはいない。だが軍事組織も民生組織も、組織の違いこそあれ、民生インフラという守るべき対象は共有しているのである。

また、ここでいう情報インフラとは、現代では、先で見てきたように、ＩｏＴをも含んだシステムへと拡張されている。多数の自動運転車や民間ドローンをゾンビ化して行われるサイバーテロは、軍事施設であれ民間施設であれ、社会全体に深刻な被害をもたらす。ＩｏＴを守る活動において、サイバーセキュリティ技術は、軍事かつ民生的使用、すなわち混用的使用に供されているのである。

次に、善悪すなわち防御／攻撃のデュアルユース性についてである。情報システムの脆弱性をチェックするツールと攻撃するツールは、ほぼ同じである。それを反映して、サイバーセキュリティ教育で行われている「脆弱性検証演習」も、事実上はアタック演習であり、それをどう呼ぶかは単なる言葉の問題である。ただしこの場合、先の「軍民デュアルユース」とは異なり、同じ技術の善用すなわち善意に基づく脆弱性発見という防御的使用と、悪用すなわち悪意を伴ったハッキング行為としての攻撃的使用の区別は、未だ維持される。サイバーセキュリティ技術は善用も悪用もできるという意味で、典型的な善悪デュアルユース性を備えた技術なのである。言い換えると、前記の「脆弱性検証演習」を受講した生徒が、サイバーセキュリティ技術を悪用する可能性は常に否定できないことになる。結局、技術を教えると同時に、それを悪用しないことを徹底する倫理教育が重要になるのである。

注（ウェブサイトの閲覧日は、すべて二〇二二年四月一二日）

＊1　「Stuxnet の脅威と今後のサイバー戦の様相」http://www.bsk-z.or.jp/kenkyucenter/pdf/23kenshouronbunnjyushousakuhinn.pdf

＊2　「走行中のクルマ乗っ取りに成功――『コネクテッドカー』のバグ」https://wired.jp/2015/07/23/connected-car-bug/

＊3　「クライスラー、ハッキング対策で一四〇万台リコール」https://www.nikkei.com/article/DGXLASGM25H19_V20C15A7MM0000/

＊4　「顕在化したＩｏＴのセキュリティ脅威とその対策」https://www.ipa.go.jp/files/000059579.pdf

＊5　「複数のＳＳＬ　ＶＰＮ製品の脆弱性に関する注意喚起」https://www.jpcert.or.jp/at/2019/at190033.html

＊6　「コロニアル・パイプライン社へのランサムウェア攻撃　国土安全保障委員会の公聴会で語られた事件の背景とは」https://www.cloudgate.jp/security-news/colonial-pipeline-ransomware-attack-cause-and-why-it-paid-ransom.html

＊7　「露軍の電子・サイバー戦の一体的展開が判明　無線遮断し偽メールで誘導、火力制圧」https://www.sankei.com/article/20200510-NVNOZWK6HVONNGQYFESYLRTYLU/

第7章　自律型兵器と戦争の変容

久木田水生

本章では自律型兵器を取り上げ、その開発の現状、特徴、倫理的問題等についての議論を紹介する。さらにそれが将来的に戦争をどのように変容させるかについての展望を示す。その際、アメリカなどによって運用されている遠隔操作型のドローンを手がかりとして参照する。また最後に本書全体のテーマである、「デュアルユース」に関して、素朴なテクノロジー中立論に基づく善悪デュアルユースの考え方が、特定のテクノロジーの是非について論じる際には不適切であることを論じる。

1　自律型兵器とは何か

定義の難しさ

本章で論じる自律型兵器とは「標的の選定から致死的攻撃までを人間の介入、制御なしに行うことができる兵器システム」を指す。このような兵器システムは一般には「自律型致死兵器システム（Lethal Autonomous Weapons Systems：以下「LAWS」）」と呼ばれている。

ロボット工学においては、あるシステムが「自律的」であるということは、外部からの制御なしに一定の時間、作動する能力を持つこととされている（cf. 谷口二〇一九）。注意するべきことは、自律性は、「自律的か否か」ではなく、「どれだけ自律的か」という程度問題として問われるものだということである。自動運転車を例に考えると分かりやすいかもしれない。自動運転車に関しては表7-1のようにレベル〇からレベル五までの段階が定義されている。

自律型兵器について議論をする際の難しさの一つは、自律型兵器が、技術的原理やメカニズムによって定義されているのではなく、自律性の度合いによって定義されているということにある。そのためそもそも「何が自律型兵器なのか」ということに関して合意に達することが難しい。

表7-1　自動運転車のレベル

レベル	内容
レベル0	すべての操作を人間が行う
レベル1	スピード調節あるいはステアリングのどちらかをシステムが制御する
レベル2	スピード調節とステアリングの両方をシステムが制御する
レベル3	すべての運転タスクをシステムが制御するが、必要な時は人間が介入する
レベル4	特定条件下ですべての運転タスクをシステムが制御する
レベル5	常にすべての運転タスクをシステムが制御する

自律型兵器についての議論では、その運用において「人間がループの中にいる（human-in-the-loop）」状態と「人間がループの上にいる（human-on-the-loop）」状態が区別される。兵器システムの運用は大雑把にいって、標的を見つけ、攻撃を決定し、攻撃を完遂する、という段階を踏む。この中の意思決定の部分で人間が介入しなければならないのが「人間がループの中にいる」状態（図7-1上）である。他方、「人間がループの上にいる」状態では、すべての段階が機械によって自動的に遂行され、人間はそれを監督し、必要な時に介入するだけでよい（図7-1下）。

軍事アナリストのポール・シャーレは、人間がループの中にいる状態だが、意思決定以外が自動化されている状態を「半自律」と呼び、一方、人間がループの上にいる場合を「監督付き自律」と呼んでいる。さらに「完全自律」になると人間は機械にまったく干渉しない（シャーレ 二〇一九：五九—六二）。

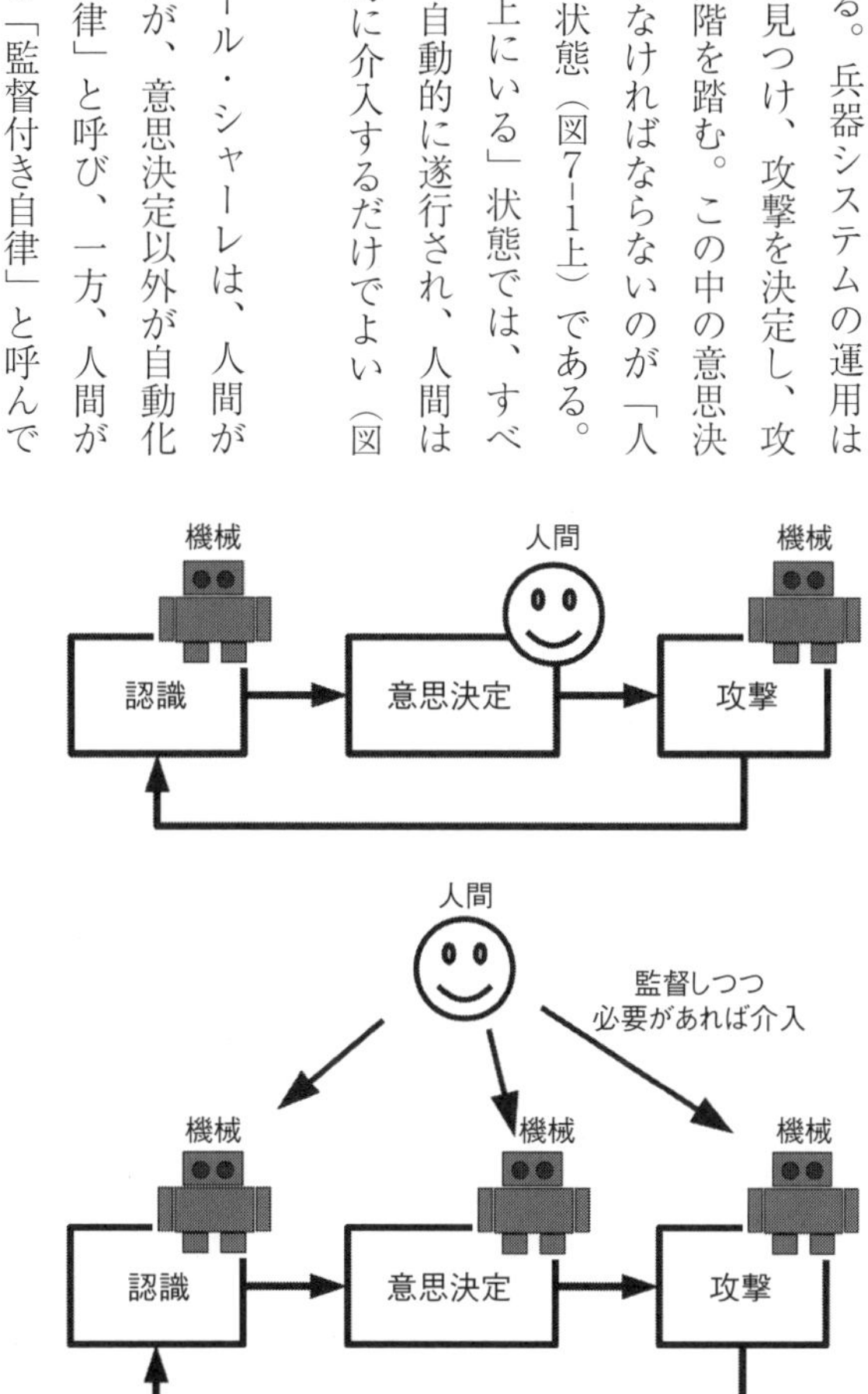

図7-1　人間が「ループの中」にいる状態（上）と、「ループの上」にいる状態（下）

進まない、規制に向けた議論

二〇一二年、人権問題に取り組む国際的なＮＧＯ、ヒューマン・ライツ・ウォッチ（Human Rights Watch：以下「ＨＲＷ」）は『人間性の喪失――キラー・ロボットへの反論（Losing Humanity: The Case against Killer Robots）』と題した文書を発表し、自律型兵器の危険性、非倫理性を訴えた（Human Rights Watch 2012）。二〇一三年、ＨＲＷが中心となって、キャンペーン・トゥ・ストップ・キラー・ロボット（Campaign to Stop Killer Robot）というＮＧＯ連合が設立され、自律型兵器の禁止に向けた訴えを行っている。

政府間レベルの議論としては、二〇一三年にジュネーブの国連オフィスで自律型兵器に関する政府間協議が行われた。二〇一四年以降、特定通常兵器使用禁止制限条約（Convention on Certain Conventional Weapons：以下「ＣＣＷ」）の枠組みで議論が継続され、二〇一七年からは「ＬＡＷＳに関する政府専門家会合」が開催されている。自律型兵器の問題は二〇一九年九～一〇月には国連総会でも取り上げられた。

しかし先進国の多くは規制に対して消極的である。二〇二〇年三月の時点で公に自律型兵器の禁止を求めている国は三〇ヶ国に上るが、二二ヶ国が非同盟諸国で、ＯＥＣＤ加盟国はオーストリアだけである。中国は自律型兵器の使用の禁止を求めているが、開発あるいは生産は禁止するべきではないという立場である。アメリカ、イギリス、ロシア、フランスを含む八ヶ国は自律型兵器に関する条約を制定する交渉に反対している（Campaign to Stop Killer Robots 2020）。

これまでの議論の一つの総括として出された二〇一九年の政府専門家会合の報告書では、「指導原則（the guiding

principles)」として、自律型兵器の開発・使用にも国際人道法が完全に適用されること、非戦闘員に対するリスクが十分に考慮されるべきこと、開発や使用に関する説明責任（accountability）が保証されなければいけないということなどが明記されると同時に、「自律的テクノロジーの研究開発が、兵器システムに利用できるという理由だけから制限されるべきではない」ということも主張されている（CCW/GGE 2019）。

開発は進む

現在、自律型兵器の開発を推進していると考えられている国はアメリカ、ロシア、中国、イギリス、イスラエル、韓国などである。それ以外の国においても兵器の自律性を高める研究は進められている。

アメリカの例を挙げると、二〇〇〇年代の初頭から米国防総省は戦場の無人化を推進せよという議会からのプレッシャーを受けて、遠隔操作されるロボットによる爆発物の除去、無人飛行機による偵察、情報の収集、爆撃などを行ってきた。その一方で米軍は、人間の監督と命令なしに致死的行動をとるような完全自律型兵器についてはそれほど前向きではない。ポール・シャーレによれば「米軍の風土には、無人システムに作戦任務を委ねることに強い反発がある」という（シャーレ二〇一九：九九）。

とはいえ国防高等研究計画局（Defense Advanced Research Projects Agency：以下「ＤＡＲＰＡ」）の中では自律型兵器システムに応用できるテクノロジーの研究開発が進められている。ＤＡＲＰＡの役割は、その創設以来、アメリカがテクノロジーに関して他の国に知らぬ間に凌駕されるのを防ぐことで、それは自律型兵器システムの開発においても同様である。米国防総省副長官のロバート・ワークは、米軍は「致死的行動をとるという判断を下す権威を機械に委譲しない」と主張しながら、一方、競争相手がそうするつもりである場合には「どうすれば最もよく対抗できるか決めなければならない」と述べている（Guizzo and Ackerman 2016）。

自国の兵士の犠牲を減らす以外にも自律型兵器のメリットは大きい。有史以来、戦争の鍵を握るのは情報であったが、情報技術の発展に伴って収集・処理される情報の量は膨大になり、それに対しますます素早く反応することが求められるようになっている。その中において人間の情報処理能力の限界が兵器システム全体の「ボトルネック」になるだろう。もし人間に代わる機械に、意思決定を委ねることができたならば、システム全体のパフォーマンスは遥かに向上する。

2　自律型兵器をめぐる議論

以上のように、自律型兵器には明らかな戦術的・戦略的メリットがある。その一方で、自律型兵器に強く反対する声も聞かれる。しかし実際のところ自律型兵器にはどのような問題があるのだろうか。本節では、自律型兵器の是非をめぐって交わされる議論を概観しよう。

戦争法を守れるか？

特定の兵器についてまず問題にされることはそれが国際人道法に照らして妥当か、ということである。自律型兵器の文脈でしばしば言及されるのはジュネーブ条約に規定されている「区別原則」と「均衡原則」である。「区別原則」とは、戦争においては戦闘員と非戦闘員は区別されなければならず、民間人を攻撃することは許されない、ということである。「均衡原則」とは、軍事行動の付随的損害、すなわち軍事作戦の副次的な結果として生じる民間に対する損害が生じることはある程度は仕方がないが、その被害は作戦の軍事的利益に比べて過度であってはならない、ということである。

自律型兵器システムがこのような制約を守って意思決定を行うことはできるだろうか？　このような判断において現状の人工知能を当てにすることができないのは確かである。しかしそれはあくまでも現状の技術レベルの問題であり、自律型兵器の本質的な問題かどうかは分からない。とはいえこれらの制約を人間の兵士や将校以上に遵守できないような兵器システムを使用することは国際人道法に悖るということはいえるだろう。

誰が責任をとるのか？

完全に自律的な兵器システムが戦争犯罪に当たるような行動をとった時、その責任は誰が負うべきだろうか。兵器が完全に自律的であるということは、その対象を攻撃するように意思決定した人間が存在しない、ということである。ここからその結果に対して責を負うべき人間はいないということが帰結するように思われる。だとすれば完全自律型の兵器システムを使うことは、本来ならば戦争犯罪に当たるような結果を引き起こしながら、その責任を消失させることになり、倫理的に問題である（Sparrow 2007）。

しかしこの批判に対しては次のように答えることができるだろう。完全に自律的な兵器といっても、その兵器を所有している国家、組織の命令系統のどこかにその使用を決定した人間がいるはずだ。したがって完全自律型兵器の使用に関しては人間の責任が霧消すると考えるのは誤りである。私たちがしなければならないのは、責任の不在を心配することではなく、兵器システムの運用の実態に即して責任の所在をあらかじめ明確にしておくことである（de Sio and Di Nucci 2016）。

軍人の徳と倫理

哲学者のシャノン・ヴァラー（Vallor 2014）は自律型兵器が使用されるようになると、軍人に求められてきた徳に対して人々が期待しないようになる可能性がある、と警告している。

専門職の人間にはその人間が備えるべき専門知があり、その中にはその領域での道徳的善悪についての知識も含まれる。それは必ずしも明文化されていなくてもその専門に熟達した人間ならば当然身に着けているものだ。それは軍人についても同様である。たとえ戦争法規を守れるような自律型兵器がつくれたとしても、そのような道徳的能力を機械が身に着けることはできないのではないか。

この問題はおそらく自律型兵器の導入によって急に生じるものではなく、戦争の近代化につれて徐々に進行してきたことだ。遥か上空から一般市民の頭上に爆弾を落とす飛行機乗りにはすでに軍人の徳はさほど関係がなかっただろう。遠隔操作されるドローンのオペレーターになるとなおさらである。

ヴァラーは軍人の有徳な動機が交戦規則を基礎づけてきたと考える。しかしアメリカのドローンを使った戦争はこの精神のまったく逆を行っている。自律型兵器についてはなおさらだろう。

しかしその反対を主張するものもいる。例えば、ロボット工学者のロナルド・アーキン（Arkin 2009）は、倫理的な規範を自律型兵器に組み込んだアーキテクチャーを考案しており、そのような仕組みによってロボットは人間の兵士以上に人道的になりうると主張している。というのも人間は戦闘のような過酷な状況において恐怖や怒りなどの感情に駆られて誤った判断をして、それゆえに戦争法を逸脱した行動をとることがあるが、ロボットはそのようなことがない。したがって適切な倫理的機構を備えた自律型兵器は人間の兵士より倫理的な兵士になるだろう、と。

この議論は、道徳的行為にとって人間の感情がどのような役割を果たしているかという難しい問題を喚起する。しかし少なくとも道徳的行為にとって感情は無用あるいは有害と断言できるほど単純な問題でないことは確かである。道徳性と感情の問題は現在、心理学、神経科学、進化生物学、人類学などにおいて盛んに研究され、論じられている問題であるが、科学者の間でも意見は様々である。

兵士を「不必要な」リスクに曝すべきではない？

自律型兵器を使うことは、もちろん使う側にとっては大きなメリットである。軍事力を増強するのはもちろんだが、それ以上に大きいのは、自国の兵士の犠牲を減らすことになるということである。

哲学者のブラッドレー・ジェイ・ストローサー（Strawser 2010）は、自国民の「不必要なリスク」に曝すことは国家の義務に悖るという理由から、ドローンを使用することは国家の道徳的な義務であると論じる。なぜならドローンを使えば兵士が敵の攻撃を受ける可能性はなくなる一方で、ドローンを使わず兵士を戦地に送れば彼らは確実に敵の攻撃に曝されるからである。

しかしドローンを使ったとしても、殺人という過酷なタスクに起因する精神的外傷とＰＴＳＤからオペレーターを守ることはできない（Press 2018）。ドローンのオペレーターは長い時間、高性能のセンサーで観察しつつ標的（および標的の周りにいる人々）を殺害するため、その精神的負担が大きいと言われる。もし自律型兵器を使用することによってドローンのオペレーターを精神的外傷のリスクに曝すことを避けることができるならば、自律型兵器を使うことは国家の義務である、ということが同じ論法によって帰結するだろう。

しかしそれが本当に「不必要なリスク」なのかということは慎重に考えなければならない。第３節で見るように、そのことは兵士のリスクを他国の民間人に転嫁している可能性があるからである。

戦争へのハードルを下げる？

自国の兵士の犠牲は国民の中での厭戦感情を掻き立てるものである。アメリカのベトナムからの撤退に際しては、ベトナム反戦帰還兵の会による運動の影響が大きかったし、ソマリア内戦からの撤退に際してもモガディシュでの戦闘で米兵に大きな犠牲が出たことが大きな理由だった。

戦場に人間の兵士を送らなくてよくなるということは、兵士を危険に曝すことがなくなるという大きなメリットがある反面、戦争を起こすことを思いとどまらせる大きな要因の一つがなくなることになり、戦争が増えるのではないか。そのように危惧する人々もいる（Human Rights Watch 2012）。

これに対しては、自律型兵器を使う側からは次のような返答が来るだろう。我が国は正当な理由なしに戦争を起こすことはない。したがって自律型兵器があるからといって、我が国がむやみに戦争を起こすことにはならない。

たとえ戦争が増えたとしてもそれは「正しい戦争（just war）」なのだから問題ではない。[*1] 実際にドローン攻撃を正当化して、バラク・オバマ元アメリカ大統領は、それが「正しい戦争」であることを主張している。この点も第3節で検討する。

3　戦争の未来

前節で、自律型兵器に関する賛否両論を眺めてきたが、自律型兵器が倫理的に悪いとする決定的な理由はなさそうに思われる。自律型兵器の規制を目指す人々は、「先制的禁止（preemptive ban）」、すなわち実際に戦争で使われる前に禁止をすることを目指しているが、結局のところ自律型兵器の実態がよく分かっていないということが議論を難しくしていることは否めない。

とはいえ自律型兵器を導入することで何が起きるかを推測する手がかりがまったくないわけではない。というのも、自律型兵器はある意味ではこれまでの軍事テクノロジーの歴史の中の一つのトレンドの自然な延長にある、と考えることができるからである。そこで本節では自律型兵器について考えるための手がかりとして、軍事テクノロジーの発展の歴史を「距離」という観点から眺め、そこから見て自律型兵器のすでに実用化されている先駆形態といえる、遠隔操作されるドローンについて考えよう。

武器と距離

人間の身体能力は他の中型あるいは大型哺乳類に比べるとひどく劣っているように思われる。にもかかわらず人間は自分より大きな哺乳類を狩り、その肉を食べることで生き延びてきた。その一つの鍵は投擲能力である。人間の手や腕、肩の構造、そして精密な動作を調整する能力は他の動物では決してできない精密な投擲を可能にしている。そのおかげで人間は相手に近づくことなく遠くから石や槍を投げてダメージを与えることができ、相手に反撃される危険を冒さずに狩りをすることができた（鈴木 二〇一三）。

相手から攻撃を受けない距離から正確な攻撃を加える能力、すなわちアウトレンジ能力、これが人間を優れた狩猟者にした。これは狩猟のみならず、戦闘においても決定的に重要なスキルである。それゆえに人間はテクノロジーによってこの能力を増大させることを競ってきた。

攻撃兵器を評価する一つの観点は、いかにしてその使用者が敵からの距離を保ちながら正確な攻撃を加えることができるかということである。このようなテクノロジーは棍棒や槍から始まって、弓矢、投石器、銃、ライフル、大砲、ミサイルと発展してきた。軍用ドローンのような、遠隔操作される無人航空戦闘システムもこのアウトレンジ能力の発展の延長線上にあるものとして考えることができる。

アメリカが中東やアフリカで使用しているドローンは、地球半周の距離を隔てたアメリカ国内の基地から操作されている。したがってドローンのオペレーターは、相手から攻撃を受ける危険に曝されることがない。一方でオペレーターはドローンのセンサーから送られてくる膨大な情報を得た上で、精密な攻撃を加えることができる。距離という観点から見た場合、ドローンはまさに革新的な兵器である。そして軍事テクノロジーにおけるあらゆる革新がそうであったように、ドローンは戦争の方法のみならず、戦争の概念や、兵士であることの本質すらも変容させている。

ドローンと付随的損害

アメリカやイスラエルはドローンによる攻撃は従来の航空戦力での攻撃に比べて精密であり、それゆえ民間人の犠牲を少なくすることができる、と宣伝している。しかし実際のところ、ドローン攻撃は期待に反して多くの民間人の犠牲者を出している。例えばアメリカによって二〇〇四年から二〇一三年の間にパキスタンで行われた四〇一回のドローン攻撃によって、およそ四〇〇人から九五〇人の民間人が殺されたと見積もられている（Rogers 2014）。二〇一二年五月から九ヶ月にわたってアフガニスタンで遂行された「ヘイメイカー」作戦では、ドローン攻撃によって殺された標的一九人に対して標的以外の人間は一五五人も殺されていた。その一方でドローンを使わない作戦では標的一三人に対して、標的以外は二人しか殺していない（Scahill and the Staff of *The Intercept* 2017）。

政治学者のアン・ロジャース（Rogers 2014）は、アメリカとイスラエルによるドローンの運用の実態を分析して、民間人の犠牲が少なくないこと、そしてそれがドローンの持つ特徴からの当然の帰結であることを指摘する。ドローンの際立った特徴は、人間では踏み込めない危険な地域にも入っていけること、オペレーターが交替できるので長時間連続の作戦行動が可能であること、そして豊富な情報に基づいた精密な攻撃ができることである。そのためドローンがなければ米兵や民間人にとってのリスクが高すぎるという理由で実行できない作戦が、ドローンによって実行可能になり、結果として民間人に犠牲が出る。

二〇一三年、当時のアメリカ大統領だったバラク・オバマは米国防衛総合大学でのスピーチの中で、ドローン攻撃を正当化した（Obama 2013）。その中でオバマはアメリカが追跡しているテロリストたちは民間人を標的にしており、彼らの行為で生み出される死者数に比べればドローンによる民間人の被害は微々たるものだという。またそれに続けてオバマは、ドローンに比べれば、従来の航空戦力やミサイルはずっと不正確で、民間人の犠牲も多いと述べている。

しかし従来の航空戦力やミサイル以外の選択肢はどうだろう。標的以外の犠牲を最も出さない方法は地上部隊による襲撃であるように思われる。それについてはオバマはこう述べる。もしこの地に兵士が侵入すれば、占領軍であると見なされ、地元の住民との間にトラブルを不可避的に生じさせるだろう。その結果はより多くの米兵の死であり、さらなる「ブラックホーク・ダウン」[*2]であり、避けがたい救援ミッションの投入であり、それは容易にさらなる戦争へとエスカレートする。

要するにモガディシュでの失敗を繰り返したくない、そのためには地元の民間人に犠牲が出ることは目を瞑ろう、ということだ。だが兵士を投入すれば侵略と見なされ戦争が起こるような場所に、ドローンを飛ばし、少なくない民間人を巻き添えにして攻撃してもよいというのは奇妙な理屈ではないだろうか。また、こんなことをしていればその国でのアメリカに対する反感はますます強まり、なおさら兵士を派遣することが難しくなるだろう。

しかしながら自国の兵士の命が失われる可能性をゼロにするという誘惑はあまりにも強い。行動経済学における研究が示すように、費用ゼロというのは合理的な思考を麻痺させて、他の選択肢を採ることを不可能にさせる特別な力がある（アリエリー 二〇一三）。

戦争の意味の変容

ドローンの導入が変化させたのは、兵士や民間人の犠牲についての考え方のみではない。それは「戦闘」という言葉の意味すら変えてしまったかのようである。

オバマはドローン攻撃が正戦論に適った「正しい戦争」だと主張する。なぜならばドローン攻撃を行うのは標的が「アメリカ国民に継続的で差し迫った脅威を与えている」場合にのみだからである（Obama 2013）。しかしアメリカがドローン攻撃を行っている場所は、最寄りのアメリカ軍基地から五〇〇キロメートルから一千キロメートルも離れている場合もある。さらにアメリカは標的を選ぶ際に、その行動や社会的関係のパターンからテロリストであるかどうかを推定するという方法を採用している（シャマユー二〇一八）。つまりテロリストと疑われるような行動や交友関係を示している人間はテロリストと見なして構わないということだ。これは「シグネチャー攻撃」と呼ばれているもので、おそらく兵士を派遣すれば得られる捕虜や証拠物がドローン攻撃では得られないため、情報不足を補うために採られている方法だろう。しかしこのような状況的な証拠に基づいて、アメリカから遠く離れた場所にいる人間を殺害することが「戦争」と呼べるなら、ジハーディストがアメリカ国内の基地やペンタゴンを攻撃することも、あるいはアメリカ国内で日常生活を送っている軍人を暗殺することすら、正当な「戦争」と呼べるだろう。

ドローンはこのようにして新しい「戦争」の形を常態化させている。ここで行われているのは通常の意味での「戦闘」というよりも「暗殺」と呼ぶことが適切である（Scahill and the Staff of *The Intercept* 2017）。この「戦争」はいつ終わるのだろうか。アメリカが潜在的な脅威と見なす人間がこの世から一人もいなくなるまでだろうか。

自律型兵器は戦争をどう変えるか

ドローンの運用実態から、自国の兵士の命を重視して他国の民間人の命を軽視するようになっていること、戦闘の時間的空間的範囲が拡大していること、本来なら「暗殺」と呼ばれてしかるべきものが「戦争」の名で横行していることが見て取れる。

そしておそらくこれらのことは自律型兵器にも当てはまるだろう。現在アメリカはドローンのオペレーター不足に悩まされている。ドローンの自律性が高まれば、オペレーター不足を補って、ますます多くのドローン攻撃が行われるだろう。ドローン攻撃が増えれば、アメリカ兵のリスクは減少し、ますます彼我の命の価値の格差が広がるだろう。またドローンが投入されて民間人の犠牲が出た国ではアメリカ軍に対する反感が高まり、兵士を投入することがますます難しくなるだろう。そうすると情報を収集するためにもますますアメリカはドローンによる監視やサイバー攻撃などの手段に頼るようになる。

兵器システムの自律性が高まることは、戦争を行う人々が敵から大きな物理的距離によって隔てられるだけではなく、いっそう大きな心理的距離によって隔てられることを意味する。ドローンのオペレーターはスクリーンを通じて標的をつぶさに観察しているが、もしも完全に自律的な兵器システムであれば、もはやオペレーターとして名指しできる個人は存在しなくなる。この時、攻撃する側とされる側の間の距離は極限まで広がっている。標的を監視することも、情報を分析することも、ミサイルの引き金を引くことも機械がやってくれるなら、標的のそばにいる少女を目撃してミサイルの発射を躊躇する人間もいないし、標的と市民が死にゆく様を見てＰＴＳＤに悩まされ

図7-2　パラレスキューのエンブレム（左、パブリックドメイン）と
MQ-9 リーパーのワッペン（右、著者撮影）

る人間もいない。テロリズムや中東問題の専門家であるジェニファー・ウィリアムズは、ドローンに関して真の問題は「誰も本当のところは気にかけていない」ということだ、と述べた（Williams 2017）が、兵器システムの自律性が増すことは、人々の戦場への関心をますます薄くするだろう。

二〇一二年、コネティカット州ニュータウンの小学校での大量射殺事件の後、オバマは涙を浮かべながら犠牲者への弔辞を述べた。その中で彼は、自分たちが「この国のすべての子どもに、幸せで意味のある人生を生きるチャンスを、彼らにふさわしいチャンスを与えるために、本当に十分やっていると言えるだろうか？」と問いかけた（Obama 2012）。このスピーチは感動的だが、しかしその一方でオバマはドローン攻撃で、子どもを含む多くの罪のない市民を無意味な死に追いやっている。

私はオバマが特別に冷酷な人間だとは思わないし、彼がニュータウンの子どもたちを悼んで流した涙が偽りだとも思わない。むしろ彼は自国民を大切にし、守ろうという気持ちを強く持った人間なのだと思う。しかしその気持ちは遠い異国にいる異教徒の子どもたちには向けられない。オバマだけではない。人間の共感は、顔も名前も知らない遠くの人間に対して働くようにはできていない（ブルーム 二〇一八）。ドローンや自律型兵器のような兵器は、このような人間の心理と相まって、戦争の相手に対する関心や共感を失わせる効果を持つのだろうと思う。

そのことは米軍の主力ドローン、MQ-9リーパーのワッペンの標語、「他者が死ぬように（That Others May Die）」によく表れている。これはアメリカ空軍のパラレスキュー（空挺救助隊）のモットー、「他者が生きるように（That Others May Live）」をもじったものだろう（図7-2）。悪趣味だが、危険地帯に飛び込んで人命救助を行うパラレスキュー・ジャンパーと、絶対安全な場所から敵（と民間人）を殺害するドローンのオペレーターの間の際立った対照を的確に表している。

4　よりましな未来のために——テクノロジー中立論を超えて

以上で、自律型兵器に関する問題点、賛否両論を検討してきた。自律型兵器はまだ存在していないものであるため、それが倫理的、人道的に問題があると断言する確たる根拠はないように思われる。しかしながら兵器テクノロジーを「距離」という観点から見て、自律型兵器を遠隔操作されるドローンの延長線上にあるものとして考える時、それが世界の秩序をますます複雑化させるだろうということは想像に難くない。ドローンはすでにあまりにも濫用されている。そしてそれは民間人の犠牲と兵士のリスクの評価のバランスを大きく変化させ、「戦闘」の意味を歪曲し、「正しい戦争」の概念を骨抜きにしている。ドローンの延長線上にあると考えられる自律型兵器は、こういった問題をさらに悪化させる可能性が高い。

これに対しては、アメリカやイスラエルがたまたま間違った使い方をしているだけで、ドローン固有の問題ではない、という反論もありうるだろう。ドローンを正しく使いさえすれば、それはより人道的な兵器になりうるのであり、同じことは自律型兵器にもいえるだろう、と。これはテクノロジーに関する「善悪デュアルユース」、あるいは「テクノロジーそれ自体は善くも悪くもなく、それを善用するのも悪用するのも人間次第である」という「テクノロジー価値中立論」の特殊ケースである。興味深いのは、このような主張が、とにかくテクノロジーを推進したい産業側の人間からのみならず、テクノロジーの進歩について慎重な姿勢をとる哲学者や倫理学者などの側からもしばしば発せられる、ということである。推進派はテクノロジーを「正しく使用」することで悪影響は抑えられるのだからテクノロジー自体の発展を問題視する必要はない、と世間に思わせたい。一方で、慎重派は悪影響の責任をテクノロジーに負わせて、人間を免責することを許したくない。そういう思惑の違いはあるものの、彼らに共通しているのは、テクノロジーは「単なる道具」、すなわち人間が特定の意図を持って、何らかの目的を効率的に達成するために利用するだけのものに過ぎず、善悪に関連する人間の意思決定には重要な影響を与えない、という見方である。

しかしこのような見方は人間の合理性を過剰に評価する一方で、テクノロジーの持つ深甚な影響を過小評価している。新しい道具は、人間に可能な行為のレパートリーを広げる。そして新しく可能になった行為がその道具を手にした人間にとって魅力的なオプションであればあるほど、その不都合な帰結は、しばしば軽視あるいは無視され、合理化される。その影響を受けるのが、抗議の声を上げることが難しい社会的な弱者であったり、あるいは遠い異国の人間であったりする場合はなおさらである。

道具というのは使い方次第、使う人次第ではない。それはしばしば人間の認知や情動や生理の「脆弱性」と相まって、その思考や選好や意思決定や行動を一定の方向に差し向ける傾向、バイアスを持っている。そして異なるテクノロジーは異なるバイアスを持つ。テクノロジーと適切に付き合っていくためには、人間の合理性に期待して、「人間が主、道具が従」という一般的な図式に固執するのはよい方針ではない。私たちは個々のテクノロジーの特性と人間や社会の脆弱性が合わさった時に、どのような効果がもたらされるかを慎重に考えるべきである。

軍事テクノロジーにおける革新は、しばしばそれが世界の平和に貢献する、あるいは戦闘をより人道的にするという約束とともに喧伝されてきた。ドローンと自律型兵器もまたその例に漏れない。だが歴史を振り返れば、軍事テクノロジーの発展が戦場をより人道的な場所にしたり、世界をより安全な場所にしたことなどはないだろう。平和や安全は粘り強い交渉と、相互の協力と信頼の構築によってのみ達成できることだ。現時点で自律型兵器が他の兵器に比べて特別に邪悪なのか、あるいは非倫理的なのか、私は確信を持って言うことはできない。しかし軍事テクノロジーに倫理性や人道性を期待する（あるいは期待する振りをする）ことが賢明な態度ではないということには確信を持っている。

注

＊1　「正しい戦争」について詳しくは眞嶋（二〇一六）を参照せよ。

＊2　前述したモガディシュでの戦闘を描いた映画のタイトル。

参照文献（ウェブサイトの閲覧日は、すべて二〇二〇年八月六日）

アリエリー、Ｄ　二〇一三『予想どおりに不合理――行動経済学が明かす「あなたがそれを選ぶわけ」』熊谷淳子訳、早川書房。

シャマユー、Ｇ　二〇一八『ドローンの哲学――遠隔テクノロジーと〈無人化〉する戦争』渡名喜庸哲訳、明石書店。

シャーレ、Ｐ　二〇一九『無人の兵団――ＡＩ、ロボット、自律型兵器と未来の戦争』伏見威蕃訳、早川書房。

鈴木光太郎　二〇一三『ヒトの心はどう進化したのか――狩猟採集生活が生んだもの』筑摩書房。

谷口忠大　二〇一九「ロボットの自律性概念」河島茂生編『ＡＩ時代の自律性――未来の礎となる概念を再構築する』勁草書房、九七―一三〇頁。

ブルーム、Ｐ　二〇一八『反共感論――社会はいかに判断を誤るか』高橋洋訳、白揚社。

眞嶋俊造　二〇一六『正しい戦争はあるのか?――戦争倫理学入門』大隅書店。

Arkin, R. 2009. Ethical robots in warfare. *IEEE Technology and Society Magazine* 28(1): 30-33, 2009. DOI: 10.1109/MTS.2009.931858

Campaign to Stop Killer Robots 2020. Country views on killer robots. https://www.stopkillerrobots.org/publications/

CCW/GGE 2019. Report of the 2019 session of the Group of Governmental Experts on Emerging Technologies in the Area of Lethal Autonomous Weapons Systems. https://undocs.org/en/CCW/GGE.1/2019/3

de Sio, F. S. and Di Nucci, E. 2016. Drones and responsibility: Mapping the field. In E. Di Nucci and F. S. de Sio (eds.), *Drones and Responsibility: Legal, Philosophical and Scio-Technical Perspectives on Remotely Controlled Weapons*. Abingdon: Routledge, pp. 1-13.

Guizzo, E. and Ackerman, E. 2016. Do we want robot warriors to decide who lives or dies? *IEEE Spectrum*. http://spectrum.ieee.org/robotics/military-robots/do-we-want-robot-warriorsto-decide-who-lives-or-dies

Human Rights Watch 2012. Losing humanity: The case against killer robots. https://www.hrw.org/report/2012/11/19/losing-humanity/case-against-killer-robots

Obama, B. 2012. Obama's Newtown speech - full text. *The Guardian*. https://www.theguardian.com/world/2012/dec/17/obama-speech-newtown-school-shooting

―― 2013. Remarks by the president at the National Defense University. https://obamawhitehouse.archives.gov/the-press-office/2013/05/23/remarks-president-nationaldefense-university

Press, E. 2018. The wounds of the drone warrior. *The New York Times Magazine*. https://www.nytimes.com/2018/06/13/

magazine/veterans-ptsd-drone-warrior-wounds.html

Rogers, A. 2014. Investigating the relationship between drone warfare and civilian casualties in Gaza. *Journal of Strategic Security* 7(4): 93-107, 2014.

Scahill, J. and the Staff of *The Intercept* 2017. *The Assassination Complex: Inside the Government's Secret Drone Warfare Program*. New York: Simon and Schuster Inc.

Sparrow, R. 2007. Killer robots. *Journal of Applied Philosophy* 24(1): 62-77.

Strawser, B. J. 2010. Moral predators: The duty to employ uninhabited aerial vehicles. *Journal of Military Ethics* 9(4): 342-368.

Vallor, S. 2014. Armed robots and military virtue. In L. Floridi and M. Taddeo (eds.), *The Ethics of Information Warfare*. Cham, Heldelberg, New York, Dordrecht, London: Springer, pp. 169-185.

Williams, J. 2017. From torture to drone strikes: The disturbing legal legacy Obama is leaving for Trump. *Vox*. https://www.vox.com/policy-and-politics/2016/11/14/13577464/obama-farewell-speech-torture-drones-nsa-surveillance-trump

コラム④

先端生命科学と情報技術の進展

井出和希

第5章では先端生命科学研究として、組換えＤＮＡ技術や病原微生物の人工合成、さらには、クリスパー・キャスナインに端を発するゲノム編集技術領域におけるパラダイムシフトとそれらのデュアルユース性、公共倫理的諸問題と政策課題への結びつきが議論された。本稿では、現代において特徴的な情報技術の進展という側面から、人の生命と軍事研究との関わりについて考察する。その際、特に、スマートフォンを通した情報の収集と分析に焦点を絞る。

デバイスそのものの普及率は、米国においては七一・四％（二〇一九年時点）、日本においては六四・七％（二〇一八年時点）と推定されている。*1 また、スマートフォンには、加速度計や角速度計、磁気計、ＧＰＳといった各種センサーが搭載されており、動作や均衡（バランス）、位置情報の収集を簡便に行うことができる（Byrom et al. 2016）。これらの特徴から、記録・集積された生体情報を分析し、結果を利用者にフィードバックすることで、生活習慣の改善による健康増進をはじめとした疾病予防や治療への応用が進められつつある（Majumder et al. 2019; Torous et al. 2018）。この基盤的技術の発展や応用は、「健康のためのスマートフォンを使った戦闘員分析（ＷＡＳＨ）」プロジェクトとしてＤＡＲＰＡも支援している。同プロジェクトは、二〇一七年のプロジェクトについての情報提供を行うイベント（Proposers Day）開催後、二〇一八年から助成が開始された（DARPA 2017a, 2017b）。その予算規模は約七億二千万米ドルであり、四年間にわたり研究開発が進められる。助成対象は、ロッキードマーティンなど五社であり、①疾病指標のための信頼性の高い分析論の確立、②アプリケーションによる健康および外傷の予測と予防、③健康リスク診断のための指標の非侵襲的予測、④新しい根拠と方法論（empiricism）に基づく革新的な健康センシング、⑤軍人・戦闘員の活動準備状況評価のための機械学習、といった課題である（Karanth et al. 2019）。また、退役軍人向けの健康管理においては、二〇一九年一一月よりアップル社がアメリカ合衆国退役軍人省と協力し、「ヘルスレコーズ（Health Records）」というアプリケーションを提供している。これは、一二四三医療機関、九〇〇万人規模のデータシェアプラットフォームとして機能しているという点でも注目に値する（Apple 2019）。現役時代から退役後までシームレスに健康情報を管理することは、外傷性脳損傷や心的外傷後ストレス障害（ＰＴＳＤ）、うつといった疾病が頻繁に認められる軍人・戦闘員にとっては特に重要であり（Macera et al. 2013）、彼ら彼女らの健康の維持や向上、疾病予防への寄与は大きいものと考えられる。

一方、リスクの高いエリアに派遣する人材の選択に分析結果を用いることもできる。このように、情報技術の進展に伴い生まれる新たなサービスは、人材の派遣を一例として挙げたように、全体の利益を考える上で個人の命が軽んじられる危険も孕んでいる。例えば、人間であれば判断に躊躇する前線への兵士派遣が、情報技術によって最適と見なされたとして、半ば自動的に行われる可能性がある。人間が介在しなくなり、責任が希薄化していく戦争の意志決定は許容されるのだろうか？　単なる適材適所と片づけてしまってよい問題であるかどうかは、読者にも一考願いたい。

先端生命科学研究のようにウェットラボから開発される技術において論じられるデュアルユース性から拡張した形で、情報技術に基づく研究開発に代表されるドライラボから生まれる成果と命との関わりについても目を向けなくてはならない。

注

＊1　スマートフォンの普及率については、①Statista（米国：Smartphone penetration rate as share of the population in the United States from 2010 to 2021）および②総務省（日本：平成三〇年通信利用動向調査の結果）の公開情報が参考となる。①https://bit.ly/34ooee3、②https://bit.ly/2Rk77oi（二〇二一年二月二四日閲覧）

参照文献（ウェブサイトの閲覧日は、すべて二〇二〇年一〇月一二日）

Apple 2019. UPDATE: Apple announces Health Records feature coming to veterans. https://apple.co/2xUfgd

Byrom, B., Lee, J., McCarthy, M. and Muehlhausen, W. 2016. A review evaluating the validity of smartphone sensors and components to measure clinical outcomes in clinical research. *Value in Health* 19: PA72.

DARPA 2017a. Special Notice: Warfighter Analytics using Smartphones for Health (WASH) Proposers Day, DARPA-SN-17-43. https://bit.ly/36TXm91

DARPA 2017b. Broad Agency Announcement: Warfighter Analytics using Smartphones for Health (WASH), HR001117S0032. https://bit.ly/3nAUaVX

Karanth, R. M., Guyer, M. S., Twilley, N. L., Crosier, M. B., Monroe, S. C., McQuain, A. J., Lynn, T. K., Boukhechba, M., Gerber, M. S. and Barnes, L. E. 2019. Modeling user context from smartphone data for recognition of health status. In *2019 Systems and Information Engineering Design Symposium*（*SIEDS*), IEEE: 1-5.

Macera, C. A., Aralis, H. J., Rauh, M. J. and MacGregor, A. J. 2013. Do sleep problems mediate the relationship between traumatic brain injury and development of mental health symptoms after deployment? *Sleep* 36: 83-90.

Majumder, S. and Deen, M. J. 2019. Smartphone sensors for health monitoring and diagnosis. *Sensors*（*Basel*）19: 2164（45 pages）.

Torous, J., Larsen, M. E., Depp, C., Cosco, T. D., Barnett, I., Nock, M. K. and Firth, J. 2018. Smartphones, sensors, and machine learning to advance real-time prediction and interventions for suicide prevention: A review of current progress and next steps. *Curr Psychiatry Rep* 20: 51（6 pages）.

第Ⅲ部　哲学・倫理学から考える

第8章　功利主義と軍事研究

伊勢田哲治

1　功利主義という考え方の概要

功利主義の定式化

本章では功利主義と呼ばれる哲学的倫理学の観点から、いわゆる軍事研究がどのように分析されるかを考察する。功利主義という考え方は特に日本においては否定的に語られることが多く、功利主義的な視点からの分析もあまり重視されない。しかし、功利主義を最終的に受け入れない人にとっても、幸福の増進という観点からの首尾一貫した評価は重要な考慮要因となる。軍事研究というテーマについても、単に軍事研究は悪だといって思考停止するのでなく多面的に評価する上では、功利主義的な視点が重要になるだろう。本章では、特に、一般の正戦論でも重視される比例性の観点の功利主義的な側面をデュアルユース問題（軍民と善悪の両面で）にあてはめたらどうなるのか、という点を考える。

最初に、功利主義がどのような考え方かということを簡単におさらいする。倫理学の基礎理論として、しばしば、帰結主義、義務論、徳倫理学という三つの区分が行われる。これは、倫理的評価の基準点をどこに置くかによる差である。ある行為の評価の究極的な基準を結果に置くのが帰結主義、究極的な基準を行為そのもの（意図も含めて）が特定のタイプに分類されるかどうかに置くのが義務論、評価の直接の対象が行為ではなく、行為の背後にある性格や動機などが評価の対象となるのが徳倫理学ということになる。

功利主義は帰結主義に分類される（というよりも、倫理学の歴史的な文脈でいえば、功利主義という伝統的な立場に対して様々な修正案が提案される中で、功利主義を含むより一般的な概念として用いられるようになったのが帰結主義だということになる）。功利主義は、様々な結果の中でも人々の幸福に関わる結果のみが究極的な考慮の対象になると考える。幸福とは何かについても倫理学の中で論争はあるが、功利主義系の理論では、快楽や欲求の充足によって幸福を定義することが多い。いくつかの選択肢を比較する際に、功利主義は、すべての関係者の幸福を同等に扱い、単純に幸福の量を加算する。そうして加算した幸福を比較する際、功利主義は「最大化」を目指す。このような比較のための計算を「功利計算」と呼ぶ。

戦争や軍事研究への功利主義の適用についてはあとで詳しく述べることになるが、功利主義そのものの理解のために、簡単にここで功利主義は他の立場とどのように異なる視点で善悪や正邪といった問題を見るかという比較を行っておこう。

戦争や軍事研究について帰結主義や義務論の観点から考える時、その考察の対象は個々の行為である。そこには、戦争に関わる様々な行為（開戦するという為政者の行為から、戦場における指揮官の選択、実際に戦闘行為を行う兵士の行為）や、軍事研究に関わる様々な行為（そうした研究を行う機関に就職するという選択、実際に研究を遂行する研究者の行為、軍事研究を行うよう指示する立場の人の行為、そうした研究を応用する技術者の行為など）が評価の対象となる。功利主義をはじめとする帰結主義の観点からは、それらの行為や選択がどのような結果を生むかに着目して評価を行うことになる。これに対し、義務論の観点からは、それらの行為がどういう類型に属するのかを考える（その行為は「殺人」という類型に分類されるのか、それとも「正当防衛」という類型に分類されるのか、など）。徳倫理学は、個々の行為ではなく、その背後にある動機に着目する（残酷さ、利己性、他者の苦痛への無関心などが背後にあるのか、それとも愛国心や周囲の人々を守りたい気持ちが背後にあるのかなど）。そして、徳のある人ならどう行動するかを想像することで自分の行為を選んでいくことになる。

本章では功利主義に話をしぼって考察を進めるが、他の立場の有効性を否定しているわけではない。ただ、義務論や徳倫理学からの分析が結局我々の直観を再確認するだけになりがちなのに対し、功利主義的な分析は漠然と考えていただけでは見逃すような帰結を気づかせてくれる効果がある。そういう意味で、特に功利主義の観点からの分析をクローズアップすることには理由がないわけではない。

直接功利主義、間接功利主義、二層理論

次に、功利主義のいくつかのバージョンの区別をしておきたい。功利主義の大きな区別として、「直接功利主義」と「間接功利主義」の区別が存在する。一般向けの教科書では「行為功利主義」と「規則功利主義」という名称で紹介されることが多いが、規則功利主義に類した他の立場が考案されて「間接功利主義」という名称もよく使われ

るようになった。

直接功利主義は、個々の行為に対して功利計算を行う。直接功利主義の下でも、時間的な制約などの理由で日常的には単純化された規則にあてはめて行為の善し悪しを判断することはある。しかしそれはあくまで便宜のためであって、必要があればいつでも個別の事例について直接個々の選択肢の帰結を計算することになる。

間接功利主義は、これに対し、功利計算を個々の行為や選択肢にはあてはめないという考え方である。この代表的な立場としての規則功利主義は、功利計算を規則にのみ適用し、個々の行為についてはその規則にかなっているかどうかで善し悪しを判断するという考え方である。例えば、「殺人をしてはいけない」というルールを例にとって考えると、このルールを社会が持つことが幸福を増大させる傾向を持つかどうかをまず計算し、たしかにこのルールはあった方が幸福を増やすという結論になったなら、そのルールを導入する。ただ、いったん導入したあとは、個々の殺人について功利計算するのではなく、「殺人」であるという時点で義務に反しているという評価を下すという考え方である。この立場は、ルールは絶対で、よりよい結果のためだからといって気軽に破ってはいけない、という義務論的な直観を救うことができるのが一つの長所である。規則功利主義の考え方を応用すれば「動機」や「性格」を直接の判断対象とする「動機功利主義」や「性格功利主義」を考えることができ、そうしたものの総称が「間接功利主義」ということになる。

ただ、間接功利主義という立場は功利主義者の多くからはあまり支持されていない。功利主義においては幸福を最大化することこそが重要であるはずなのに、規則功利主義に従えばルールの遵守が優先されてしまいかねない。例えばある国の独裁者が今まさに侵略戦争を起こそうとしている時に、その独裁者を暗殺することで巨大な不幸を未然に防ぐのはむしろ功利主義の精神にかなっているのではないか、といった例が考えられる。

直接功利主義と間接功利主義の中間的なところを目指そうとするのが二層理論である。二層理論は場合によって個々の行為に直接功利主義的評価をあてはめることを容認するので、分類すれば直接功利主義の一種ということになるが、そうした適用を非常に例外的な事例に限定する。安定的なルールを持つことや、安易に功利計算をしないような性格を持つことの功利主義的な価値を重視して、例外的な場合を除いては事前に選択したルールを用いて行為の善し悪しが評価される。本章でも基本的には二層理論的な観点から功利主義を戦争や軍事研究にあてはめていく。

功利主義についての定番の批判

功利主義そのものの解説の最後に、功利主義への定番の批判とそれに対する功利主義側の定番の回答を紹介しておく。

功利主義批判の代表的なものは、功利主義が少数者を切り捨てる、というものである。功利主義批判によく使われる事例では、あなたは裁判官で、目の前の被告が無罪であるという確信を持っているが、裁判所のまわりを暴徒が取り囲んでおり、ここでこの被告に死刑の宣告をしないと暴動が起きて何人もの罪のない人が犠牲になることが容易に予見できている、というような状況を想像する。この場合、無実の被告を死刑にすることはその被告を多数の幸福のために切り捨てることになる。しかしそれはおかしいだろう、というのがその定番の批判である。

これに対して、功利主義も定番の答えを持つ。そうした場合に裁判官が無実の人を死刑にするような社会では、司法に対する信頼が大きくゆらぐことになり、そうした二次的な効果まで含めて大局的に見れば無実の人を処刑するという決定は大きな負の効果を持ちうる。また、我々がそういう緊急な場面で行う計算は信頼性が低く、自分に都合のいいバイアスが入りやすいので、一見したところルール違反をした方が幸福の総量が増えそうに見える場面でも、実はルールを遵守した方がましだということはよくある（この考え方を敷衍すると、実は功利主義者のいない世界の方が功利主義的に望ましいということが十分ありうる）。そうしたことを全部勘案した上でも、やはり明らかに無実の人を殺すような決定をした方が幸福の総量が増えることはあるかもしれない。そういう時には行為功利主義者ならやはり功利主義的な選択をすべきだということになるが、それはそうとう例外的な場面であり、我々の日常的な感覚をそういう場面にあてはめて正しい答えが導けるとは限らない。軍事研究においても、軍事研究という行為の直接の帰結だけでなく、そうした研究が行われている、容認されているといった事実が社会に与える影響といった二次的な帰結も想定される。こうした二次的な効果の問題は、軍事研究の功利主義的評価においても無視できない因子となるはずである。

功利主義そのものについて語るべきことはまだまだあるが、紙幅も限られているので、戦争と軍事研究の功利主義的評価へと話を進めよう。

2　功利主義的戦争倫理学

戦争倫理学の見取り図

軍事研究の是非について倫理的に考える上で土台となるのが、戦争倫理学における議論の蓄積である（Lazar

2016)。戦争倫理学においても、功利主義的な倫理学と義務論的な倫理学の両方が存在する。戦争倫理学における義務論的立場は、通常大きく三つに分けられる。第一は「現実主義（realism）」と呼ばれる立場で、基本的に戦争のやり方について現状を肯定する立場を指す（これは戦争倫理学に固有の用法なので、近接する他分野における「現実主義」や「リアリズム」と混同しないよう区別が必要である）。リアリズムの立場からは、実際に行われている戦争を否定することもないし、実際に戦争で用いられている戦闘手段も否定されない。これは現代の倫理学ではあまり支持者のいる立場ではない。第二の「正戦論（just war theory）」は、これに対し、正しい戦争や正しい戦闘行為についてルールを定め、国家もそれに従うべきだという立場を指す。正戦論では、自衛戦争や人道的介入など、特定の条件を満たす戦争は認められるのが普通である。もう少し細かくいえば、正戦論には「開戦規則（jus ad bellum）」、つまり戦争を始めてよい場合についてのルールと「交戦規則（jus in bello）」つまり戦争の中で行ってよい戦闘行為についてのルールのそれぞれについての様々な立場が存在する。自衛戦争などを認めるかどうかは「開戦規則」に関する議論に属する。開戦規則としては、「正しい大義」「正当な権威によるものであること」「最後の手段であること」「比例性」（後述）などの条件がしばしば挙げられる。

第三の「パシフィズム（pacifism）」は、自衛戦争や人道的介入も含め、あらゆる戦争を認めない立場を指す。細かくいえば、近年では「条件的パシフィズム（contingent pacifism）」など様々なバリエーションが考案されていて、そうした立場は一定の条件のもとで戦争を全面的には拒否しない（May 2015）。旧来のパシフィズムは、その分類の中では「絶対的パシフィズム（absolute pacifism）」と呼ばれる（Fiala 2018）。しかし、絶対的パシフィズム以外の立場はむしろ制限の厳しい正戦論と分類すべきだろうという観点から、ここでは「パシフィズム」といえば絶対的パシフィズムを指すこととする。

現代においては、義務論系の戦争倫理学者の大半が何らかの形の正戦論を採用しているといってよいだろう。日本における平和教育では、戦争は絶対的な悪であるという前提のもと、暗黙のうちにパシフィズムが当然の立場であるように語られることが多い。しかし、パシフィズムを採用すると、侵略戦争に対して自国の領域内で敵を撃退するためだけに行う戦争すら否定することになる。そうした自衛戦争をも否定する戦争倫理学者はいないわけではないが少数派である。かつての不戦条約が意図したように、すべての国の戦争を同時に禁止することができるならば自衛戦争も必要なくなるだろうが、不戦条約そのもののその後の歴史が示すように、そうした全面禁止に実効力を持たせるのは難しい上に、自衛戦争が必要なくなることと、仮に侵略行為があった時に自衛する権利がなくなることとは同じではない。自衛の戦争の権利を否定するのは難しい。

そういうわけで、現在の戦争倫理学の主流は正戦論である。そして、多くの正戦論者は、前記のような純粋な自衛のための戦争だけでなく、集団的自衛権の行使や人道的介入も正当な根拠となりうると考える。特に、第二次世界大戦における連合国側の戦争は（直接侵略を受けていないアメリカの参戦まで含めて）正しい戦争に含められるのがむしろ当然視される。これは、ナチス・ドイツに対する戦争が現在でいうところの人道的介入の側面を持つことが大きく作用しているように思われる。なお、先に触れた「開戦規則」と「交戦規則」の区別に即していえば、第二次世界大戦の連合国側が戦争を行うことは開戦規則に照らして是認されても、原爆投下などの具体的行為が交戦規則に照らして是認されるかどうかは別問題である。

功利主義的な戦争倫理学もまた、正しい戦争と間違った戦争があると考える。例えば、ウィリアム・ショウの『功利主義と戦争倫理学』では、功利主義的戦争原理（utilitarian war principle：以下「ＵＷＰ」）を基準として挙げる。

ＵＷＰ：ある国家が戦争を遂行することが道徳的に正しいのは、他の行為の道筋のうちに、それよりも大きな期待福利を持つものがない場合、その場合に限る。他の場合にはそれは道徳的に間違っている。

(Shaw 2016: 47)

ＵＷＰに基づいて実際に個々の戦争の是非を判断する際、正戦論で使われるような様々な条件が参考にはされる。しかし、直接功利主義的なＵＷＰの観点からは、そうした条件はあくまでどの選択肢が最も幸福を増進すると期待できるかを判定する目安である（Shaw 2016: ch. 4）。特に、「比例性（proportionality）」、すなわち、戦争を行うことで回避される害が戦争を行うことで生じる害を上回っていなくてはいけないという条件は、「害」を「不幸」と読み替えればそれ自体が功利主義的な基準となっている。

いずれにせよ、正戦論的な基準を目安として利用するため、ＵＷＰの観点からはどの戦争が正当化されてどの戦争が正当化されないかについて、標準的な正戦論とあまり大きな差は生じない。ということは、功利主義的な戦争倫理学は、厳密な意味での自衛戦争に限らず、集団的自衛や人道的介入などのいろいろなタイプの戦争を是認すると予想される。予想される、というのは、功利主義的判断は具体的な事実関係に大きく左右されるからである。調査した結果、正戦論の要件を満たす戦争でさえまったく不幸の削減につながっていないことが判明したり、逆に正戦論の要件を満たさない戦争が不幸を大きく削減していることが判明したりした場合、功利主義の観点から選ばれる規則は正戦論ではないということはありうる。

交戦規則についても簡単に触れておこう。標準的な正戦論では、非戦闘員の保護、必要性、比例性（生じる害の大きさが得られる利益の大きさと見合ったものであること）などが正当な戦闘行為の基準として挙げられる（Lazar 2016）。これらはすべて功利主義的戦争倫理学の観点からは戦争という必要悪の負の効果を最小化するための規則ということになる（Shaw 2016: ch.6）。非人道的な様々な兵器の使用制限もまた功利主義的な観点から説明できる。

すでに紹介した二層理論の観点からは、以上のような単純な行為功利主義的戦争倫理学を採用することには不安がある。個々の行為について直接功利計算をする時、我々の計算には自分に都合のよいバイアスが入りがちである。開戦規則や交戦規則を厳格なものとして捉えないことで、結局功利主義的にも望ましくない結果が生じる。二層理論の観点からは、標準的な正戦論の様々な条件は目先の計算にとらわれず守るべき厳格なルールとして扱っておいた方がよい。さらにいえば、功利主義の観点からは標準的正戦論より厳しい規則が求められるかもしれない。例えば自衛権や集団的自衛権の発動は標準的正戦論では是認される「正しい大義」の一つであるが、これが侵略的な性格の強い戦争の口実にされてきたことは誰もが知るとおりである。二層理論的功利主義の観点からは、正しい大義の内容をもっと精査して、不幸を増大させないようなタイプの「自衛」だけが是認されるように自衛権の内容を再定義することが求められるかもしれない。

戦争の正当性と軍備の正当性

「戦争」と「軍事研究」を結びつける途中の段階として、「軍備」の倫理性についても一言触れておく必要があるだろう。正当な戦争があるならばその戦争を行う準備をすることも正当である。仮に、自国の防衛のための軍備は必要が生じてから行えばいい、というような状況であれば、常備軍は必要ないということになるだろう。しかし、現実世界における戦争の進行するスピードと、軍備を整えるのに要する時間から考えれば、必要が生じてから軍備をするというのは非現実的である。この意味での軍備であれば、防衛に特化したものでよいはずであり、正当な軍備の種類にはそういう意味での制限がかかるだろう。

軍備の正当性を論じる場合にもう一つの論点となるのが「抑止力」という考え方である。一般に軍備には自衛のための備えという側面と「抑止力」としての側面があるといわれる。つまり、適度な軍備を持つことが戦争そのものを予防するという考え方である。軍備が抑止力として作用するためには、自国の領域内の防衛だけでなく、相手国にダメージを与える力がなくてはならないだろう。こうした「抑止としての軍備」という理屈を認めるならば、自国の防衛を超えた軍備を行うことも正当化されることになる。しかし他方、抑止力という名目で整えられた軍備が侵略的な性格の強い（しかし「自衛」や「人道」の名目の下で行われる）戦争のために用いられるのは常であり、抑止という正の効果と正当化されない戦争を準備してしまうという負の効果のどちらが大きいのかによっては、抑止力という理屈を認めるべきではないということになるだろう。

軍備について考える時に、もう一つ導入しておくべき区別が正面装備と後方装備の区別である。武器、戦車、戦闘機など実際に交戦相手にダメージを与えるための装備が正面装備と呼ばれ、弾薬、補給、設備などが後方装備と呼ばれる。軍事研究との関係でいえば、軍事に関係する情報収集もまた後方装備に含めることができるだろう。正面装備が戦争に特化したものであることが多いのに対し、後方装備は他の目的にも利用できることが多い。しかし、正面装備だけでは軍備は成立しない以上、後方装備もまた正当性が問われるべき軍備の一部として位置づける必要があるだろう。

3　功利主義の観点から軍事研究を考える

戦争の倫理学から軍事研究の倫理学へ

さて、以上のことを確認した上で、軍事研究、すなわち情報収集なども含む広い意味での軍備に寄与することを目的とした研究を倫理学的に評価するとしたらどうなるかを考えてみよう。民から軍へのデュアルユースについては別途考えることとして、以下で主に考えるのは、研究そのものが直接的に軍事的安全保障を目的とした研究の是非である。戦争倫理学は中世から続く長い歴史を持つが、それに比べて軍事研究の倫理学は非常に文献も乏しく、倫理学的な観点からの検討はまだまだこれからという状況である。その意味では、本章も予備的な考察にとどまる。

戦争倫理学における様々な立場は、軍事研究へのスタンスにも応用できるだろう。まず、「軍事研究現実主義」という立場がありうる。これは、現実に行われている軍事研究やその周辺の研究について、現状を追認する立場ということになるだろう。次に、正戦論とのアナロジーで、「正軍事研究論」という立場を考えることができる。これは、一定の条件を満たす軍事研究のみを正当な軍事研究と見なし、他のタイプの研究を規制しようという立場を指す。最後に、「軍事研究パシフィズム」という立場がありうる。これは、善い軍事研究などというものはなく、軍事研究はすべて規制されるべきだという立場だと解釈できる。現在軍事研究について倫理学的な議論をする上で「軍事研究現実主義」をとることは考えにくいので、以下は主に正軍事研究論と軍事研究パシフィズムを考察の対象とすることとしよう。

日本国内での軍事研究をめぐる議論では軍事研究パシフィズムがデフォルトの立場となっていることがある。しかし、この立場を倫理学的に正当化するのは難しい。もちろん、戦争そのものについてパシフィズムの立場に立つならば、軍備そのものが正当化されず、軍事研究も正当化されることはない。しかし、すでに触れたように自衛の権利を全面的に否定する立場はもっともらしいとは言い難い。

もうすこし違う角度からの議論として、兵器研究（Weapons research）について倫理学的な考察を行っている数少ない論者として、正戦論の立場から考えても兵器研究は決して正当化されないと論じるジョン・フォージがいる（Forge 2019）。フォージは、まず仮に兵器が防衛や抑止のために利用できるとしても、兵器の主要な目的は人に危害を与えることであって、防衛や抑止といった副次的な目的によって兵器開発を正当化することはできないと考える。また、正戦論では比例性を重視するが、兵器開発は戦争でどのくらい害が生じるかの見通しを難しくするため、比例性の見積もりもできなくなってしまう。以上のような理由からフォージは兵器の研究は常に正当化されないと考える。つまり、フォージは正戦論と軍事研究パシフィズムが両立するという主張をしているように見える。

しかし、フォージの挙げる理由はそれぞれもっともであっても、軍事研究パシフィズムの根拠とするには弱いといわざるをえないだろう。そもそも、フォージの議論は他人に危害を与える道具をつくることについての直観に依拠しており、いわゆる正面装備にしか適用できない。直接危害を与えない後方装備についての研究は彼の議論の範囲を超えることになる。また、正戦論の立場からいえば、軍事研究が進むことで予想以上に戦争の害が大きくなってしまうことは確かに避けるべきことであるが、これはそれこそ比例性の問題であって、そうした害と、軍事研究を進めることで避けられる害を比較考量する必要がある。一概に軍事研究が正戦論の精神に反するとはいえないだろう。

功利主義的な視点から見た軍事研究

さて、では功利主義的戦争倫理学の観点からは軍事研究はどのように捉えられるだろうか。すでに述べたように、功利主義的戦争倫理学は標準的な正戦論か、おそらくそれよりは「自衛」の範囲を限定したようなルールを判断基準として採用することが予想される。ということは、自衛戦争などの正当な戦争を行うための軍備もまた正当化され、正当な軍備をするための研究もまた正当化される、という結論が一応出てくる。つまり功利主義の観点からは軍事研究パシフィズムが導き出されることは考えにくい。しかし、どのような研究が正当化されることになるかというのはいろいろな要因に依存する問題で、なかなか簡単な答えは出ない。

まず、直接功利主義の観点からは、軍事研究の是非の究極の基準となるのは、ショウのUWPに類するものとなるだろう。これを「功利主義的軍事研究原理（Utilitarian Military Research Principle：以下「UMRP」）」と名づける。

UMRP：ある研究者が軍事研究を行うことが道徳的に正しいのは、他の行為の道筋のうちに、それよりも大きな期待福利を持つものがない場合、その場合に限る。他の場合にはそれは道徳的に間違っている。

ある意味ではこれで功利主義的軍事研究論がいうべきことはすべてなのだが、この基準を個々の場合にあてはめて功利計算を行うのは大変である。そこで、実際問題としては正戦論の諸条件と似た「正軍事研究論」の条件をあらためて考えることになるだろう。そして、二層理論の観点からいえば、そうした規則を前もって定めることは、単に計算の大変さを削減するだけでなく、自分のことについて計算する時に自分に都合のよいバイアスが入りやすいという問題への対処法にもなる。そうした規則を気軽に破ってよい便宜的なものではなく、よほどのことがないかぎり違反してはいけない強制力の強いものと捉えることで、結局功利主義の目的が達成されることになる。

また、軍事研究について功利主義的に考える上では、無実の被告に死刑宣告をする裁判官の思考実験の場合のように、直接の帰結だけでなく、二次的な効果も考慮に入れる必要がある。二次的な効果と一口にいっても、いろいろなものがあるだろう。正当な軍事研究は、直接には、正当なタイプの軍備に貢献することを目標にするだろう。しかし、そうした研究が行われ、軍備が進んだことの間接的な帰結として、それを見た周辺の国家が軍備を強化し、かえって戦争の危険性が増すかもしれない。そこまでいかなくとも、ある国が軍備を増強することはその地域における国際関係を悪化させる懸念がある。例えば、東アジア全体を巻き込む侵略戦争を行った国として日本が認識されている状況で、現在の日本が軍事研究を奨励し、軍備を増強することにはそうした可能性が指摘できるだろう。さらに、研究というものに特有の二次的な効果として、研究結果は、様々な意図を持つ様々な人が利用することになるということが挙げられる。軍事研究を行った場合、研究者は自分の研究がその後の軍備や戦争の中でどのように利用されるかについてほとんど制御できない。二次的な利用のされ方の中には大きな害をもたらすものもあるだろう。

功利主義的な「正軍事研究」の諸規則

以上のような懸念を考えるなら、結局正戦論の場合と同じく、軍事研究に対してもかなり制限の強い規則を厳格に守ることが功利主義的にも求められることになるだろう。どのような規則が考えられるだろうか。正戦論の様々な規則は、必要悪としての戦争の負の効果をできるだけ抑制しようという意図でつくられており、その意味では「正軍事研究論」的規則を考える上でも参考になるだろう。

(a)　正しい大義　　自分が行おうとしている研究が正当と認められるような軍備に正当に貢献しようとしているものであること。正戦論において「大義」として認められるものに幅がある（厳密な意味での自衛戦争しか認めない立場から先制攻撃的な集団的自衛権の行使まで認める立場まで）のと同じように、正当な軍備の範囲や、それに対する軍事研究の正当な貢献の範囲にはかなりの幅がありうるだろう。例えば、その軍備が狭い意味での自衛のための軍備であること、その研究が狭い意味での自衛に役立つような研究であることは「正しい大義」の候補となるだろう。

(b)　正当な権威　　正戦論の場合には、主権国家やそれに準じるものだけが戦争を起こすことができるとされることが多い。これは、功利主義的には、きちんとした手続きが踏まれること、戦争に対する責任を問えることなどを保証して不必要な戦争を回避するための規定であると考えられる。軍事研究に対してこれをあてはめるなら、その研究が研究の審査体制が整った研究機関で行われ（人間を対象とした研究や動物実験に対して行われる倫理審査と同種のものをデュアルユース可能な研究にも行うことが考えられるだろう）、問題があればすぐにでも取りやめさせることができるような状態にあることなどがこの条件に相当するだろう。

(c)　最後の手段・必要性　　戦争の場合は、政治的な解決が可能であるならば戦争に訴えてはならないという意味合いで、「最後の手段であること」という条件が設けられている。研究の場合（特に基礎研究の場合）はそれ自体が何かに対する最後の手段だということは考えにくい。しかし、軍備については、その軍備の必要性（軍備しないという選択肢がない）ということが「最後の手段」にあたると考えることができるし、そうした意味での軍備に貢献するための研究であることは一つの要件とはなりうるだろう。「必要性」は、また、交戦規則の側でも条件として使われるが、そこでは不必要に残虐な兵器の禁止などが「必要性」の基準の具体的な応用となっている。それからすれば、不必要に残虐な兵器につながることが予見されるような研究は正当化されない、という基準はたてることができるだろう。

(d)　比例性　これは軍事研究にも（概念的には）容易にあてはめることができる。その研究をすることで回避が見込まれる害と、その研究をすることで新たに生じると見込まれる害を比べた時、後者の方が大きければその研究は正当化されない。この見込まれる害には、すでに触れたような二次的な影響も含めることができる。例えば、自分の研究が直接には自国の防衛に役立つものであるけれども、自国がそれによって受ける恩恵と比べて、その研究が侵略的な他国、侵略的になった将来の自国、テロリストなどによって二次的に利用されて大きな害をもたらすことが予想されるなら、その研究は比例性の条件を満たさないこととなるだろう。これは序論でいうところの善悪のデュアルユース問題にも比例性の原理である程度対処できるということでもある。

(e)　非戦闘員の保護　これは交戦規則の一つとして重視される条件であり、戦争の害を抑制する意味でも重要な条件であるが、軍事研究にも適用可能であろう。すなわち、兵器の性質として非戦闘員を巻き込まざるをえないような兵器（核兵器のように広範囲にダメージを与える兵器など）の開発につながるような研究は正当化されない、という基準を考えることができる。

これらの条件を満たす軍事研究は、功利主義の観点から見ても一定の基準はクリアしているといっていいだろう。これがどのくらい厳しい基準となるかは、その研究が置かれた環境にかなり依存する。特に、比例性に関して確認したように、一般的にいって二次的な利用の負の影響が無視できないならば、軍事研究が事実上、全面的に禁止されることも十分にありうる。それでは軍事研究パシフィズムと同じではないかと思うかもしれないが、倫理学的にはまったく異なる立場であることに違いはない。

以上の考察は予備的なもので、功利主義的軍事研究倫理を真剣にやろうとするならばもっと詳細な検討が必要であるが、ここでは概ねの方向性を示したことで一応本章の任務は果たしたものとする。

軍事転用可能な研究の功利主義的評価

最後に、軍事転用可能な研究、いわゆる民から軍へのデュアルユース研究がどう評価されるのかを考えてみよう。前項に出てきたような「正軍事研究」の規則の多くはその研究が戦争や軍備への応用を念頭に置いているということを前提としたものであり、直接にそうした意図を持たない研究に適用するのは難しい。その中で、「比例性」に類する基準（要するに功利主義的基準）は軍民デュアルユースにも適用可能である。すなわち、その研究から期待できる益とその研究から予想される害を比べて後者が大きいなら軍事転用可能な研究は正当化されない、と一応考えることができる。

この基準をあてはめると、一概に「軍事転用可能」といっても大きなグラデーションがあることが分かる。軍事転用は一応可能だが具体的な転用の可能性が見えているというわけではない、というような研究は、この基準をあてはめても一般論として害の期待値はあまり大きくならないだろう（期待値は確率と害の大きさの積であるので、確率が小さくなれば期待値も小さくなる）。他方、その研究自体は直接軍事的な目的でなくとも、それが軍事転用されることが高い確率で予見できる場合（これはいわば「未必の故意」と似たような意味で「未必の軍事研究」とでも呼ぶことができるだろう）、比例性の基準をあてはめた時のその研究に由来する害のウェイトは大きくなるであろう。

軍事転用可能な研究が直接的な軍事研究と一つ異なるのは、研究の自由の阻害という別の要因がからんでくることである。自由な研究が保証されることは、学問を活発にし、有用な知識や技術を生むなどの様々な正の効果を持つので、功利主義的にも研究の自由は重要である。「軍事転用可能」というだけで軍事転用可能な研究について比例性の基準を適用する際には、その研究が行えなくなることの害の側に、同種の研究について研究の自由が保証されなくなることを加える必要があるだろう。

ただ、比例性の基準を単独で使うということは、UMRPのような功利主義的基準を直接あてはめるということとあまりかわりがなく、その弊害（そのつど計算すること自体にコストがかかること、自分に都合よく計算してしまうことなど）も引き継ぐことになる。軍事転用可能な研究のうちどのようなものが比例性の基準に照らして問題となるのかを目安として示すような、もう少し適用しやすい基準をあらためて考案していく必要があるだろう。

おわりに——建設的な議論にむけて

本章では功利主義の考え方を軍事研究や軍事転用可能な研究にあてはめた時どのようなことに着目しながら考えるのかの基本的な考え方を示した。具体的な事実関係に大きく依存する功利主義的な評価の性格上、以上のような考察からすぐにいえることはあまりない。ただ、絶対的なパシフィズムと絶対的な現実主義の対立といった対話の糸口すらないような問題設定と比べれば、功利主義的な軍事研究倫理は、事実関係を調べて対話するという道筋が開けるという点では問題設定としてはよほど建設的なのではないだろうか。

参照文献（ウェブサイトの閲覧日は、すべて二〇二〇年七月八日）

Fiala, A. 2018. Pacifism. *Stanford Encyclopedia of Philosophy*. https://plato.stanford.edu/entries/pacifism/
Forge, J. 2019. *The Morality of Weapons Research: Why it is Wrong to Design Weapons* (Springer Briefs in Ethics). Cham: Springer.
Lazar, S. 2016. War. *Stanford Encyclopedia of Philosophy*. https://plato.stanford.edu/entries/war/
May, L. 2015. *Contingent Pacifism: Revisiting Just War Theory*. Cambridge: Cambridge University Press.
Shaw, W. H. 2016. *Utilitarianism and the Ethics of War*. Abingdon: Routledge.

第9章　デュアルユースは倫理的ジレンマの問題か――研究の自由と制限

神崎宣次

前章に続いて本章でもデュアルユースの問題に倫理学的な道具立てを用いつつアプローチを試みる。二つの章には、研究を断念するか、悪用の可能性を生じさせるかのいずれかしかないという二者択一的な思考を否定する点でも共通点がある。違いは、前章が功利主義的なアプローチを採用しているのに対して、本章は意図や不確実性といった、功利主義的アプローチでは主要な論点として扱われることの少ない要素に着目する点である。また本章は、個々の研究者や研究グループにとっての倫理問題としてのデュアルユースに検討対象を絞っている。

本章の構成は以下の通りである。第1節ではデュアルユースを倫理問題として扱うために定式化された「デュアルユース・ジレンマ」について説明する。このジレンマについて検討するため、第2節では、トロリー問題などでも使われる二重結果論を説明する。そこでは意図と予見の区別に基づいた議論が行われる。第3節では、取り返しのつかない損害のおそれがある場合には、その損害が生じるのをあらかじめ予防する措置がとられるべきとする予防原則について論じる。これら二つの節では二〇一〇年にオーストラリア国立大学のＣＡＰＰＥ（the Center for

Applied Philosophy and Public Ethics）で開かれたワークショップに基づいて出版された論文集（Rappert and Selgelid 2013）の第二部に収録されている論文をしばしば参照していることをここで明記しておきたい。最後の第4節では残された、いくつかの話題を検討する。

1　デュアルユース・ジレンマ

本章では、軍事研究に関わる倫理問題の一つである「デュアルユース・ジレンマ」を検討する。ある研究が善い目的のために利用できると同時に悪い目的にも利用される潜在的可能性を持ち、これら二つのうちの一方のみを他方から切り離して追求することが不可能な場合がある。そのような場合に、善い目的のために研究を行って（あるいは成果を公表するなどして）悪い結果がもたらされるリスクを生じさせるか、悪い結果がもたらされるのを避けるために研究を断念するかのいずれかしかないという困難な状況が、ここでいうデュアルユース・ジレンマである。

このジレンマに直面しうる意思決定者には、個々の研究者や研究グループだけでなく、大学や研究機関、企業、学会などの組織、そして国家も含まれる。しかしながらそれらのレベルでのガバナンスや制度上の対応の話題は本書の他の章で十分に扱われているので、本章では主に個々の研究者や研究グループにとっての倫理的ジレンマとしてのデュアルユース・ジレンマに焦点を当てたい。

デュアルユース・ジレンマについての倫理学的分析を行うにあたって、シェイマス・ミラーとマイケル・セルゲリッドが行っている概念整理（Miller and Selgelid 2007: 524-527）のいくつかを最初に確認しておくのが有益だろう。

まず、このジレンマの状況が生じるには対照的な目的あるいは結果の対が必要だが、その対比軸には、①善い／悪い（損害をもたらす）だけでなく、②軍事／非軍事という軸もある。また軍事目的の下位分類として、攻撃目的／防御目的という区別が存在する。[*1] 本書の用語法では、前者は善悪デュアルユース、後者は軍民デュアルユースと呼ばれる。ここで、これらの区別が必ずしも互いに重なり合わないことに注意してもらいたい。例えば生物兵器からの防御を目的として病原体をエアロゾル化する研究は軍事目的であるが、善い目的の研究といえるかもしれない（Miller and Selgelid 2007: 526）。

倫理の観点からのデュアルユース・ジレンマの検討を目的とする本章では、善い／悪いという倫理的評価との関係がより明らかな対立軸に基づく、善悪デュアルユースの議論を行う。[*2] 以下では研究者は何らかの対象に損害をもたらそうとする悪い意図を持ってはいないと想定する。この想定を置いても、研究者が直面しうる倫理的ジレンマとしてのデュアルユース・ジレンマを分析するという本章の目的には、議論上影響ないだろう。

研究のユーザーの区別

ミラーらは研究の「ユーザー」についての区別も導入している。研究の利用法について分析するには、そもそもの研究を行った研究者と、その研究者が本来意図した目的で研究を利用するユーザーと、本来意図された以外の目的で研究を利用するユーザーとが区別される必要がある。またデュアルユース・ジレンマが生じるには後者のユーザーが潜在的にではあれ存在する必要がある（Miller and Selgelid 2007: 524）。

研究者にとってデュアルユース・ジレンマがわずらわしい問題に思われるとすれば、その理由の一つは、自分たちのコントロールや責任の現実的な対象として後者のユーザー（本来意図された以外の目的で研究を利用するユーザー）を認識するのが困難な場合があるからではないだろうか。研究の時点では潜在的な存在にすぎないそのようなユーザーのために、なぜ自分の研究の自由が制限される必要があるのか。このような研究者の不満は理解できる。したがって研究の自由を最大限尊重した上で、なお研究を制限せざるをえない最小限の状況あるいは条件と、それらについての説得的な根拠を（具体的な事例に応じて）示せるかどうかがデュアルユースの研究倫理にとっての重要な課題になると考えられる。

意図と予見の区別

ミラーらは研究がもたらす結果についても、研究者によって意図された結果と、予見はされているが意図されているわけではない結果、そして予見もされていない（あるいは、そもそも研究者からは予見不可能な）結果、という区別を示している（Miller and Selgelid 2007: 527）。この区別が重要なのは、研究者自身が意図しない目的で他の者が研究を悪用する可能性を否定しきれないという認識が、デュアルユース・ジレンマを生じさせるからである。

研究者は潜在的なユーザーの目的をコントロールできないにもかかわらず、悪用を予見し、場合によっては研究を自ら制限する道徳的義務を負わなければいけないのだろうか。先端科学技術の研究者のような専門職は高度な職業上の義務を負うと一般に考えられているが、[*3] だとしてもこれは過度の要求というべきではないのか。

本章のスタンス

本章の目的は、こうした疑問を持つ研究者を主な対象に、デュアルユース問題の性質について理解し、自分で検討するのにあたって役に立つかもしれない倫理的な分析のための道具立てと、それらによって明確化される論点を簡便に紹介することにある。その上で、デュアルユースの問題をジレンマとして理解する必要はないことを示す。

本章では研究者はこうすべきという「解答」を論じないが、その理由は二つある。一つは、本書第Ⅱ部の各章で論じられているように、各研究領域によって扱われている技術の性質や置かれている状況は千差万別であって、すべての場合に適用できる一つの答えというものを想定しにくいからである。そしてもう一つの理由は、研究の自由という理念（倫理学者も共有している理念）が持つ重要性を考えれば、押し付けられた答えが個々の研究者に対する説得力と実効性を持つとは（倫理学者から見ても）とうてい思えないということにある。研究の自由と制限との両立がありうるとすれば、その一つのかたちは研究者がその制限を自ら認める倫理的必要性に基づいて理解する場合であるだろう。

2　二重結果論と研究者の意図

二重結果論（the doctrine/principle of double effect）とは、善い結果をもたらすための副作用として悪い結果も生じさせてしまう行いについて、それが道徳的に許容される場合があるとする原理である。[4] この原理はそうと知りつつ悪い結果を生じさせるほかない状況での行いに赦しを与えるための理屈[5]として、例えば正当防衛によって襲撃者を死なせた場合や、終末期患者の耐え難い苦痛を緩和するために患者の死を早める結果につながると知りつつ医師が薬物を投与する場合などに関して検討されてきた。

意図的にもたらされた（intended）結果と、そうなると予見されたが意図されたわけではない（foreseen but not intended）副次的結果の区別が、この原理の理論的基礎となっている。[6] 例えば終末期患者の例では、医師が意図したのは患者の耐え難い苦痛の緩和であるのに対し、死が早まることは医師によって予見されているが意図されてはいない結果にすぎない。それゆえ医師の行いを道徳的に評価するにあたって、この望ましくない結果に大きなウェイトを置くべきではない、と説明されることになる。医師は患者の死を早めることを目的として薬物を投与したのではないから、患者の死というそれ自体として望ましくない結果もたらしたとしても、その行いは許容されうると主張するために、この原理は用いられてきたのである。

ここで次の点に読者の注意を引いておきたい。この原理を肯定したとしても、副次的結果がどんなに悪いものであっても許容されるということにはならない。善い結果と悪い副次的結果との間には必ず何らかの釣り合いが成り立っていなければならない[7]（McIntyre 2018）。また、行為者は副次的結果の悪さを最小化する方途を探らなければならないともされる。

デュアルユース・ジレンマとの共通点と相違点――予見の不確実性

善い結果と悪い結果の両方が生じてしまう状況や行いに関わるという点で、二重結果論とデュアルユース・ジレンマには共通点があり、したがって後者を検討する際に前者に関連して展開されてきた議論の蓄積が利用可能であるように思われる。

しかしながら両者には重要な相違点も存在する。二重結果論が扱う典型的な状況は、悪い結果が生じるのが確実（あるいは非常に高確率）と意思決定者が認識しており、かつ悪い副次的結果が意思決定者の行いから直接的に生じるような状況である（Uniacke 2013: 158）。上の終末期患者の例でいえば、医師は投与によって患者の死がほぼ確実に早まると認識しており、かつ医師による投与の直接的な結果として患者の死が早まる。それに対してデュアルユース・ジレンマの場合、意思決定者（例えば研究者）は悪い結果が生じる可能性を認識しながらも、その確率を確かめることがしばしば不可能という違いがある。その理由は本章第1節で確認したように、研究の悪用という悪い結果が生じるためにはその研究者以外の者の関与（悪用という別の行い）が必要になるからである（Uniacke 2013: 158-159; Miller and Selgelid 2007: 524）。だが、そうした関与が実際に生じるか、どの程度の確率で生じるかは、研究者の視点からはしばしば明らかではない。

ここで不確実性を伴う悪い結果に関する予防原則が関係してくることになる。予防原則については次節で検討する。

デュアルユース問題で意図は常に重要な論点になるか

　二重結果論が主張するのと同様に、デュアルユース問題においても意図が倫理的に重要な要因と見なされるかも論点になるだろう。実際、意図と予見の区別、そして意図された結果と予見された結果に倫理的な評価の上で異なった評価を与えることに対しては、批判や反論もなされてきた（McIntyre 2018）。例えば五人を救うために一人を死なせることは、単に予見された結果といえるのだろうか。五人を救う手段として意図されたという方が適切な記述ではないのか。とはいえ、こうした議論は二重結果論そのものについての理論的研究のためには重要な論点であっても、この章で検討しているような研究者が直面するデュアルユースの状況によく合致しているとはいえないかもしれない。むしろ、本書第4章で（本章とは違い軍民両用性に関してではあるが）述べられているように、「軍事部門において宇宙開発活動に関わった経歴のある者が、のちに民間部門で純粋に営利目的を持って民生用技術を開発・実用化して経済活動に使うこともあれば、ある時その民生用技術や提供サービスが軍事部門によって採用・調達されることもありうる。そこには、技術開発者、サービス提供者の意図が本来どこにあったかという問題は、特に意味を持たないとも思われる」（本書一三〇頁）という現状の方が、意図が重要ではない場合もあるということをより明確に示しているように思われる。

　では、二重結果論的なアプローチでありながら意図には直接言及せずにデュアルユース・ジレンマにアプローチする方法はあるだろうか。スザンヌ・ユニアッケはデュアルユース・ジレンマの問題への示唆として、別の者の関与による悪い結果（the bad effect of another person's further agency）に研究者が責任を負う条件を次の二つにまとめている（Uniacke 2013: 161）。第一に、他の者がこの悪い結果を生じさせると合理的に予見できる。第二に、自分の行いによってこの悪い結果を生じさせるための手段もしくは機会を他の者に与える。この二つの条件の下で、研究者はその悪い結果を予見でき、かつその結果が生じるのを可能にした（enabled）という意味で、責任を負うという。さらに、この責任は可能であればその悪い結果を防止するよう試みる義務を当該の研究者に生じさせると主張される（Uniacke 2013: 162）。ユニアッケの主張は一定の説得力を持つものに思われる。

その説得力を確認するため、本書で扱われている事例に当てはめて検討してみよう。先端生命科学研究を扱った第5章では、生物兵器開発につながるという深刻な懸念が実際に生じたケースが複数論じられている。例えば、二〇一七年に馬痘ウイルスを人工合成したことが公表された件では、痘瘡ウイルスの人工合成に道を開いたのではないかという大きな懸念をバイオセキュリティ関係者に抱かせたという（本書一四九―一五〇頁を参照）。この研究は二〇一八年に論文が公表される前に、二つの雑誌で不採用になっている（バイオセキュリティ上の懸念がその理由であったかは不明）。二〇一一年に二つの研究グループが投稿したH５N１高病原性鳥インフルエンザの感染宿主改変技術についての二つの論文に関しては、実験の詳細の公表の是非が問われた。パンデミックウイルスの作成方法を悪意ある潜在的ユーザーにも教えてしまうという懸念が出されたのである。二つの研究グループは鳥インフルエンザの伝播に関する動物実験を休止することを発表した上で、このような研究には緊急性と高い価値があるとして研究への理解を求めた（本書一五二―一五三頁を参照）。研究者たちはこれらの研究の善い結果と悪い副次的結果との釣り合いに訴えかけるによって、研究実施の許容を求めたことになる。こちらの場合でも論文自体は後に出版が認められている。

これら二つの例に対して、ユニアッケの二つの条件は適用可能だろうか。まず、研究内容を発表することにより他の者が悪い結果を生じさせる手段と機会を提供してしまうことへの懸念が、どちらの事例でも問題視されている。また、悪い結果がもたらされる合理的な懸念が存在するという認識が、これら二つの例での対処（必ずしも研究者たち自身による対処ではないが）につながっていると考えられる。また義務に関しても、この二つの条件が満される場合には、研究者や関連する研究コミュニティは何らかの対処を行うことが適切と見なされた例になっているといってよいだろう。注意しておく必要があるのは、「可能であればその悪い結果を防止するよう試みる義務」として研究者に求められる対処は、必ずしも全面的な研究中止や成果発表の禁止ではないという点である。

当然のことながら、ここで検討した例だけからユニアッケの条件がデュアルユース問題を解決する原理であると結論することはできない。また「合理的な予見」や「可能にする」といった文言は理解可能だが、具体的な基準を提供してくれるわけではない。しかしながら個別の事例において「合理的な予見」や「可能にする」が具体的にはどういう条件で成立するかを検討してみることは、研究者が自分にとって関連のある具体的なデュアルユース問題をより深く理解するための一助にはなるだろう。

研究者たちは意図をどう考えているのか

この節の最後に、研究者（団体）が意図についてどのように考えているかも見ておこう。ここでは一例として、人工知能学会の倫理指針を取り上げる。同指針の第七条において次のように述べられている。

（社会に対する責任）人工知能学会会員は、研究開発を行った人工知能がもたらす結果について検証し、潜在的な危険性については社会に対して警鐘を鳴らさなければならない。人工知能学会会員は意図に反して研究開発が他者に危害を加える用途に利用される可能性があることを認識し、悪用されることを防止する措置を講じるように努める。また、同時に人工知能が悪用されることを発見した者や告発した者が不利益を被るようなことがないように努める。

（人工知能学会倫理委員会二〇一七）

この種の倫理指針が個々の会員にどれほど実際の影響を及ぼすかは不明であるが、この文言自体は会員に対する要求水準の高いものに思われる。会員は「意図に反して研究開発が他者に危害を加える用途に利用される可能性があることを認識」し、「悪用されることを防止する措置を講じるよう」努めなければならないなどとされているからである。これはユニアッケの主張する予防を試みる義務を実際に課しているように読める。しかしながら同時に、二重結果論的な意図の区別を導入することによって、他の者による悪い結果が生じた場合の倫理的あるいは道義的責任から会員をあらかじめ切り離しているとも解釈できるかもしれない。

この引用部に関して指摘しておく価値がある点がもう一つある。ここでも完全に自由に研究をするか、禁止するかという二者択一が語られてはいないという点である。本章ではデュアルユースについてジレンマとして検討を始めているが、その検討において最後までジレンマという形式的枠組みに留まっていなければいけない理由はない。この重要な点については次節で、もう一度取り上げたい。

3　予防原則

予防原則（precautionary principles）は、一九七〇年前後に当時の西ドイツやスウェーデンにおいて登場してきたといわれる（畠山 二〇一九：一一五―一一八、Clarke 2013: 223）。おおまかにいえば「重大な損害が生じるおそれがある場合に、その完全な証拠がなくても損害が生じるのを予防する措置を要請する」原理であるが、環境保護や潜在的に危険な科学技術の規制における重要な原理と見なされるようになり、様々な条文や制度として実装されてきている。その結果、多様な（互いに対立しうるものも含む）「予防原則」が存在している（神崎 二〇〇五）。リオ宣言の原則一五[*8]などが予防原則の定式化の代表格として扱われることも多いが、「多くの人が賛同しうるような定義や内容の説明は存在しない」といってよい状況にある（畠山 二〇一九：一二五）。

こうした多様性が存在する理由の一つは、各実装が対象としている問題の性質や潜在的な損害の規模などが異なっていることにある。デュアルユースの対象となる科学技術も、本書第Ⅱ部で論じられているように分野によって性質等が異なっているので、本章では特定の条文などを予防原則の定義として採用した上で検討を行うという方針はとらない。

予防原則の多様性はそれを構成するいくつかの要件におけるヴァリエーションの組合せによって生じている。そこで、畠山武道による損害、不確実性、予防的措置、強制の程度の四要件による整理（畠山 二〇一九：一二六―一三五）に基づいて検討していくことにしよう。

損害の要件

損害の要件は予防原則発動の要件であり、例えばリオ宣言原則一五では「重大あるいは回復不可能な損害」（のおそれがある場合に発動）と規定されている。この種の規定においては潜在的な損害の程度が重大でない場合は予防原則の対象外と見なされることになるが、損害の大きさに言及しない予防原則もある。また、「重大あるいは回復不可能な損害」とはどのような損害を指しているかについても、見解の一致は存在しないとされる。

不確実性の要件

不確実性の要件は、損害が生じる「おそれ」に関わっている。損害が確実に生じるとわかっているならば、予防原則に訴えるまでもなく防止措置をとればよい。行いと損害との因果関係が完全には解明されていない状況こそが予防原則の適用対象なのである。とはいえ、因果関係についての科学的証拠が「完全でなくても」とか、「十分でなくても」といった規定は共通しているが、最低限どの程度の証拠が必要とされるかについては明確ではなく、一致した見解も存在しない。

デュアルユースに関していえば、前節で論じたように、自分が研究を行ったことによって他の者による悪用が引き起こされ重大な損害が生じるかどうかや、その確率がどれくらいあるかは、研究者にとって不確定なままであるかもしれない。ユニアッケのいう「合理的な予見」も、その内実は明瞭ではない。

一般論としては、潜在的な損害が重大ものであるほど、可能性しかなくても予防的措置が倫理的に要請されうると考えられる。しかしながら、その研究の意義に照らして低すぎる閾値での発動を主張する予防原則は、研究の自由やイノベーションを過度に阻害するとして受け入れられないだろう。なお重大な損害が生じる確率に関する不確実性については、功利主義的なアプローチとの関係から、後であらためて論じたい。

予防的措置の要件

損害と不確実性の二要件が満された場合に発動される措置を規定するのが、予防的措置の要件である。この要件においても、潜在的な損害との釣り合いが考慮される場合がある。デュアルユースの議論では、予防的措置とは研究や開発を行わないことであると理解されるかもしれない。この理解は、デュアルユースについての議論から研究者を遠ざけてしまうおそれがある。しかしながらスティーブ・クラークが指摘しているように、デュアルユースの問題をジレンマとして捉えることによって、研究を行って悪い結果を生じさせるか、それとも研究を行わないかという両極端での二者択一しかないと考える必要はない（Clarke 2013: 230-231）。例えば、すでに言及した第４章の生物兵器開発の例における対処のように、より繊細な対処の選択肢が見出される場合がある。

強制の程度の要件

強制の程度の要件は、予防的措置が「とられなければならない」のか、「とるべき」なのか、それとも「とってもよい」のか、といった義務としての様相を規定する。拘束力の程度の違いに関する規定と言い換えてもよいだろう。デュアルユースの議論においては（特に研究者の観点では）「とらなければならない」のかどうかが実務上の関心となると考えられる。

しかしながら、研究者が自身について研究者としてどうありたいか、あるいはより一般に自分が一個人としてどうすべきかについて内省するような場面では、一研究者として研究よりも他の事柄を優先「してもよい」などとする規定にも意味があるかもしれない。このような研究者の自己理解や徳（人物像）[*9]、そして二重結果論の節で扱った意図に基づく検討は、特定の個人としての研究者に分析の焦点が置かれる場合がある。

それに対して第8章で扱われている功利主義の立場では各選択肢によってもたらされる結果のみに基づいて意思決定が行われ、各選択肢の背後にある意図や徳は検討しないため[*10]、特定の個人としての研究者が焦点化されない。これは、本章の対象である個人の意思決定のための倫理的評価ではなく、政策などのための倫理的評価を行う場面ではむしろ有利な特徴となるかもしれない。

功利主義的なアプローチとの関係

ここで第8章との関連で、予防原則は功利主義的なアプローチに対する批判を含むと見なされうることに触れておきたい（Rappert and Selgelid 2013）。功利主義は各選択肢によってもたらされる結果としての幸福を計算して各選択肢を評価することが可能とする立場であるという点で、コスト・ベネフィット分析やリスク・ベネフィット分析と一定の親近性を持っている。それに対して予防原則は、潜在的な損害の程度や確率に関する不確実性のために、そのような計算が不可能であるか、非常に困難であるという認識から出発しているからである。だからこそ、予防原則はコスト・ベネフィット分析を補完あるいは置き換えるものとして位置づけられる場合がある（Clarke 2013: 224-225）。

こうした理由から、功利主義的な計算の枠組みをデュアルユースの問題に適用しようとすることには批判が出るかもしれない。想定される批判に対して、トーマス・ダグラスは不確実性などの問題を認めつつ、それでも利用可能な最善の証拠に基づく計算は可能であり、それは少なくとも議論の出発点としての意義を持ちうるといった議論によって応答している[*11]（Douglas 2013）。これは最終的に功利主義を採用しない立場でも受け入れることができる議論だろう。

立証責任の転換

予防原則に関連する最後の論点として、立証責任（挙証責任）の転換についても触れておきたい。立証責任の転換とは、ある行いに対する規制を主張する側が損害のおそれを示す責任を負うのではなく、その行いを推進する側に安全性を示す責任を負わせるという考え方である。こうした立証責任の転換は予防原則の一要素とされる場合がある。

デュアルユースに関連する問題でいえば、研究者は自分の研究が損害をもたらさないと証明する責任を負うことになるかもしれない。しかしこれは多くの場合、不可能だろう。立証責任の転換は新しい研究活動の開始に条件を課すことによって損害が生じるのを予防するので、これが厳格に要求されれば研究が過度に制限されてしまうことが懸念される。この懸念に関連して、畠山は（環境法の分野についての議論ではあるが）立証責任の分配は「画一的に定まるのではなく、個別の主張理由ごとに異なり、しかも各種の利益衡量のうえに判断される」のであって、杞憂にすぎないとしている（畠山 二〇一九：二〇五―二〇七）。デュアルユースの場合も同様に考えるべきだろう。

4　残された話題

最後にここまで扱ってこなかった話題について簡単に触れておきたい。まず、第7章で扱われている自律型兵器などでも使われている人工知能技術のように研究とその成果の公表の速度が高まっている分野についてである。こうした分野ではプレプリントというかたちで、査読のプロセスを飛ばして成果を公表していくことに、研究者にとってのメリットが生じている。COVID-19関連の研究などでも同様の状況である。このような科学研究のエコシステムの変化により、研究者の意図しない目的での研究利用のチェックもれが生じるかもしれない。こういう問題への対処として、例えばmedRxivのようなプレプリント・サーバではデュアルユース研究を対象に含むスクリーニングが行われている場合がある（medRxiv）。

分野全体としては凄まじい速度で成果が公表されているが、一つ一つの研究、あるいは個々の研究者や研究グループの貢献は必ずしも決定的ではないような状況も考えられる。こうした状況にある分野では、個々の研究者や研究グループによって他の者による悪い結果を目的とした利用が可能にされ、それゆえその結果に対する責任や、悪い結果を防ぐよう試みる義務を負うというユニアッケの議論が機能しないように思われる。こうした問題にはどのような道具立てが必要になるだろうか。

一つの可能性は、より大きな研究者コミュニティ（例えば学会など）としての集合的責任という観点からアプローチする方法である（Miller 2013）。第2章で論じられている日本学術会議の声明などはこの観点に立ったものといえるが、研究者コミュニティに所属する個々の研究者の行動や態度にどれだけ影響を持ちうるかは不明というしかない。[*12]

もう一つ考えられるのは、気候変動の問題のように、個々の行為者がそれぞれ行っている、それ自体としては影響を無視しうる個々の行いの蓄積として、望ましくない結果が成立してしまうことがあるという論点からのアプローチである。いずれのアプローチも哲学的には責任論と呼ばれる分野に属する問題[*13]であるが、残念ながら決定的な理論が存在しているわけではない。

むしろここで目指すべきは、デール・ジェイミソンが気候変動問題に関して主張するように、「正しい」責任理論をこの問題に適用しようとするのではなく、我々が達成しようとしている「目的を達成するような考え方を形成し、促進させる」ことであるかもしれない（ジェイミソン 二〇一八：七七）。気候変動に関しては達成すべき目的は明らかで、気候変動問題を解決することである。そのために必要な、個々の意思決定者の行いに影響を与えるような責任についての考え方を形成することを目指せばよいということになる。

では、本章で検討しているデュアルユースの問題についてはどうだろうか。悪い目的での利用を防ぎつつ研究の自由を確保することは、研究者の間で目的として共有可能か。それとも、研究の自由は絶対的で妥協の余地のない理念として主張されているのだろうか。読者には自分について考えてみてもらいたい。実際のところ、デュアルユース問題の文脈で研究の自由を主張する研究者のうち、妥協のない自由を要求している人がどの程度いるのかは、実証的に調査をしなければ分からない問題として残されている。[*14]

注

＊1　防御目的の研究については本書のサイバーセキュリティのコラムも参照のこと。

＊2　本書のタイトルにもかかわらず軍事／非軍事という区分を主な分析の対象としないもう一つの理由は、第4章の宇宙関連技術のように軍民協働機運が高まり、軍か民かという二分法をあてはめることが現実的でなくなっている分野があるからである（本書一一一—一一三頁を参照）。

＊3　本章第2節で言及している人工知能学会倫理指針のような各種学会の倫理綱領でも、このような専門職としての会員の義務と社会的責任への言及を確認することができる。

＊4　これはかなり簡略化した説明である。この原理についてのより詳細かつ、理論的に重要な論点を含んだ解説についてはMcIntyre（2018）を参照のこと。

＊5　この原理のカトリックの倫理における起源については山本（二〇〇三）を参照のこと。

＊6　こうした区別は第8章で論じられている功利主義的な立場からは批判されるかもしれない。功利主義もこうした区別を取り扱えないわけではないという議論も含めて、第8章1節を参照のこと。

＊7　第8章および第10章の正戦論における比例性条件の議論も参照のこと。

＊8　「環境を保護するため、予防的方策は、各国により、その能力に応じて広く適用されなければならない。深刻な、あるいは不可逆的な被害のおそれがある場合には、完全な科学的確実性の欠如が、環境悪化を防止するための費用対効果の大きい対策を延期する理由として使われてはならない」（環境省二〇〇三）。

＊9　読者は次のような疑問を持つかもしれない。このような内省を検討することには、デュアルユースの議論全体においてどのような意味があるだろうか。これは本章の意義に関わる問いともいえる。

本章の構想は、政策やガバナンスのようなトップダウン型の議論では拾い切れない部分がデュアルユースの議論にはあるという認識から出発している。実際トップダウン型ではない取り組みも実践されてきている。具体的な取り組みの例としては、京都大学宇宙総合研究ユニットが開催しているワークショップ「航空宇宙分野と軍事研究」（京都大学宇宙総合研究ユニット年月不詳）などを挙げることができるだろう。このワークショップでは倫理学者や哲学者などの他分野の研究者も含めた、個人資格で参加している参加者による多様な主張を許容するオープンなディスカッションが行われている。これはボトム側からの取り組みの例といえるが、ボトムから議論を「アップ」していくための経路が（誰にも）明らかではないなど限界もある。とはいえ、単純に「研究者の良心」を想定し、それに一方的に訴えかけるよりは、優れたアプローチだと筆者は考えている。本章の狙いも同様のところにある。

＊10　実際には功利主義でもこれらを扱えないわけではない。この点については第8章の二一四頁で論じられている。

＊11　ダグラスは意図を考慮に入れることができないという批判も検討している（Douglas 2013: 149-151）。

＊12　二〇二〇年に生じた日本学術会議任命拒否問題では学問の自由の観点から菅首相への批判がなされているが、同時に学術会議の「軍事的安全保障研究に関する声明」が個々の研究者の研究の自由を制限するものとして批判されるという事態も生じている。この問題は研究者集団と政府の関係だけでなく、研究者集団と個々の研究者の関係についての問題も浮かび上らせたといってよい。しかしながらこの論点については本章では論じることができない。任命拒否問題については本書の第2章を参照のこと。

＊13　前向きの（将来志向型）集合責任論（forward-looking collective responsibility）の問題と呼ばれる。

＊14　それに対して、軍事研究反対に関しては確かに絶対的な反対として主張されている場合があるように思われる。

参照文献

環境省　二〇〇三「環境基本問題懇談会（第二回）参考資料五―一　環境と開発に関するリオ宣言」https://www.env.go.jp/council/21kankyo-k/ y210-02.html（二〇二〇年一一月一三日閲覧）。

神崎宣次　二〇〇五「予防原則の三つの不明瞭さ」『応用倫理学研究』二：五三―七四。

京都大学宇宙総合学研究ユニット「ワークショップ　航空宇宙分野と軍事研究」https://www.usss.kyoto-u.ac.jp/etc/mil/index.html（二〇二〇年一一月一三日閲覧）。

ジェイミソン、デール　二〇一八「気候変動の責任――因果的、道徳的、法的責任と『介入責任』」吉川成美監修『クライメート・チェンジ――新たな環境倫理の探求と対話』清水弘文堂書房、六八―七九頁。

人工知能学会倫理委員会　二〇一七「人工知能学会　倫理指針」http://ai-elsi.org/wp-content/uploads/2017/02/人工知能学会倫理指針.pdf（二〇二〇年八月一一日閲覧）。

畠山武道　二〇一九『環境リスクと予防原則　二　予防原則論争』信山社。

山本芳久　二〇〇三「『二重結果の原理』の実践哲学的有効性――『安楽死』問題に対する適用可能性」『死生学研究』一：二九五―三一六。

Clarke, S. 2013. The Precautionary Principle and the Dual-Use Dilemma. In B. Rappert and M. J. Selgelid (eds.), *On the Dual Uses of Science and Ethics: Principles, Practices, and Prospects*. Canberra: Australian National University Press, pp. 223-233.

Douglas, T. 2013. An Expected Value Approach to the Dual-Use Problem. In B. Rappert and M. J. Selgelid (eds.), *On the Dual Uses of Science and Ethics: Principles, Practices, and Prospects*. Canberra: Australian National University Press, pp. 133-152.

McIntyre, A. 2018. Doctrine of Double Effect. In E. N. Zalta (ed.), *Stanford Encyclopedia of Philosphy*. https://plato.stanford.edu/archives/spr2019/entries/double-effect/（二〇二〇年八月一一日閲覧）

medRxiv. Frequently Asked Questions（FAQ）. https://www.medrxiv.org/about/FAQ（二〇二〇年八月一一日閲覧）

Miller, S. 2013. Moral Responsibility, Collcetive-Action Problems and the Dual-Use Dillemma in Science and Technology. In B. Rappert and M. J. Selgelid (eds.), *On the Dual Uses of Science and Ethics: Principles, Practices, and Prospects*. Canberra: Australian National University Press, pp. 185-206.

Miller, S. and M. J. Selgelid 2007. Ethical and Philosophical Consideration of the Dual-use Dilemma in the Biological Sciences. *Science and Engineering Ethics* 13: 523-580.

Rappert, B. and M. J. Selgelid 2013. *On the Dual Uses of Science and Ethics: Principles, Practices, and Prospects*. Canberra: Australian National University Press.

Uniacke, S. 2013. The Doctrine of Double Effect and the Ethics of Dual Use. In B. Rappert and M. J. Selgelid (eds.), *On the Dual Uses of Science and Ethics: Principles, Practices, and Prospects*. Canberra: Australian National University Press, pp. 153-163.

第10章　正戦論の研究は、すなわち軍事研究なのか[*1]

眞嶋俊造

1　正戦論をめぐる二つの論点

「正戦論」――個々の戦争（武力紛争）そのものや、個々の戦闘や攻撃が道徳的に許容されるか否かを批判的に考える枠組み――は、「戦争倫理学」や、「軍事倫理（軍事専門職倫理）」――国家の軍事・外交・安全保障政策の執行官たる軍事専門職としての将校や兵士の職業倫理――といった学術研究と密接な関係にある。同時に、正戦論の言説は、軍事・外交・安全保障政策に関する政治的言説においても散見することができる[*2]。

すると、ここに二つの論点を見出すことができよう。一つは、正戦論を研究することはすなわち軍事研究を行うことを意味するのかという論点である。確かに、正戦論を研究することは、軍事に関する、ないし軍事に関わる研究を行うことには間違いないだろう。とはいえ、この段階において、正戦論の研究は軍事研究であると断定してしまうことは拙速なようにも思われる。おそらく、何らかの、時として複数の要因によって、ある正戦論についての研究が軍事研究とされ、また他の正戦論についての研究が軍事研究とはされない場合もあるかもしれない。さらに、正戦論に関する同一の研究であったとしても、ある場合には軍事研究とされ、また他の場合には軍事研究とされないということも見込まれそうである。

もう一つは、正戦論という学術は政治的なものであるのかという論点である。正戦論の言説を用いてある国家の軍事・外交・安全保障政策を道徳的に正当化することができるかもしれないし、事実としてそのような試みは存在する。すると、さしあたっての見立てとして、人文学という学術研究の一領域を構成する正戦論において、学術と政治とのデュアルユース性ないし混用性を想定することもできるかもしれない。

本章の目的は、前記の問題意識のもと、正戦論をめぐって、学術、政治、軍事との間で織り成されるデュアルユース性ないし混用性の可能性を念頭に置きつつ、いつ、どこで、誰が、どのように正戦論を研究するかによって、その研究が政治的なものとして捉えられうるか、または軍事研究と見なされうるかについて検討することにある。

正戦論を検討する前に、まずは明らかな軍事研究の類型を見てみよう。例えば、もし軍隊の将校たる法務官（military lawyer）が職務として武力紛争法（Law of Armed Conflict：LOAC）について研究を行うのであれば、その研究は明らかに軍事研究に該当する。同じように、軍隊ないし国防省、またはそれらに関連する研究機関に所属する研究者が正戦論を研究することもまた、軍事研究に該当するだろう。このことは、安全保障研究や軍事史や外交史といった歴史研究についても同様にいえよう。

それでは、民間の研究または研究教育機関に所属する研究者が応用倫理学の視座から正戦論の研究を行うことは、果たして軍事研究に該当するのだろうか。結論を先取りすれば、条件によっては軍事研究に該当する場合もあるだろうし、逆に該当しない場合もあるだろう。しかし、あらゆる研究が顕在的または潜在的に軍事利用可能性を有する、つまりデュアルユース性を有すると考えるならば、たとえ同じ研究であっても、研究者の所属や研究資金の出所などの条件によって、それが軍事研究とされたり、そうではないとされたりすることになる。

2　応用倫理学としての正戦論の研究とは

そもそも正戦論とは何であろうか。先に正戦論を「個々の戦争（武力紛争）そのものや、個々の戦闘や攻撃が道徳的に許容されるか否かを批判的に考える枠組み」と説明した。この枠組みを応用倫理学の視座より検討するのが、「応用倫理学としての正戦論の研究」である。ここで重要な点は、正戦論は、戦争一般を道徳的に正当化するものではなく、また逆に不正と判断・評価するものではないということである。あくまでも、個々の武力紛争や武力行使の善悪や道徳的正不正について検討するための枠組みである。

私たちは正戦論を用いることにより、二つのフェイズ（「戦争を始める際の正義としてのユス・アド・ベルム（*jus ad bellum*）」と「戦争における正義としてのユス・イン・ベロ（*jus in bello*）」）を総合的に検討することで、ある武力紛争が道徳的に許容できるか否かを検討することができる。また、二つのうちの第二のフェイズであるユス・イン・ベロにおいて、ある武力紛争における個々の戦闘や攻撃が道徳的に許容されるか否かを検討することができる。

正戦論におけるユス・アド・ベルムならびにユス・イン・ベロを構成する一連の原則については様々なヴァリエーションがあるが、ここでは以下のヴァージョンを紹介する。

ユス・アド・ベルムの原則（戦争を開始する際に考慮すべき六つの原則）

① 「正当な事由（just cause）」
「武力紛争を開始するにあたっては正当な事由（例：自衛・他者防衛）がなければならない」

② 「正統な機関（legitimate authority）」
「武力紛争は正当な機関（例：国家や国家連合）によって開始され遂行されなければならない」

③ 「正しい意図（right intention）」
「武力紛争は正しい意図（例：平和の回復）に基づいて開始されなければならない」

④ 「最終手段（last resort）」
「武力紛争は、その他の平和的または非強制的または共生的ではあるが武力の行使には至らないような手段が試みられるか、またはそれらの手段は尽きてからの差哀愁的な手段として開始されなければならない」

⑤ 「成功への合理的な見込み（reasonable prospect of success）」
「武力紛争を開始するにあたっては、その時点において成功（例：正当な事由ならびに正しい意図）を達成することに合理的な見込みがなければならない」

⑥ 「結果の比例性（proportionality in ends）」
「武力紛争を開始するにあたっては、その時点において武力紛争によってもたらされることが見込まれる善いこと（例：成功の実現）と悪いこと（例：人的・経済的・環境などへの被害）が釣り合っていなければならない」

ユス・イン・ベロの原則（個々の戦闘や攻撃を行う際に考慮すべき二つの原則）

①「区別（discrimination）」

「戦闘員と非戦闘員、軍事指揮系統にある者とそうでない民間人を区別し、後者、つまり非戦闘員ならびに軍事指揮系統になく、直接の敵対行為に参加していない民間人を保護しなければならない。それらの者への直接ないし無差別な攻撃を行ってはならない」

②「手段の比例性（proportionality in means）」

「個々の戦闘や攻撃を行うにあたっては、その時点において戦闘や攻撃を行うことによってもたらされることが見込まれる善いこと（例：軍事目標の無力化）と悪いこと（例：人的・経済的・環境などへの被害、非戦闘員や軍事指揮系統にない民間人への付随的被害）が釣り合っていなければならない」

正戦論では、前記の八つの原則の一つまたはそれ以上を満たさないような武力紛争は道徳的に許容されないとされ、またユス・イン・ベロの二つの原則のうち一つまたはその両方を満たさない戦闘や攻撃は道徳的に許容されないとされる。

応用倫理学としての正戦論の研究としては、前記の二つのフェイズにおける各原則の妥当性（原則の過不足）や各原則の運用（原則を満たす閾値）などが挙げられる。それらの作業に加え、応用倫理学としての正戦論である以上、それらの原則を現代における国際関係に照らし合わせ、一般的な状況や個々の特殊な状況、また個別の事例を検討し、個々の武力紛争、武力行使、戦闘、攻撃の道徳的許容性を判断・評価し、それを論証することが求められる。これが応用倫理学としての正戦論を研究する営みである。

3　正戦論の政治性、それとも正戦論の政治利用

応用倫理学としての正戦論の研究は、他の自然科学分野における研究とは異なる点がある。それは偏に、正戦論が価値、特に武力行使や暴力の善悪ないし道徳的正不正という価値を直接扱う点にある。日本の学術界において軍事＝悪と理解されてきたこともあるかもしれないが、軍事や暴力の価値に深く関わる正戦論は、応用倫理学の分野においてそもそもの認知度が低かった。確かに、正戦論の研究は、政治思想史や法制史や宗教倫理といった視座より行われてきた。しかし、正戦論が応用倫理学の一分野として扱われることはほとんどなかった。[*3] そのような状況で、少なくとも応用倫理学の分野では大々的に正戦論自体が検討されることは稀であり、その社会的有益さないし有害さについては、学術的な議論の俎上に乗せられることはなかった。ひょっとしたら、正戦論と聞いて、初めから、悪である戦争を正当化するための詭弁ないし危険な議論と見なされる向きもあったのかもしれない。

正戦論が政治性を有するということは、正戦論が政治的に利用できる可能性と、何らかの政治目的のため濫用される潜在性を有することを示唆する。つまり、純粋な学術研究としての正戦論研究であっても、軍事目的に利用されるというデュアルユース性を有すると考えることができる。

正戦論のデュアルユース性は、自然科学一般のそれとは少し異なる。自然科学一般においては、軍―民という軸と、善―悪という軸とがあるとすれば、軍＝悪、民＝善という構図に収まることが多いだろう。しかし正戦論においては、政治性を有するがゆえに複雑な「ねじれ」が生じることがある。武力の行使それ自体が悪であったとして

も、正戦論を用いることによって道徳的に許容される場合があるという帰結を導き出すこともできる。また、市民哲学の言論としての正戦論が不正な武力行使を恣意的に正当化するという悪を生み出す場合もある。この複雑さが正戦論の学術的価値にとっての脅威となることもあるだろう。

先に「正戦論の言説は軍事外交政策に関する政治的言説においても散見することができる」と述べた。二一世紀に入ってからの過去二〇年間において、その最も顕著な例として、二〇〇二年二月に公表された「何のために戦うのか——アメリカからの手紙（What We're Fighting For: A Letter from America)」と題された公開書簡（以下「書簡」という）を挙げることができる（Institute for American Values 2002）。書簡は、二〇〇一年九月一一日の米国での同時多発テロ事件を受け、テロとの戦いを米国の防衛と位置づけ、それを正当化するものである。書簡において正戦論の言説は、米国のアフガニスタンへの軍事侵攻を正当化することに用いられた。本節では、どのように正戦論の言説がアフガニスタンへの軍事侵攻やテロとの戦いを正当化するために用いられたかを示すため、書簡を検討する。

書簡は、次のように始まる。

> 時として、国家には武力によって自身を防衛することが必要となることがある。戦争は、犠牲や貴重な人命を奪うことが伴う深刻な事柄である。それゆえ、戦争を行う人々は、それらの人々が防衛する原則をお互いに、また世界共同体に対して明らかにするために、その行動の背景にある道徳的理由づけを明確に述べることが良心によって要求される。
>
> （Institute for American Values 2002: 1. 引用者訳、以下同）

次に、「私たちは、分け隔てなくすべての人々に関連する五つの根本的な真実を支持する」とし、以下の五つを挙げる。

一、すべての人間は生まれながらに自由にして、尊厳と権利において平等である。

二、社会の基本的な対象は人間であり、政府の正当な役割は人性を開花させるための条件を保護し、またその促進を助けることである。

三、人間は、人生の目的や究極的な目標に関する真実を求めることを生来として欲する。

四、良心の自由と信仰の自由は、人間が有する不可侵の権利である。

五、神の名のもとに殺害を行うことは神への信仰に矛盾することであり、宗教上の信仰の普遍性に対する最大の裏切り行為である。

(Institute for American Values 2002: 1)

その上で、「私たちは、私たち自身とそれらの普遍的な原則を防衛するために戦う」(Institute for American Values 2002: 1) とする。

この書簡が持つ重要性は、偏に、正戦論の著名な研究者であるマイケル・ウォルツァー (Michael Walzer)、ジェームズ・ターナー・ジョンソン (James Turner Johnson)、ジーン・ベスキ・エルシュテイン (Jean Bethke Elshtain) が書簡に名を連ねている点にある。

それでは、書簡において正戦論がどのように用いられているかを見てみよう。「正戦？」と題された節は次のように始まる。「すべての戦争は悲惨であり、人間による政治的な失敗の典型である」とした上で、「悲惨な暴力行為、憎悪、不正への対応として、戦争を行うことが道徳的に許容されるだけではなく道徳的に必要になる時がある」とし、「今がそれらの時の一つである」（Institute for American Values 2002: 6）と述べる。すでにここにおいて、アフガニスタンへの軍事侵攻やテロとの戦いが道徳的に許容されるだけではなく、道徳的に必要な、正しい戦争であることを示唆する。

その後、「戦争の第一義的な道徳的正当化は、ある種の害悪より無辜の人々を保護することになる」と述べ、アウグスティヌスに言及し、「もし、強制力を用いて侵略者を止めない限り、自分たち自身を保護することができない立場にある無辜の人々が激しく害されるということについて説得力のある証拠があるのであれば、隣人愛の道徳原則が私たちに力の行使を求めることになる」（Institute for American Values 2002: 7）と述べる。

書簡は、二〇〇一年九月一一日に米港で同時多発テロ事件を起こしたイスラム過激派集団「アルカーイダ」を「より広大なイスラム過激派運動の一翼」（Institute for American Values 2002: 8）とし、その運動を敵として位置づける。つまり、イスラム過激派運動に対する米国の武力行使を正戦とする。

その上で、同時多発テロ事件を行った者を「組織化された殺人者」とし、「普遍的な人類の道徳の名において、また正戦の制限と要件を十分に意識し、私たちは、それらの者に対して武力を行使するという、私たちの政府と社会の決定を支持する」（Institute for American Values 2002: 8）と宣言する。

この書簡を正戦論の誤用ないし濫用と見たのは、マイケル・シーゲルである。シーゲルは、書簡は「正戦論を裏付けにして［引用者注：アメリカによる対テロ］戦争を支持している」とし、しかしながらその書簡は前記の五つの「根本的な真実」を掲げることによって対テロ戦争を「理想のための戦争」として支持していることを指摘する（シーゲル 二〇〇三：三八―三九）。そして、シーゲルは、書簡には「理念や理想の話が混在していたのはきわめて残念である」とし、また「そういう混在した議論に終始しているようでは、正戦論は戦争を制御するものにならない」とした上で、「そのような議論の場合にはむしろ理想や信念に関する論争を切り離して正戦論の課題である領土および主権に対する侵略に対する防衛、もしくは本当の殺戮からの救出に議論をしぼることが必要であった」と結論づけている（シーゲル 二〇〇三：三九）。

前記の書簡は、正戦論を政治的に利用する試みとして考えることができるだろう。ここにおいて正戦論に学術と政治のデュアルユース性を見ることができる。しかし、正戦論における学術と政治の混用性は、使用者の意図と、正戦論が用いられる文脈に基づく解釈に依存するように思われる。

それでは、戦争を正当化するための議論として誤解されがちな正戦論を研究することは軍事研究に該当するのだろうか。そうであるか否かは、さしあたり研究者の所属や研究の資金源などに依存すると考えられる。このことについては次節以降で検討していこう。

4　正戦論と軍事研究——仮想事例からの検討

応用倫理学としての正戦論の研究は、いつ、どうして、どのように軍事研究と見なされるのか、または見なされないのか。このことを考える手がかりとして、以下の仮想事例を用いて検討してみよう。[*4]

仮想事例一「正戦論の研究は軍事研究なのか？」

軍事研究を行わないことを宣言した、ある国立大学に所属するキタヤマ教授は、正戦論を基にして戦争倫理学と軍事倫理を研究している。

↓この場合、キタヤマ教授は軍事研究を行っていることになるのかというと、これだけでは何ともいえない。


仮想事例二「国際ジャーナルへの学術論文投稿」

キタヤマ教授は、国際的な大手出版社が刊行する査読付き国際学術誌『ジャーナル・オブ・ウォー・エシックス』に、戦闘におけるドローンの使用と、ドローンによる攻撃の倫理的問題を、正戦論を援用して論じた論文を投稿し、それが掲載された。

↓この場合、キタヤマ教授は軍事研究を行っていることになるのかというと、これだけでは何ともいえない。


仮想事例三「国防省からの委託研究」

我が国は、A国と二国間安全保障同盟の関係にある。また、A国はB国と多国間軍事同盟の関係にある。さらにB国は、我が国と安全保障において協力関係にある。B国の国防省は研究者に対して研究委託を行っている。その研究は、「A国とB国が参加する多国間軍事同盟ではないが、やはりA国が参加する別の多国間軍事同盟に参加する国（C国）」の某国立大学に所属するサブロク教授（国籍はB国としよう）が研究代表者を務めている。研究テーマは「正戦論を援用した、戦闘におけるドローンの使用と、ドローンによる攻撃の倫理的問題」である。なお、我が国は、C国と安全保障において協力関係にある。

↓この場合、サブロク教授が研究代表者を務める委託研究は軍事研究に該当する。

仮想事例四「他国の国防省からの委託研究」

ある時、キタヤマ教授は、旧知のサブロク教授から前記の「委託研究の研究分担者にならないか」という誘いを受けた。

→この場合、もしキタヤマ教授が研究分担者になってしまったら、キタヤマ教授は軍事研究を行うということを意味する。キタヤマ教授の所属する機関は軍事研究を行わないという方針を有する以上、その構成員たるキタヤマ教授は委託研究の分担者になってはならないといえよう。しかし、もしその委託研究と同じような内容の研究を別に行ったら、その研究は軍事研究と見なされるのだろうか。この場合、研究費の出所が問題になるように思われる。軍事機関に属さない研究機関や教育機関から支給される研究費、また国防省やその関連機関と関係のない公的助成機関からの研究助成金等で研究を行うのであれば、その研究は軍事研究とは見なされるべきではないだろう。難しいのは、民間の研究助成機関や企業からの委託研究である。特に防衛産業からの委託研究には慎重に期すことになろう。

仮想事例五「呼び出し」

ある時、キタヤマ教授は大学当局より呼び出された。その呼び出しは、キタヤマ教授に対して研究の内容について説明を求めるものであった。キタヤマ教授の研究には「軍事」という名前がついているが、民間人の殺傷や器物の破壊を将校や兵士に積極的に推奨することを企図した研究ではない。逆に、意図的な民間人への攻撃や無差別な攻撃の道徳的悪を論じるものであり、民間人の殺傷や器物の不要な破壊を避けることを軍事専門職倫理として徹底的に履行させるための研究であった。

↓この場合、キタヤマ教授の研究は、軍事機関や防衛産業からの研究助成金によるものでない限り軍事研究とはいえないし、そう見なされるべきではない。

仮想事例六「移籍」

キタヤマ教授は次年度より現任校の国立大学より防衛大学校の教授として異動することになった。もしキタヤマ教授が次年度においても同じ内容の研究を行ったら、キタヤマ教授の研究は軍事研究に該当するのだろうか。

↓この場合もまた資金の出所に判断が大きく左右されると考えられる。もし防衛大学校から支給される研究費で同じ研究を続けるのであれば、その研究は軍事研究と見なされうるかもしれない。しかし、防衛省やその関連機関と関係のない公的助成機関（例えば、文部科学省）からの研究助成金（例えば、科学研究費補助金）などで研究を行うのであれば、その研究は軍事研究とは見なされるべきではないだろう。とはいえ、たとえ軍籍を有しない民間人の教官であっても、軍事機関に所属してその職務として研究を行う以上、その研究が軍事研究ではないとしても、そう見なされうる可能性は否定できない。

仮想事例七「無間地獄？」

防衛大学校に所属するキタヤマ教授は、次年度より軍事研究を行わないという声明を出した私立大学に異動することになった。この場合、もしキタヤマ教授が次年度においても同じ内容の研究を行ったら、キタヤマ教授の研究は軍事研究に該当するのだろうか。

↓この場合、やはり資金源によってその研究が軍事研究と見なされるかどうかが分かれそうである。

これらの事例から考えると、軍隊や国防省やそれら関連機関からの資金やその他便宜の供与を受けた研究は軍事研究と見なされうる。ここで注意すべきことは、それらの機関から資金の供与がなかったとしても、もしその研究がそれらの機関から依頼されたものであれば軍事研究と見なされうるということである。つまり、正戦論や軍事倫理学の研究は、それらのテーマやトピックや内容が軍事研究か否かを決定づけるものではなく、所属機関と研究費の出所によって決定づけられるといえよう。

5　学会活動は軍事研究となりえるのか

学会（学協会）は研究者が学術交流を行う場である。世の中には様々な学会があり、その一つに国際軍事倫理学会（International Society for Military Ethics：以下「ＩＳＭＥ」）がある。ＩＳＭＥのウェブページによると、ＩＳＭＥは「軍隊に関わる倫理上の論点を議論するために形成された、軍人、研究者、そしてその他の人々の組織である」とされ、また「以前は米軍の『専門職倫理に関する統合軍会議（Joint Services Conference on Professional Ethics）』として知られた、北米において創設された支部である」とされる。[*5] また同ウェブページによると、「関連支部はヨーロッパに設立されており、ラテンアメリカ、アフリカ、環太平洋地域においても設立の段階にある」とされる。[*6] 北米の創設支部であるＩＳＭＥについていえば、少なくともその成り立ちから軍隊、特に米軍との関係を窺うことができるだろう。

それでは、もしＩＳＭＥの会議で研究報告を行ったら、そのことは軍事研究を行った、行っているということになるのだろうか。それはＩＳＭＥという組織の構造によるだろう。ＩＳＭＥが米軍などとは直接の関係のない、運営資金も出ていない任意団体なのか、それともそうではないのかが論点となりそうである。少なくとも、ＩＳＭＥの会議は参加費を支払って登録すれば誰でも参加することができる。また、軍籍を有するか否かにかかわらず、アブストラクトの審査を通れば誰でも研究発表を行うことができる。さらに、ＩＳＭＥの会議で発表された研究成果が軍隊にのみ独占的にもたらされることはない。これらの点において、ＩＳＭＥの会議においての研究報告のすべてが軍事研究であるとはいえなさそうである。

とはいえ、軍人が職務として行った研究成果を発表するのであれば、それは紛れもない軍事研究である。しかし、例えば、私立大学に勤務する研究者がＩＳＭＥの会議において研究報告を行ったとしても、その研究が自らの所属機関から支給される研究費に基づくものであれば、必ずしも軍事研究であるとは言い切れないだろう。

次の例を考えてみよう。米国には「実践・専門職倫理学会（Association for Practical and Professional Ethics：以下「ＡＰＰＥ」）」という学会がある。この学会は、研究者のみならず、医療や技術や軍事の実務家（軍人）が会員となっている。ＡＰＰＥのウェブページによると、「実践・専門職倫理における学術研究、教育、実践を進めるための非営利組織である」とされている。[*7] ＡＰＰＥの年次大会には軍人が参加することがあり、ある分科会において米陸軍に所属する軍医が次のような事例を紹介した。それは、イラクにおいて、ある基地から他の基地まで救急車を運用する場合の事例である。ある時、情報将校が救急車両の運転手に次のような要請を行った。その要請は、もう一つの基地に移動する際に通常の経路ではなく迂回をして、ある場所の状況について報告してほしいという内容であった。その場所は数週間前に住民による反米デモがあり、いったんは沈静化したものの、ここ数日の状況が掴めていないということだった。つまり、軍事目的の使用が禁止されている救急車両に、副次的ではあるが軍事を目的とした行動である偵察を行う任務が要請されたのである。救急車両の運転手は自らの上位指揮系統にあるその軍医に、情報将校からの要請があったことを報告した。

軍医はその状況において判断に窮したと述べ、このトピックについてフロアでのオープンディスカッションが行われた。もしある倫理学者がこのディスカッションに参加し、そこで紹介された事例における倫理ジレンマを軽減し、実践に生かすことができるような考えを提示したとしたら、それは軍事研究に参加したといえるのだろうか。会議や分科会が原則としてオープンであり、また研究や学会参加に関する経費が軍隊やそれに関連する機関から支給されていないのであれば、前記のディスカッションへ参加することはすなわち軍事研究に参加したとはいえないだろう。

6　軍事研究と非軍事研究のトワイライトゾーン

軍事研究とはいえないかもしれないが、軍事研究ではないと言い切れない研究、つまり軍事研究と非軍事研究のトワイライトゾーンにある、または軍事研究とそうではない研究を行き来するような研究は存在するだろう。それは、正戦論の研究についても当てはまる。例として、シェイクスピアの戯曲『ヘンリー五世』をテーマとした英文学研究について考えてみよう。一見すると、「文学」「シェイクピアの戯曲」というトピックからは、ヘンリー五世がイングランド王であり、イングランド軍の最高司令官としてフランスに軍事侵攻するというストーリーを除いては、軍事的な要素はあまりないように思われる。しかし『ヘンリー五世』の研究は軍事研究になりえないのだろうか。ひょっとしたら『ヘンリー五世』の登場人物の台詞を研究することによって、兵士や一般の人々の士気を鼓舞するような訓示や演説を行うことができるかもしれない。そのような研究があったとしたら、それは軍事研究だろう。これは一つの例に過ぎないが、軍事を目的としない研究であっても軍事目的に利用できる可能性があるということを如実に示すだろう。

関連して、『ヘンリー五世』のスクリプトから武力紛争法や正戦論を議論する、いいかえれば同書の中に武力紛争法や正戦論を読み込む、ないし同書からそれらを読み解くという、戦争倫理学の教育に用いることができるペダゴジー的な研究[*8]はどのように考えることができるだろうか。そのような研究は、「軍隊ないし軍事的要素を有する対象を扱う研究」に分類できよう。しかし、その研究は軍事研究なのだろうか。杉山の意味する「軍事研究」には該当するだろう。しかし、その研究が「軍事研究」に該当するか否かは、研究の目的や研究における研究者の意図などに依存すると考えられる。

以下の具体例を挙げて検討することが果たして適切であるかはさておき、一つの試みとして、デイヴィッド・ペリー（David L. Perry）の研究とその論文「Using Shakespeare's Henry V To Teach Just-War Principles」（Perry 2005）についてどう考えることができるかを論じてみよう。ペリーの論文はそのタイトルが直接示すように、『ヘンリー五世』を使用して正戦論を教育するための解説論文であり、付録には授業案が記載されている。これだけでは、ペリーの研究と論文が「軍事研究」であるかどうかは断定できない。しかし、次の情報を追加した場合にはどうだろうか。論文が刊行された二〇〇五年当時において、ペリーは米陸軍戦争大学（U.S. Army War College）に所属する教員で「倫理と戦争（Ethics and Warfare）」という授業科目において『ヘンリー五世』を題材として当該内容の教育を行っていた（Perry 2006）。つまり、このことは、軍機関に所属する者が、たとえ軍籍を持たないにせよ、主に軍事教育のための研究を行い、そのための、またその経験に基づく論文を執筆したということを意味する。さて、ペリーは軍事研究を行ったことになるのだろうか。もしその研究が軍人の教育のために行われたものであれば、それは軍事研究ということができるかもしれない。

しかし、ペリーは米陸軍戦争大学で教鞭をとる前後において、他の複数の民間の大学でも教鞭をとってきた。[*9] もしペリーがそれらの大学で『ヘンリー五世』を題材として正戦論の原則を教えていたとしたら、それは軍事研究に該当するのだろうか。その場合、ペリーの研究とその論文は「軍事研究」なのだろうか。また、ペリーの研究や論文は「スピンオン」とされるのか、それとも「スピンオフ」とされるのか。

おわりに

本章では、正戦論をめぐる学術と政治との関係、また正戦論の研究が軍事研究に該当するか否かについて論じた。具体的には、正戦論において、「学術―政治」「軍事―非軍事」というそれぞれのカテゴリーにおいてデュアルユース性と混用性を有する可能性を検討した。

正戦論の研究という学術活動は、それが行われる、ないし用いられる文脈によって政治性を持ちうるといえるだろう。しかし、正戦論が学術と政治においてデュアルユース性を有するか、それとも混用性を有するかについては、ひょっとしたら使用者の意図と、正戦論が用いられる文脈によって、いずれかの特徴を有するという解釈ができるかもしれない。重要な点は、「どのように解釈するか」ということ以上に、「どのように解釈されるか」というところにある。非軍事的な文脈において正戦論を研究していたとしても、その研究が軍事研究であると解釈、むしろ曲解されてしまったら、場合によっては研究を進めることができなくなってしまうかもしれない。一ついえることは、軍事研究としての正戦論の研究は必然的に政治性を有するということである。というのは、軍事的であるということはすでに政治的であるということにほかならないからである。

また、正戦論の研究が軍事研究に該当するか否かは、研究を行う者の所属と研究費という二つの要素が大きく関わる。本章の冒頭では、正戦論を研究することは、軍事に関する、ないし軍事に関わる研究を行うことであると述べた。このことは、正戦論の軍事―非軍事のデュアルユース性を有する可能性を示唆するだろう。しかし、正戦論が軍事―非軍事の混用性を有するとは必ずしも言い切れないように思われる。

正戦論における軍事―非軍事性をめぐる議論で見えてきた最大の問題は、研究者が所属機関を移った場合や、同じ研究を継続するにあたって研究費の種目が変更になった途端、正戦論の研究が軍事研究になったりそうではなくなったりという状況が発生することである。すると、ある種の軍事に関わる研究に携わる研究者に対しては、その研究を行っているという理由によって所属機関の移動に実質上の制限が課せられるといった事態が起こるかもしれないし、すでに起きているかもしれない。このことだけでも十分に憂慮されることではあるが、より深刻な懸念として以下の二つを挙げることができる。一つは、ある種の軍事に関わる研究に携わる研究者が軍事研究を行わないことを宣言した所属機関への異動を余儀なくされた時、これまで継続してきた研究を中止しなければならない状況に追い込まれることである。もう一つは、研究者がこれまで行ってきた研究や進行中の研究が、ある日突然、自分の所属する機関によって軍事研究と見なされ、その研究を中止しなければならない状況に追い込まれることである。「止めるか辞めろ」の二択を一方的に突きつけられる状況が杞憂であることを祈るばかりである。

注（ウェブサイトの閲覧日は、すべて二〇二一年一月二四日）

＊1　本章は、拙稿「何がその研究を軍事研究とするのか――分類と事例から考える」『社会と倫理』三五号（南山大学社会倫理研究所、二〇二〇年、一八七―一九九頁）を基として加筆修正し、再構成したものである。

＊2　例として、バラク・オバマのノーベル平和賞受賞の際のスピーチや、英国貴族院でのリチャード・ハリーズによるコソボ紛争に関する発言を挙げることができる。詳細は拙書（眞嶋 二〇一六：一八四―一九三）を参照されたい。

＊3　その例外として、加藤尚武の『戦争倫理学』が挙げられる。

＊4　なお、大学での安全保障に関わる貿易管理についてのガイドラインには、当該分野に関わる仮想事例を用いた解説がある（産学連携学会 二〇一一）。

＊5　https://www.internationalsocietyformilitaryethics.org/

＊6　同右。

＊7　https://appe-ethics.org/about/

＊8　一例として Meron（1992）を挙げることができる。

＊9　practicalethicsinstitute.com

参照文献

加藤尚武　二〇〇三『戦争倫理学』ちくま新書。

産学連携学会　二〇一一『大学・高等教育機関における研究者のための安全保障貿易管理ガイドライン』改訂第二版、http://j-sip.org/info/pdf/anzenhosho1-1_2.pdf（二〇二〇年四月二八日閲覧）。

シーゲル、M　二〇〇三「正当戦争 vs.正義の戦争――キリスト教の正戦論の落とし穴」『宗教と倫理』三：二一―四二。

眞嶋俊造　二〇一六『正しい戦争はあるのか？――戦争倫理学入門』大隅書店。

Institute for American Values 2002. What We're Fighting For: A Letter from America. New York: Institute for American Values, http://americanvalues.org/catalog/pdfs/what-are-we-fighting-for.pdf（二〇二〇年二月二一日閲覧）

Meron, T. 1992. Shakespeare's Henry the Fifth and the Law of War. *The American Journal of International Law* 86(1): 1-45.
Perry, D. L. 2005. Using Shakespeare's Henry V To Teach Just-War Principles, http://www.ethicsineducation.com/HenryV.pdf（二〇二〇年八月三日閲覧）
—— 2006. Defy Us to Do Our Worst: Ethics and Warfare in Shakespeare's Henry V, http://cola.calpoly.edu/~smarx/Shakespeare/draftingshakespeare2006/perry.htm（二〇二二年一月二四日閲覧）

第11章　学術と安全保障の折り合いをつける——日本学術会議声明を受けて

大庭弘継

1　適切安保関与問題

二〇一五年の防衛装備庁による安全保障技術研究推進制度（以下「安保研究制度」）の発足を受け、日本学術会議は二〇一七年に「軍事的安全保障研究に関する声明」（以下「声明」）を公表した。この声明では、安全保障（ないしはそれに関する研究）を軍事的なものと非軍事的なものに分けたその上で、前者について、学術研究の自主性・自律性・研究成果の公開性、さらには「人権・平和・福祉・環境などの普遍的な価値」といった観点に照らして適切なものと不適切なものを区別し、不適切な軍事的安全保障研究に関与しないことを民間の研究者や（大学等の）研究機関に対して求めていた。

「不適切」な安全保障があるということは、「適切」なものもあるはずだ。この声明は、適切な軍事的安全保障や非軍事的安全保障（これらをまとめて「適切安全保障」と呼ぶ）[*1]に関わる研究に従事することを（少なくとも明示的には）問題視していない。民間の研究者に非関与を求める対象を不適切な軍事的安全保障に限るという意味で、この声明は、安全保障に対する学術研究の〈限定的な非関与〉というスタンスを打ち出したといえる。

一方、この声明は、論点を安保研究制度への対応に限ったため、適切安全保障に対する学術研究の関与の是非や、あるべき姿、さらにはそこに潜む問題については何も触れていない。ところが、適切安全保障へのアカデミアの関わりに関しても、その関与のあり方をめぐって様々な課題（これを「適切安保関与問題」と呼ぶ）が山積しているのが現状である。これらの課題群には、「アカデミアが軍事や軍事セクターにどのように関与すべきか（ないしはどのような関与を避けるべきか）」という問題が含まれている。また、ここでは「軍とアカデミアが、いかによりよい関係を築くべきか（もしくはどう折り合いをつけるべきか）」も問われているのである。にもかかわらず声明が、これらの適切安保関与問題を不問に付すことで、デュアルユース問題が後景化してしまう恐れがある。そこで本章では、これらの適切安保関与問題に光を当て、その具体例を紹介することで、問題の解決策の提示まではできないものの、少なくともその埋没化を防ぐことを目指す。

2　人間の安全保障

学術会議は、前記の声明の補足資料として、「軍事的安全保障研究について」と題された報告書も公表している。

この報告は、安全保障を以下のように分類している。

安全保障概念は大きく国家の安全保障と人間の安全保障に区分され、さらに前者が政治・外交的な手段による安全保障と軍事的な手段による安全保障とに区分される。（報告一頁）[*2]

このように安全保障は、軍事的な国家安全保障、政治・外交的な国家安全保障、人間の安全保障（human security）の三つに区別されている。これらのうち最初のものが軍事的安全保障、後二者が非軍事的安全保障に相当する。前述のように声明が問題視したのは、あくまで最初の軍事的安全保障のうち「不適切」なものに関する学術研究の関与のみだったのである。言い換えると、ここでは人間の安全保障への関与は、特に問題視されていない。人間の安全保障は、学術研究の自主性・自律性・公開性や人権・平和・福祉・環境などの普遍的な価値に照らして適切な営みだと暗黙裡に見なされているのである。

だが、この適切なはずの人間の安全保障への学術の関与も、様々な問題を孕んでいる。これらの問題は、特に欧米で、この「人間の安全保障」概念（ないしはその後継概念）が軍隊による軍事的安全保障と一体化されて運用されるべきものと理解されていたことに由来する。

確かに、人間の安全保障は、「国家の安全保障から人間の安全保障へ」[*3]というフレーズが示すように、国家の安全保障と対置された概念である。だが、その内実は欧米と日本では大きく異なっている。欧米では、その概念は、「国家の安全保障」という概念では正当化することができない、例えばアフリカでのジェノサイドや民族浄化の犠牲者を保護する軍事介入に正当性を与えるために用いられてきたのが実態である。[*4]それは軍隊による「人道的な」軍事活動を含むか、それと密接に結びつき一体化した概念だったのである。

一方、日本では、この「人間の安全保障」という概念が持つ軍事活動との一体性は（否定されないまでも）前景化されることはなく、むしろそれが持つ人道支援や開発援助といった非軍事的側面が強調されることになる。*5 その背景には、他国に対する実質的な軍事介入を、たとえ人道が目的であったとしても、一貫して避けてきた日本政府の方針があることはいうまでもない。

日本政府の「人間の安全保障」の「非軍事化」の試みは、最終的に、国際的なお墨付きを得ることになる。二〇〇五年に国連が各国首脳を集めて開催した世界サミット（World Summit 2005）の成果文書（UN 2005）は、軍事介入をも含意する「保護する責任」という新概念を明記するとともに、「人間の安全保障」を非軍事的な概念としたのである。

その結果、軍事介入をも組み込んだ開発途上国での人道支援を引き続き行っている欧米諸国は「人間の安全保障」という概念自体を用いなくなった。他方、開発途上国における人道支援や開発援助に関わる人々の多くは、軍事を連想させる「安全保障」という概念自体から距離を置く傾向を持つため、そもそも「人間の安全保障」という概念をあまり用いてこなかった。結果として、「人間の安全保障」なる概念は、国際政治や国境を越えた人道支援といった国際的な舞台での存在感をなくし、「非軍事化」された上で、もっぱら日本で頻出する概念と化したのである。*6

このように、もっぱら人道支援など非軍事的な営みを意味する概念として日本でのみ定着している「人間の安全保障」であるが、それが（その名称がどう変わろうと）国際的な支援の現場では、軍事活動と切り離すことは難しい。紛争地での人道支援活動は、武装勢力やテロリストによる略奪や誘拐の対象となりうるため、軍隊による保護や支援が必要となる場合が多いからである。つまりの運用の現場では、軍隊による軍事的安全保障と切り離せないものなのである。

ここで問題が生ずる。技術の運用に国境はない。日本では人道支援のツールとして研究・開発された技術であっても、国境を越えた運用先では軍事的安全保障と一体化され、場合によっては軍隊によって使用される可能性が常につきまとっているのである。このような現実を直視した場合、まずは、欧米諸国が念頭に置いていた「人間の安全保障」の軍民一体的な運用を容認すべきかどうかという問題が生ずる。また、それをやむをえないものとして容認した場合、どのような仕方で一体化すべきか、ないしはすべきではないのかという問題が発生する。「人間の安全保障」という、一見すると「不適切」には見えない安全保障活動に関しても、軍事への関与、軍隊との関わりが事実上不可避である限り、軍事や軍隊に対して学術研究はいかに関わり、向き合うべきかという適切安保関与問題から、アカデミアは逃れられないのである。

3　戦争以外の軍事作戦

次に「戦争以外の軍事作戦（Military Operations Other Than War：以下「ＭＯＯＴＷ」）」を取り上げよう。これは現在では軍隊の主任務の一つに位置づけられている、国連ＰＫＯなど平和目的の活動や、武器等の破壊的手段を用いない、防災、防疫、災害派遣、警察力を超えるテロ対策等の活動の総称である。日本でも、例えば災害派遣はＭＯＯＴＷに含まれるが、二〇一八年の内閣府による世論調査では、自衛隊に期待する役割として、災害派遣への支持率が七九・二％と、国の安全確保の六〇・九％を超える数字が得られるなど、期待は大きい。[*7] またコロナ禍において自衛隊は、二〇二〇年には大型クルーズ船「ダイヤモンド・プリンセス号」での防疫活動に従事し、二〇二一年に自衛隊が運営する大規模接種センターが設置されたが、これもMOOTWに含まれる活動といえる。テロリズムに関連していえば、一九九四年の地下鉄サリン事件の際には、警察・消防とともに、自衛隊も現場で対処にあたっている。

これらMOOTWをどのように扱うかという問題は、学術会議の「安全保障と学術に関する検討委員会」でも委員から提起されたのだが、結果として声明には盛り込まれなかった。MOOTWが前記の安全保障のどの分類項に入るのかは必ずしも自明ではないが、それが「不適切な軍事的安全保障」に算入されないことは確かだろう。

いまアカデミアの技術者が開発した技術がMOOTWで用いられた（ないしは用いられる可能性が発生した）としよう。いかに武器等の破壊的手段を伴わない任務とはいえ、それが軍隊の活動である以上、前記の人間の安全保障をめぐるものと同様の問題が指摘できる。例えば、MOOTWの任務とされる防災・災害派遣・テロ対策等は、軍隊が担うべきなのか、それとも軍隊以外の別組織を立ち上げるべきなのかという問題が発生する。さらに、軍隊がこれらの任務を担うことを止むなしとした場合でも、MOOTWと武力行使を伴う任務との関係はどうあるべきか、MOOTWに提供された技術の武力行使への転用を認めるべきか、あるいはそれに対して何らかの制限をかけるべきかといった問題が生じることになる。ここにあるのは人間の安全保障をめぐる問題においても見られた、アカデミアは軍事・軍隊とどう向き合うべきかという適切安保関与問題なのである。

4　プラネタリー・ディフェンスにおける核兵器の使用

核兵器の使用や、核兵器による威嚇は、不適切な軍事的安全保障の代表例といえるだろう。だが核兵器も、人権・平和・福祉・環境を守るといいうる使用が語られ始めている。それは、地球への小惑星衝突を阻止するための核兵器の使用である。具体的には、地球に衝突する可能性がある小惑星の軌道を核爆発で変えることで、地球の生態系を破滅から救うプラネタリー・ディフェンス（Planetary Defense）である。

プラネタリー・ディフェンスの手段としては、大質量の人工物を高速で小惑星に衝突させるキネティックインパクターや大質量の宇宙船を小惑星に接近させその軌道をそらす重力トラクターなども考案されている。だが現状では「大勢の反対にもかかわらず、核爆発が効果的な回避技術」とする見方が提出されている（Nesvold et al. 2018: 46）。また国際宇宙航行アカデミー（ＩＡＡ）の惑星防衛会議は、小惑星衝突への対処に関する机上演習を実施しているが、そこでも核兵器の使用が選択肢として挙げられている。*8 例えば二〇一七年の机上演習（東京で開催）では、核兵器を使用することで東京が壊滅を免れる結果となった一方、二〇一九年の机上演習（米国メリーランド州カレッジパークで開催）では、核兵器を使用せずニューヨークの周囲一〇〇キロが壊滅する結果となった。なお、右記二つの演習では小惑星衝突を回避するために約一〇年間の対処期間を設けていたが、二〇二一年の机上演習（オーストリアのウィーンで開催）は六ヶ月の対処期間しか設定せず、また目標天体が小さいため核兵器を使用できなかったこともあり、結果として小惑星がドイツ・オーストリア・チェコの国境付近に衝突する演習結果となった。

このようなプラネタリー・ディフェンスにおける核兵器の使用を「適切」な安全保障の営みとしてカウントすべきかに関しては様々な意見があろう。だが、もしそれを適切と見なした場合、いろいろな問題が発生する。例えば、核兵器によるプラネタリー・ディフェンス技術はいかにして研究・開発・運用されるべきかという問題もその一つである。具体的には、これらの技術の研究や運用は、もっぱら軍事組織に任せるべきなのか、それとも文民やアカデミアもそれに加わるべきなのか、むしろそれは非軍事組織に全面的に委ねるべきなのか。さらにアカデミアが軍隊と協同しつつ核兵器のプラネタリー・ディフェンス使用に関わらざるをえないとなった場合、両者はいかに協調し合うべきか。またアカデミアは、プラネタリー・ディフェンス以外の戦争・政治・テロ目的での核兵器の使用をいかに防ぐべきか。文民やアカデミアが、核を管理するとなった時、その人々は、文民と見なしうるのか。こういった問題群が現れるのである。このように、ここでもやはりアカデミアと軍事・軍隊との関わりが問われているのである。

5　サイバーセキュリティ

軍事組織のみならず民間組織、民間人であっても安全保障に対する大きな脅威を与えうる事象として、サイバー犯罪、サイバーテロ、サイバー戦などで用いられるサイバー攻撃がある。

例えば二〇〇七年、エストニアが、オンライン・モブと呼ばれる多数の民間人の関与が疑われるサイバー攻撃を受けた。[*9] エストニアでは、当時すでに、国民のほとんどがネットバンキングを利用し、国会議員選挙も自宅からオンラインで投票できるなど、社会のＩＴ化が進んでいた。ＩＴ先進国として入念なサイバー攻撃対策を立てていたはずのエストニアであったが、この二〇〇七年の事案では、再三にわたるサイバー攻撃を受け、一時的にネットがダウンする事態に至ったのである。

近年、ハッカー集団アノニマスが各国政府や様々な企業を標的にハッキングを仕掛けていることは、周知のとおりである。このアノニマスは、誰もが自称することができ、誰もが参加できる大衆運動でもある。

また第6章でも触れられているように、二〇二一年には、サイバー犯罪集団「ダークサイド」によるサイバー攻撃で、米国東海岸で消費されるディーゼル、ガソリン、ジェット燃料の四五％を供給している同国最大の石油パイプライン会社「コロニアル・パイプライン」が、五日間にわたり操業停止に追い込まれた。*[10]

このような「軍事力の大衆化」とでも呼べる事態の出現――第12章の表現を借りれば「混用兵器の市中蔓延」――は、それに対抗すべきサイバーセキュリティのあり方に大きな影響を与えている。第6章や第12章が指摘しているように、サイバーセキュリティにおいては攻撃と防衛が不可分な関係にあり、また文民・軍隊・民間の違いはあっても、そこで用いられる手段は同じという共通認識の下、サイバーセキュリティ分野では官軍民の協力が一般化しつつある。例えば日本では、内閣サイバーセキュリティセンター（ＮＩＳＣ）が主導して、官軍民の一体化を目指した対処が取られているのである。

このようなサイバーセキュリティ活動が、先の安全保障のどの区分に相当するかも自明でない。だが、それを不適切な軍事的安全保障とするのが難いことは確かだろう。それはアカデミアも何らかの仕方で関与せざるをえない「適切安全保障」なのである。では、アカデミアは、サイバーセキュリティ活動にいかに参画すべきなのか。またその際、軍部との協同が不可欠だとすれば、いかなる協力態勢が望ましいのか。このように、前記と同様の適切安保関与問題が、ここでも発生するのである。

6　バイオセキュリティ

先に見たように、声明が適切な安全保障研究と不適切なそれとを分ける基準の一つとして挙げていたのが研究成果の公開性の担保だった。ある安全保障研究の成果の公開性が十分に担保されない場合、それは不適切な安全保障研究と見なされていたのである。

だが第5章で詳述されているように、安全保障上の懸念に基づき研究成果の公開を制限する動きは、すでにバイオセキュリティ分野でも起こっている。例えば二〇一一年に、米国政府のバイオセキュリティに関する米国国家諮問委員会（NSABB）が、バイオセキュリティ上の懸念から、『ネイチャー』と『サイエンス』への論文掲載を差し止めた事案がそうである。ここで差し止め対象となった二本の論文は、それぞれ鳥類のみに伝播していた鳥インフルエンザ株を、哺乳類間でも感染可能なように機能強化する技術に関するものであった。これらの論文に関しては、「公衆衛生や科学に有益ならば、刊行する」と編集委員会が判断し（Nature 2012）、翌二〇一二年、雑誌に掲載されるに至った。またこの当時、研究者有志が六〇日間の「鳥インフルエンザ感染研究の一時停止」（モラトリアム）を、『ネイチャー』と『サイエンス』の両誌で表明している（Fouchier et al. 2012）。

このようにアカデミアの自主的判断が行われた一方、再び政府による研究への介入も生じた。二〇一四年に、米国政府（ホワイトハウス）は「インフルエンザ、SARS、およびMERSウイルスを用いた特定の機能獲得（GOF）研究」への研究資金の拠出を停止し、研究者への自主的な研究停止（モラトリアム）を求めたのであった[*11]（二〇一七年一二月に解除)。このように、公開の是非の最終的な判断はアカデミアが下すにせよ、国家機関がアカデミアに対して研究成果の公開差し止めや研究の停止を求める事態が生じているのである。

バイオセキュリティが前記の安全保障の分類のどれに該当するかも難しい問題である。ただし、第5章で詳述されているように、生物兵器禁止条約の下、公式には生物兵器が存在しないことになっている現状では、バイオセキュリティは軍事的な安全保障ではなく、人間の安全保障へと分類されることになる可能性がある。その場合、声明の限定的非関与主義という立場からして、アカデミアの関与が容認されるケースで公開制限という事態が起こっていることになる。ここには、安全保障上の懸念から研究成果の公開性を制限することが妥当かどうか、妥当だとしたら、どのような条件を満たせば公開制限が認められるのか、といった適切安保関与問題がすでに発生しているのである。

ここで注目すべきは、バイオセキュリティに関して、日本の学術会議に相当する全米科学・工学・医学アカデミーズ(NASEM)が、米国防総省の化学生物防衛プログラム(CBDP)からの諮問に答えて、『合成生物学の時代におけるバイオディフェンス(*Biodefense in the Age of Synthetic Biology*)』(NASEM 2018)という報告書を二〇一八年に刊行し、「合成生物学がもたらす潜在的な脆弱性を識別し対処するための戦略」を提示したことである。これは、日本に置き換えると、防衛省の諮問を受けて学術会議が回答するという事案に相当する。つまり米国では、バイオセキュリティをめぐって軍と学が協力する事例がすでに存在するのである。日本においてもこのような協力関係を構築すべきかどうか、構築するとすれば、どのような関係が望ましいのか。ここにもアカデミアの軍への関与を問う適切安保関与問題を見て取ることができるのである。

声明が危惧していた問題がすでに発生している事案としては、安全保障上の懸念に基づく貿易規制も指摘できる。

7　安全保障貿易管理

この安全保障貿易管理体制では、大量破壊兵器や通常兵器などへの利用・転用可能なデュアルユース技術が詳細に列挙されている。[*12] またそれに基づき、各大学はアカデミアにおける国際交流に関する規制をすでに実施していることになっている。ここで規制されている国際交流の中には、ある特定の国からの留学生の受け入れも含まれる。

この文脈でアカデミアは、安全保障上の観点から、国家が指定した「敵味方の線引き」を受け入れることが求められている。つまり、アカデミアの自主性・自律性が侵害されているといいうる事態がすでに起こっているのである。ここにもアカデミアが安全保障への関与や、軍事や軍隊への対応を余儀なくされ、その対応が問われている適切安全保関与問題を見て取ることができるのである。

8　あるべき「軍学協同」を目指して

以上六項目に分けて見てきたように、声明が、さしあたっては「不適切な軍事的安全保障」には該当しないとしている領域においても、アカデミアは安全保障、さらには軍事や軍隊といかに関与すべきか（ないしは、いかなる関与を控えるべきか）という適切安保関与問題が発生していた。声明が暗黙裡にそうしていたように、安全保障に関する全面的な非関与ではなく、「不適切な」軍事的安全保障に限った限定的な非関与政策を採用する限り、このような適切安保関与問題は発生せざるをえないのである。

ここでは、学術研究が、安全保障や軍事や軍部と一定の批判的距離を取りつつも、いかに関与すべきかが問われている。いわば、アカデミアが軍隊に対して、いかにして折り合いをつけるべきか、そしてどのような「つかず離れずの関係」を構築すべきかが問われているのである。これは、学術会議の委員会でもすでに問題提起されていた事柄であるし、[*13]第12章がいう、軍事に対する文民や市民による「民主的関与」にもつながる問題でもある。不適切な軍事的安全保障に関与しないだけではなく、適切安全保障への積極的な関与のあり方を、軍事セクターとのあるべき協力関係のあり方を含めて議論すること。これこそが、学術会議の声明が宿題としてアカデミアに残した、重要な「デュアルユース問題」なのである。

注（ウェブサイトの閲覧日は、すべて二〇二二年三月一七日）

＊1　「適切安全保障」という用語に違和感を覚える読者もいるだろう。これは、学術会議が挙げた「研究の適切性」という概念から演繹的に導出した用語であり、安全保障への関与を避けたがるアカデミア（学術研究関係者）への問題提起を込めて、あえて耳慣れない表現としている。ただし、適切安全保障は、アカデミアにおけるデュアルユース問題を検討するための造語であり、安全保障論での使用に耐えうるかどうか、検討の余地がある。

＊2　本章で言及する学術会議の資料は二〇一七年のものが多く、出版年での区別は煩瑣となるため、声明「軍事的安全保障研究に関する声明」は「声明」、報告「軍事的安全保障研究について」は「報告」、「安全保障と学術に関する検討委員会」議事録は「議事録」と回次で表記する。なおこれらは、次のウェブページで確認できる。http://www.scj.go.jp/ja/member/iinkai/

anzenhosyo/anzenhosyo.html

＊3　このフレーズは、「今こそ、国家安全保障という狭い概念から、人間の安全保障という包括的な概念へと脱却する時なのだ」（UNDP 1994: 24）という一九九四年の国連開発計画（ＵＮＤＰ）の『人間開発報告一九九四（*Human Development Report 1994*）』に由来する。ここで注意するべきは、このフレーズが、冷戦終結により国家の安全保障予算（軍事費）を削減できるという一九九四年当時の状況が関係してくる。ＵＮＤＰは、軍事費と開発援助や人道支援を関係づけるために、あえて安全保障の語を用いて対比したのである。いわば、軍事費削減と開発援助予算増加を求めるレトリックとして、人間の安全保障は使用されたのだった。

＊4　例えばカナダ政府は「人間の安全保障」を紛争下の他国の人々の生命を守る軍事介入の根拠として定義している（カナダ外務・国際貿易省『恐怖からの自由——人間の安全保障のためのカナダの外交政策（Canada. Dept. of Foreign Affairs and International Trade, *Freedom from Fear: Canada's Foreign Policy for Human Security*）』二〇〇〇年）。またＥＵの共通軍事政策『欧州安全保障戦略（*The European Security Strategy 2003*）』二〇〇三年版にも人間の安全保障が明記され、またＥＵの安全保障能力に関する研究グループ報告書『欧州にとっての人間の安全保障ドクトリン——バルセロナ報告書（*A Human Security Doctrine for Europe: The Barcelona Report of the Study Group on Europe's Security Capabilities*）』（二〇〇四年）も、担当する機関として、軍人と文民からなる「人間の安全保障対応部隊」の創設を提案している。なお、これらの資料と経緯については『資料で読み解く「保護する責任」』（中内他編二〇一七）第二章に寄稿した赤星聖氏とクロス京子氏の解説を参考にした。

＊5　例えば日本政府の支援で設立された人間の安全保障委員会（緒方貞子、アマルティア・センの共同議長）の報告書『いまこそ人間の安全保障（*Human Security Now: Protecting and Empowering People*）』も、一貫してその非軍事的な側面を強調しているのだが、「紛争下にある人々を保護する」ために「政治・軍事・人道・開発など……取り組みを統合」（強調点は引用者による）する必要性に言及するように（人間の安全保障委員会二〇〇三：二四九）、人間の安全保障の軍事的側面を完全に無視できているわけではない。

＊6　ただし、ＵＮＤＰの『人間開発報告』は、例年、本文中で人間の安全保障に言及している。また二〇二二年に『人間開発報告』の特別報告（Special Report）として『人新世の時代における人間の安全保障への新たな脅威——より大きな連帯を求

めて（*New Threats to Human Security in the Anthropocene*）』が、日本、韓国、スウェーデンの三ヶ国の資金拠出という形で、例年版とは別にＵＮＤＰから刊行された。

＊7　内閣府「平成二九年度自衛隊・防衛問題に関する世論調査（平成三〇年一月実施）」https://survey.gov-online.go.jp/h29/h29-bouei/index.html

＊8　机上演習のシナリオについては、ＮＡＳＡ‐ＪＰＬ（ジェット推進研究所）のＮＥＯ（地球近傍天体）研究センター（ＣＮＥＯＳ）のウェブサイトを参照。https://cneos.jpl.nasa.gov/pd/cs/

＊9　ＩＴビジネスオンライン二〇〇七年六月四日「〝サイバー戦争〟に耐えたエストニア、国家の関与を否定するロシア」https://www.itmedia.co.jp/makoto/articles/0706/04/news002.html

＊10　ＢＢＣ日本語版二〇二一年六月八日「サイバー被害の米パイプライン、身代金の大半を回収　米司法省が発表」https://www.bbc.com/japanese/57394900

＊11　ホワイトハウスの指示はリンク切れのため、代わりにホワイトハウスの指示に基づく米国国立衛生研究所（ＮＩＨ）の通達についてのウェブページを挙げておく。Statement on Funding Pause on Certain Types of Gain-of-Function Research. October 16, 2014, https://www.nih.gov/about-nih/who-we-are/nih-director/statements/statement-funding-pause-certain-types-gain-function-research

＊12　安全保障貿易管理（または輸出管理）は、「武器や軍事転用可能な貨物・技術が、我が国及び国際社会の安全性を脅かす国家やテロリスト等、懸念活動を行うおそれのある者に渡ることを防ぐため」に行われる、輸出や技術提供に適用される規制である。https://www.meti.go.jp/policy/anpo/seminer/shiryo/gijyutu_anpo_2020.pdf

　この貿易管理は、貨物の輸出や技術の提供が規制の対象であり、軍事転用の恐れのある貨物及び技術がリスト化され規制されるリスト規制と、軍事用途や輸出先が兵器等の開発等を行っている場合に規制されるキャッチオール規制の二つに大別される。特にリスト規制の規制対象貨物・技術は「貨物・技術のマトリクス表」というエクセルファイルで細かく更新されている。

＊13　例えば学術会議の委員会では、「研究者の側からも防衛研究を今後監視していくことが必要」（議事録第七回、四九頁）だとする意見が出された。別の委員は、さらに、大学は安全保障に「安全保障に関する多面的検討には大学のアカデミアは積

極的に関与することが必要」で、「そこを避けるだけでは、やはり社会の負託に応える方法にはなら」ず、「学術会議が広い意味でのテクノロジーアセスメント」を行うべきだとする提案も行っている（議事録第八回、二六頁）。また、別の出席者たちからは、「公益通報制度」のような仕組み（議事録第七回、三九―四〇頁）を設けてはどうかという見解も出された。

参照文献

中内政貴・高澤洋志・中村長史・大庭弘継編　二〇一七『資料で読み解く「保護する責任」――関連文書の抄訳と解説』大阪大学出版会。

日本学術会議　二〇一七　声明「軍事的安全保障研究に関する声明」（二〇一七年三月二四日幹事会決定）。

――　二〇一七　報告「軍事的安全保障研究について」（二〇一七年四月一三日幹事会決定）。

――　二〇一六〜二〇一七「安全保障と学術に関する検討委員会」議事録（本章で言及した回次の開催日は、第七回（二〇一六年一二月一六日）、第八回（二〇一七年一月一六日）である）。

人間の安全保障委員会　二〇〇三『安全保障の今日的課題――人間の安全保障委員会報告書』朝日新聞出版（Commission on Human Security, Human Security Now, United Nations, 2003）。

Fouchier, Ron A. M. et al. 2012. Pause on Avian Flu Transmission Research. *Science* 2012 January 27; 335(6067).

Nesvold, E. R. et al. 2018. The Deflector Selector: A Machine Learning Framework for Prioritizing Hazardous Object Deflection Technology Development. *Acta Astronautica* Volume 146, May 2018.

NASEM（National Academies of Sciences, Engineering, and Medicine）2018. *Biodefense in the Age of Synthetic Biology*. National Academies Press.

Nature 2012. Publishing Risky Research, Editorials. *Nature* 485(5), 2012.

UN 2005. *2005 World Summit Outcome*. A/RES/60/124, October 2005.

UNDP 1994. *Human Development Report 1994*. Oxford University Press.

第12章　デュアルユースからミックスドユースへ

出口康夫

本章は、科学技術ないしその研究（以下「技術」）の「軍民デュアルユース（両用）（military-civil dual use）」概念を哲学的に深掘りし、（1.1）それを単独の事象としてではなく、「技術の軍民ボーダーレス化のエスカレーション（段階的進行）」（以下「エスカレーション」）の一環として捉え直した上で、（1.2）「ミックスドユース（混用）（mixed use）」や「軍民融合（civil-military fusion）」（以下「融合」）といったボーダーレス化がより進んだ状況において発生しうる問題を見極めることを目指す。*1

以下ではまずエスカレーションを概観し（第1節）、その前提となる「軍民のカテゴリー区別」を確認した上で（第2節）、「両用性」と対比しつつ、「混用性」概念を導入する（第3節）。続いて第4章で言及された「共用性」概念を拡張しつつ、それをエスカレーションの一環として捉え直し（第4節）、「混用的技術」の例としてある種のサイバー技術を挙げ（第5節）、それが惹起する「混用ディストピア・ジレンマ」を見定める（第6節）。その上で、より一歩進んだボーダーレス性である「融合性」をも見極めた上で（第7節）、そのジレンマからの脱出策を考え（第8節）、最後に新たなデュアルユース問題を提起する（第9節）。

1　軍民ボーダーレス化のエスカレーション

序論で見たように「デュアルユース（両用）」は多義的である。だが以下では、さしあたって「技術の軍民両用」に話を絞り、それを「軍民のボーダーレス化のエスカレーション」という、より広い文脈の中に位置づけ直すことを目指す。

人工物（製品・装備品）との関係に即していえば、技術には、それを作る製造技術と、それを用いる運用技術という二つの側面がある。これらは互いに密接に絡み合い、また重なり合ってもいるが、完全に一体化してはいない。例えば、車の運用技術を習得しているドライバーが全員、車の製造技術を有しているわけではないし、製品が完成した後の実際の運用段階において初めて習得・蓄積される運用技術も少なくないからである。さらにこれら両側面がどのように重なり合っているのか（ないしは分離しているのか）もケースごとに異なる。また技術のデュアルユース性ないしは軍民中立性が問題となる場合、どちらの側面に焦点が当てられているかも文脈によって変わる。防衛装備庁の安保研究制度が想定しているのは主に製造技術としてのデュアルユース技術だろうし、第5節で触れられるサイバー技術は運用技術としての色彩が濃いのである。いずれにせよ本章では、さしあたっては両側面を区別せずに話を進め、必要に応じて、それらを明示的に切り分けることとする。

さて、そもそも技術の軍民両用性とは、同じ一つの技術が軍事的な用途ないし使用（military use）と非軍事的ないし民生的なそれ（civil use）を併せ持つこと（ないしは持ちうること、さらには持ちうることが予見できること）を意味する。ここでは、技術の使用のあり方を決定するファクター（以下「技術使用ファクター」）として、「技術」とその「使用」の二つが挙げられ、同じ一つの技術が二つの異なった種類（カテゴリー）に属する使用に供される（言い換えると、技術と使用が一対二という仕方で対応している）という事態（以下「両用態」）が語られている。

ある技術が軍事技術か民生技術かどうか（ひいてはその技術の研究開発が軍事研究か民生研究かどうか）は、その使用が軍事的か民生的かによって決まるといえる。軍事的に使用される技術が軍事技術、民生的に使用される技術が民生技術なのである。すると前記のような両用性を持つ技術（以下「両用的技術」）は、軍事技術かつ民生技術でもあることになる。言い換えると、両用的技術（研究）は、軍事と民生というカテゴリーによる（両者の交わり領域を認めない）排反的（exclusive）な仕方での分類を許さないという点で、軍民カテゴリー区分に対して中立的な存在なのである。この意味で、両用的技術に関しては軍民のボーダーレス化が起こっていることになる。

両用性の対立概念としては、ある技術が軍事、民生のいずれか一方の用途にのみ使用されることを意味する「単用（シングルユース）性」がある。今、軍事的にのみ使用される技術と、民生的にのみ使用される技術が並存しているという事態を「並行的単用態」と呼ぶことにしよう。このようなケースでは、技術とその使用の軍民カテゴリーが一対一に対応しており、結果として技術に関する軍民ボーダーレス化は生じていない。両用的技術が出現することで初めて、このような並行的単用性が破られ、技術に関する軍民のボーダーレス化が出来するのである（表12-1）。

技術の軍民デュアルユースをめぐる従来の議論は、おおむね以上の枠組みの内で行われてきた。それに対して本章では、技術使用ファクターとして、「サービス」と「人工物」を新たに加え、さらに「使用」を「（使用）目的」と「使用者」という二つのサブファクターに分割し、結果として計五つの（サブ）ファクターに関する「五種の軍

表12-1　技術の軍民並行的単用態と両用態

<table>
<tr><td></td><td colspan="2">並行的単用態</td><td colspan="2">両用態</td></tr>
<tr><td>技術使用ファクター</td><td>技術</td><td>使用</td><td>技術</td><td>使用</td></tr>
<tr><td>軍</td><td>○</td><td>○</td><td rowspan="2">○</td><td>○</td></tr>
<tr><td>民</td><td>○</td><td>○</td><td>○</td></tr>
<tr><td>ボーダーレス化</td><td colspan="2"></td><td colspan="2">技術</td></tr>
</table>

表12-2　ボーダーレス化のエスカレーション

<table>
<tr><td rowspan="2"></td><td colspan="4" rowspan="2">0 並行的単用態</td><td colspan="8">広義の両用態</td><td colspan="4" rowspan="2">3 混用態</td><td colspan="4" rowspan="2">4 融合態</td></tr>
<tr><td colspan="4">1 狭義の両用態</td><td colspan="4">2 共用的両用態</td></tr>
<tr><td>技術使用ファクター</td><td>技術</td><td>サービス／人工物</td><td>使用目的</td><td>使用者</td><td>技術</td><td>サービス／人工物</td><td>使用目的</td><td>使用者</td><td>技術</td><td>サービス／人工物</td><td>使用目的</td><td>使用者</td><td>技術</td><td>サービス／人工物</td><td>使用目的</td><td>使用者</td><td>技術</td><td>サービス／人工物</td><td>使用目的</td><td>使用者</td></tr>
<tr><td>軍</td><td>○</td><td>○</td><td>○</td><td>○</td><td rowspan="2">○</td><td>○</td><td>○</td><td>○</td><td rowspan="2">○</td><td rowspan="2">○</td><td>○</td><td>○</td><td rowspan="2">○</td><td rowspan="2">○</td><td rowspan="2">○</td><td>○</td><td rowspan="2">○</td><td rowspan="2">○</td><td rowspan="2">○</td><td rowspan="2">○</td></tr>
<tr><td>民</td><td>○</td><td>○</td><td>○</td><td>○</td><td>○</td><td>○</td><td>○</td><td>○</td><td>○</td><td>○</td></tr>
<tr><td>ボーダーレス化</td><td colspan="4"></td><td colspan="4">技術</td><td colspan="4">技術・
サービス／人工物</td><td colspan="4">技術・
サービス／人工物・
使用（目的）</td><td colspan="4">技術・
サービス／人工物・
使用（目的）・
使用者</td></tr>
</table>

民ボーダーレス化」という事態を視野に入れることで、従来の議論の枠組みを拡張する。その上で、本章は、これらのボーダーレス化の間に、「技術」「サービス／人工物」「（使用）目的」「使用者」の順でボーダーレス化が段階的に進展していくという「エスカレーション」を想定する（「サービス」と「人工物」のボーダーレス化の間には一意的な前後関係は設定されない）。これらエスカレーションの四段階のうち、「両用態」に相当するのは第一段階と第二段階である。また第三段階と第四段階は、それぞれ「混用態」「融合態」と呼ばれる（表12-2）。

なおここでの「サービス」とは、第4章で、橋本靖明によって「技術」「使用」とは異なるファクターとして導入された概念である。橋本は、地上観測衛星技術に関して、このサービスに関するボーダーレス化が発生していると指摘した上で、それを軍民ボーダーレス化がより一歩進んだ「新しい両用性」であると認定し、「共用性」ないし「共用型デュアルユース」と呼んだ。本章はこの共用性を「サービス」のみならず「人工物」に即しても確認するとともに、それをエスカレーションの第二段階へと組み込む。

また軍事技術（研究）と民生技術（研究）の間の明確な線引きが困難であることは、これまでもしばしば指摘されてきた。[*2] 本章は、このボーダーレスな事態に「共用態」「混用態」「融合態」といった更なる区別を導入することでその概念的粒度を上げるとともに、各々のステージで発生する問題を明確に切り分けることを目指す。

2　軍民カテゴリーの区別

ここで段階的なボーダーレス化が想定されている「軍民のカテゴリー区分」とはそもそもいかなるもので、またいかにして成立しているのか。先述のように、技術とそれを用いたサービスや人工物（以下サービスと人工物は適宜省略）の軍民カテゴリーは使用のそれに依存して決まる。また以下で確認するように、使用の軍民カテゴリーは、目的と使用者のカテゴリーによって決まる（目的と使用者のカテゴリーは互いに独立である）。以下、目的、使用者、使用のカテゴリー区分を順次見ていこう。

目的の軍民区分

技術の使用目的として、最終と近接の二つが区別できる。ここでいう最終目的とは、技術の使用にとっての究極の目標であり、近接目的は、その究極目標を実現するための一手段である一方、技術がさしあたってそのために供されるものでもある。

これら二つの目的の軍民区分は、いずれも曖昧なものである。軍事的な使用目的、すなわち軍事目的を（グレーゾーンを許さない仕方で）厳密に定義できる必要十分条件など、実際にはありえない。したがってここでも、最終軍事目的と近接軍事目的の典型例（十分条件）と典型反例（反十分条件）を示すに留める（前者は民生目的の典型反例、後者は典型例に相当する）[*3]。

最終軍事目的　　典型例：国家の安全保障
　　　　　　　　典型反例：民間人・企業を犯罪から守る治安維持
近接軍事目的　　典型例：人員の殺傷、人工物の破壊を伴う侵襲
　　　　　　　　典型反例：非侵襲的手段による民間人・企業の情報の漏洩阻止

右記のように目的の軍民区分は鋭利な切り分けができない事柄である。最終目的に即していえば、国家の安全保障と民間人や民間組織を守る治安維持の間に明確な一線を引くことは難しい。民間に対する犯罪行為がスケール

アップし、国家の安全保障を脅かすテロ行為と見なされうるケースも十分ありうる。また後で言及するように、軍民共用の社会インフラの防御も、国家の安全保障と民間の経済社会活動を守る治安維持という二重の意味を持ちうる。どこまでが民間を対象とする治安維持活動で、どこからが国家の安全保障に関わる営みかは、グレーゾーンを許す程度問題なのである。

また近接目的の軍民区分の鍵を握る侵襲的破壊性も程度を許す概念である。人員や物的資源に実質的損害を与える侵襲的で破壊的な攻撃から、破壊的侵襲性をまったく持たない純粋な防御との間には、後で触れるように、実質的被害をもたらさない演習的環境での侵襲的破壊や、意図的に限定された侵襲的破壊性しか持たない攻撃といった中間段階、いわばセミ侵襲破壊的な行為が存在するのである。

使用者の軍民区分

使用者の軍民区別（すなわち軍関係者と文民の区分）、さらには両者の間の関係（すなわち民軍ないし政軍関係）は国家や社会そして時代によって様々である。またそれらが現実にどのようなあり方をしており、またどのようなあり方が望ましいかについての論者の見解もまちまちである。その中にあって、使用者の軍民区別を前提している「両用態」概念と親和的なのが、文民と軍関係者との排反的な分離を前提した上で、前者が後者を概括的・集権的に統制すべきだとする、クラウゼヴィッツ以来の「分離理論」である[*4]（Owens 2017: 9)。様々な批判を浴びつつも、今日でもなお、この分離理論の古典的範例の地位を保っているのがハンチントンのモデルである[*5]（Huntington 1957; 三宅 二〇〇一：一八―二一、Owens 2017: 9-11, 13, 17)。本章でも、さしあたってこのハンチントンモデルを下敷きに、近代軍民体制下での使用者の軍民区分を見ていく。

ハンチントンは、出自にこだわらず選抜された上で一定の教育を受け一定の専門知識を身につけた専門家集団である点に、将校団を中核とする近代国家の軍事組織の本質を見た（Huntington 1957: 7-58）。重要なのは、近代国家は専門家集団としての正規軍を生み出すとともに、それに軍事活動を独占的に担わせた点である。[*6] ここには、近代国家が医療従事者資格を国家管理し、医療活動を行う権限を、その資格を有する専門家たる医師に限ったのと同様の事態が見て取れる。近代国家は、法的に正当な一切の軍事活動とその権限を、専門家集団としての正規軍の中に囲い込んだのである。

この囲い込みによって、軍隊の外側に、純粋に非軍事的な文民部門が成立することになる。このいわば近代国家内の非武装地帯である文民セクターには、大学等の研究機関やそこに所属する研究者も含まれる。このように、近代国家における軍事組織の専門集団化と、軍事権限のその集団への囲い込みが、軍関係者と文民の区別、すなわち使用者の軍民区別を生み出したのである。[*7]

このような近代の軍民区別は、「軍かつ民」ないしは「軍でも民でもない」といった両義的な人や機関の存在を基本的に排除している。もちろん現実には様々なグレーゾーンケースが存在する。だがハンチントンモデルによれば、近代国家は、その制度的建前上、このような中間的な存在を許さず、すべての人員や機関を軍民いずれかのカテゴリーに排反的に分類しようとしてきたことになる。[*8] もちろんこのような分類は多かれ少なかれ恣意的にならざるをえない。ここでは、使用者の軍民区分の曖昧さが分類の恣意性に姿を変えているのである。[*9]

このような区別を前提として、近代の文民統制（ないし文民優位）の原則が掲げられる。ハンチントンが理想とする文民統制とは、実質的な軍事活動は専門家たる軍人に委ねつつ、その最終決定権のみを文民が握るというシステムである。ここでは、軍人に自分たちの意のままになる軍事という「聖域」を与えることで、政治も含めたその外部への関心や野心を削ぐという戦略が取られているのである（Huntington 1957: 83-85; 三宅 二〇〇一：二〇一二一）。

文民統制の権限を行政府と立法府の間でどのように分配すべきかについては様々な議論がある。だが軍隊同士の内乱的抗争や一部の集団による私兵化の芽を摘むためにも、文民統制の主体は中央政府に一元化されるべきだという点では論者の間に異論はない。また前記のように軍事活動の細部は「聖域化」されるため、中央政府による文民統制はあくまで概括的なものに止まることにもなる。

使用の軍民区分

表12-3　使用の軍民区分

	最終目的	近接目的	使用者	使用
3.1	軍	軍	軍	軍
3.2	軍	軍	民	軍
3.3	軍	民	軍	軍
3.4	軍	民	民	民
3.5	民	軍	軍	軍
3.6	民	軍	民	民
3.7	民	民	軍	民
3.8	民	民	民	民

技術の使用（したがってまた技術そのもの）の軍民区分は、以上のような目的と使用者の軍民カテゴリーの組み合わせによって決まる。具体的には、最終・近接という二つの目的がともに軍事的（ないし民生的）である場合、使用者の軍民カテゴリーにかかわらず、使用そのものも軍事的（民生的）となる。また目的のうちの一つが軍事的でもう一つが民生的である場合、使用の軍民区分は使用者のそれによって決まる、言い換えると使用者が軍関係者（文民）の場合、使用も軍事的（民生的）となる（表12-3）。

以下、これまで述べてきた軍民区分の規定関係を具体例に即して確認していこう。

（3.1）は典型的な軍事的使用のケースであり、例えば殺傷能力を持った火器が、交戦相手の敵戦闘員を無力化するために味方の戦闘員によって用いられる場合に相当する。文民が同様の行為を行っても話は変わらない。文民の戦闘参加が何らかの意味で正当であれば、それは正当な軍事行動（ある技術の正当な軍事的使用）、そうでなければ不当な軍事行動となる。*[10] いずれにせよ、ここにあるのは文民による軍事使用なのである（ケース（3.2））。

（3.3）と（3.4）には、国家安全保障を図るための非侵襲的な仕方での情報収集活動が該当する。このような活動を軍関係者が行えば、それは通常、軍事的な諜報活動と見なされる一方、外交官のような文民による活動は軍事活動とは扱われない。

（3.5）と（3.6）に該当するのは、例えば殺傷能力を持つ火器を用いてデモ隊を鎮圧するケースである。これを文民である治安警察官が行った場合、その行為は通常の警察的な治安維持活動の一環として扱われ、鎮圧手段の行使は民生的だと見なされる*[11]*[12]（ケース（3.6））。他方、軍関係者が、法的手続きに則って同じ活動を行った場合、それは治安出動という正当な軍事行動と見なされ、そうでない場合は軍事力の不当な行使と見なされる*[13]（ケース（3.5））。

（3.7）の例としては、（3.1）の戦闘行為や（3.6）の治安出動とは区別された軍隊の災害派遣がある。これは通常、民生的な活動と見なされる。*[14] また（3.8）には典型的な民生的活動全般が該当する。

3　両用態と混用態

技術使用ファクターのボーダーレス化に関して、「両用性（態）」ないし「両用的ボーダーレス化」と「混用性（態）」

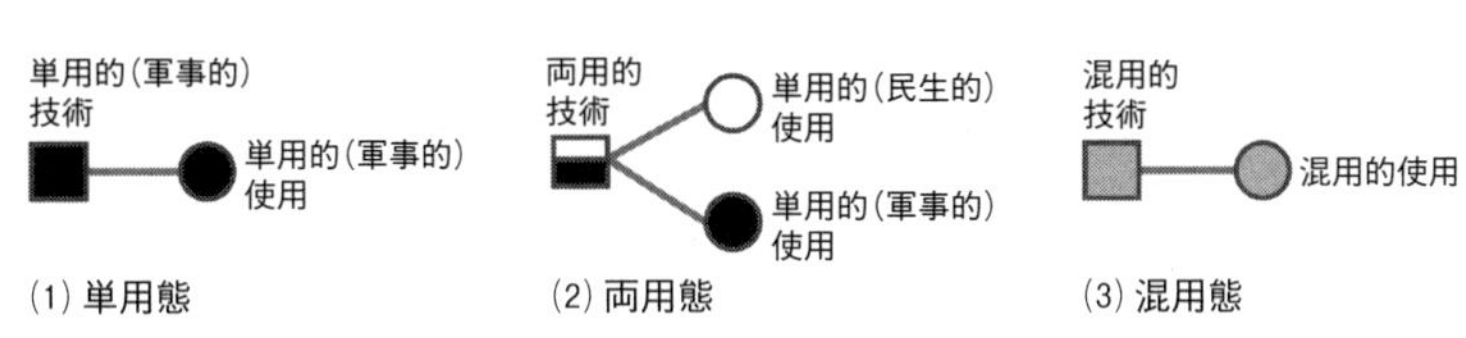

図12-1　単用態・両用態・混用態

ないし「混用的ボーダーレス化」の区別を導入する。先に、技術の軍民区分は使用のそれによって、また使用の軍民区分は目的と使用者のそれによって決定されていることを見た。ボーダーレス化に関しても同様である。技術のボーダーレス化の鍵を握るのは使用であり、目的と使用者が使用のボーダーレス化を左右するのである。

技術使用ファクターと軍民カテゴリーとの関係は、まず大きく、ファクターが軍民カテゴリーのどちらか一方にのみ属するか（すなわち純粋に軍事的か純粋に民生的かのどちらかであるか）、軍事的とも民生的とも言い切れない（ないしは軍事的でも民生的でもありうる）グレーゾーン的な存在であるかの二つに分けることができる。前者のようなファクターを単用的、後者を中立的と呼ぼう。ファクターが中立的であるとは、そのファクターに関する軍民カテゴリーのボーダーレス化が（程度の差はあれ）起こっていることを意味する。中立的なファクターはさらに両用的なものと混用的なものに分けられる。このことはまた、ボーダーレス化自体にも両用性と混用性の区別が可能であることを意味する。以下「技術」と「使用」の間に成り立つ事態を三つに分けた上で、これら三種類のファクターと二種類のボーダーレス化を見ていこう（図12-1）。

単用態：ある一つの技術に軍民カテゴリーの一方にのみ属する単用的な使用だけが対応している事態。

両用態（両用的ボーダーレス化）：ある一つの技術に（一方が存在しなくとも他方が存在しうるとい

う意味で）二つの互いに独立別個な単用的使用が対応しており、そのうち一方が純粋な軍事的使用で、他方が純粋な民生的使用となっている事態。

混用態（混用的ボーダーレス化）：ある一つの技術に軍事的とも民生的とも言い切れない一つの混用的な使用が対応している事態。

単用態の具体例としては核爆発技術をめぐる状況がある。（民生的核爆発なるカテゴリーが国際政治的に認められていない現状では）核爆発技術に対応するのは敵国攻撃という（国家安全保障のための侵襲的使用である）典型的な軍事的使用のみである（第3章参照）。この場合、技術も単用的かつ軍事的である。ここでは技術に関する軍民ボーダーレス化はいまだ発生していないのである。

両用態が該当する技術としては大気圏再突入技術がある。この技術には大陸間弾道ミサイルの着弾という純粋に軍事的な使用と宇宙探査機の地球帰還という純粋に民生的な使用が、独立別個に存在している。

混用態の具体例としては（第5節で見る）ある種のサイバー技術がある。この技術に関しては、同じ一つの使用が同時に軍事的でも民生的でもある（ないしは軍事的とも民生的とも言い切れない）という事態が生じている。ここには両用的事態で見られた、異なった目的を担った二つの互いに独立別個な使用が存在していないのである。

両用態と混用態における技術を軍民いずれかのカテゴリーに分類することはもはや不可能である。いずれの事態でも技術は軍民カテゴリーに対して中立的なのである。ここでは技術に関する軍民ボーダーレス化が生じていることになる。だが両用態の場合、使用自体はいずれも単用的で、軍民いずれかに一意的に分類可能である。ここにおいては使用に関するボーダーレス化はいまだ生じていない。一方、混用態では使用自体もボーダーレス化している。

使用自体が軍事的とも民生的とも一概にはいえないものと化しているからである。

また両用態と混用態では技術がボーダーレス化する機序も異なっている。前者の場合、技術は、互いに異なったカテゴリーに属する二つの別個の単用的使用を持つことで中立化、ボーダーレス化している。このような事態には、「二」を意味する「デュアル」という単語が埋め込まれた「両用性」という概念がふさわしい。ここにあるのは両用態、両用的な技術、両用的ボーダーレス化なのでる。一方、後者では二つの異なった使用は存在せず、一つの混用的な使用のみがある。したがって両用性という概念はここには当てはまらない。ここで見られるのは混用的な使用と技術からなる混用態、混用的ボーダーレス化なのである。

4　共用態

以下、共用態、混用態、融合態について順に検討していく。まずはサービスと人工物に即して、それらの軍民ボーダーレス化である共用性（態）から見ていこう。そもそもサービスとは何か。例えば、何らかの技術製品の購入を伴わず、その製品の使用をめぐって売買関係が成立している場合、売買の対象となっているのがサービスである。このようにサービスとは、一定の技術（製品）によって提供され、使用者によって様々な仕方で使用される無形的消費財なのである。レンタカーサービスに即していえば、自動車の購入を伴わない仕方で、「自動車による人や物資の自己搬送」というサービスが無形消費財として売買され、レジャー、ビジネスなどの様々な用途に使用されているのである。

（同じ回線による電話通話サービスとインターネット接続サービスの提供のように）同じ技術的デバイスによって異なったサービスが提供される場合もあれば、（ガソリン車を用いたレンタカーサービスと電気自動車を使ったそれのように）異なった技術によって同じサービスが提供される場合もある。また同じサービスが異なった用途に用いられる（レンタカーサービスの異なった使用）もあれば、異なったサービスが同じ使途で用いられるケース（異なった機能を備えたSNSサービスが同様の仕方で使われる場合）もある。このように、技術とサービス、サービスと使用はそれぞれ互いに一対一対応をしていない。サービスは技術や使用とは別個のファクターなのである。

第4章では、地上観測衛星（技術）によって担われる「地上画像提供サービス」に関して、(5.1) 軍用技術基準（ミリタリースペック）に即した解像度が高い軍事用サービスと並行しつつ、それとは別に、低解像度の民生用サービスが提供されるケースと、(5.2) 同じ解像度を持った同一のサービスが軍事用かつ民生用として提供されるケースが区別された。

サービスが軍事的か民生的かは、それが軍事的に（すなわち軍事目的で）使用されるかどうかによって決定される。(5.1) のケースでは、高解像度サービスに対しては、純粋に軍事的な単用的使用のみが対応しており、低解像度サービスは同じく単用的だが純粋に民生的使用のみに供されている。結果として高解像度サービスは純粋に軍事的、低解像度サービスは純粋に民生的となり、両者とも単用的サービスであるに止まっている。この場合サービスに関するボーダーレス化は起こっていない。だが軍事的サービスと民生的サービスの両方を提供している地上観測衛星技術は、両用的という意味で軍民カテゴリー中立的である。ここでは技術のボーダーレス化は生じているのである（図12-2(1)）。

一方 (5.2) のケースでは、同じ一つの画像提供サービスが軍事用と民生用の両方に供されている。ここではサービス自体が両用化し、カテゴリー中立的となっている。言い換えると、技術に加えてサービスもボーダーレス化し

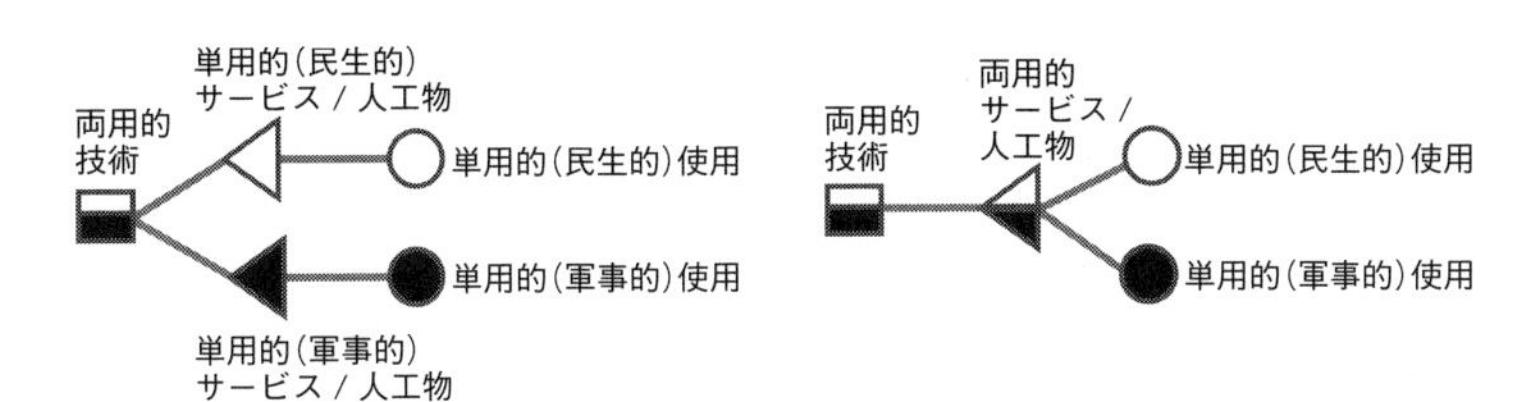

図12-2　単用的サービス・両用的サービス

ているのである。ただし（5.2）では使用のボーダーレス化はいまだ起こっていない。使用は純粋に軍事的ないし純粋に民生的なもの、したがって単用的なものに止まっている。ここでサービスに起こっているのは（混用的ではなく）両用的ボーダーレス化なのである。またこの場合、技術も一つのサービスを介して軍民カテゴリーを異にする二つの単用的な使用に対応している。ここでの技術もまた（5.1）と同様、両用的であるといえるのである（図12-2⑵）。

これら（5.1）と（5.2）は、それぞれ図12-2⑵における狭義の両用態、共用的両用態に相当する。同様のことは技術を用いて作られる人工物一般についても当てはまる。例えば、先に触れた、（5.3）大気圏突入技術を用いて大陸間弾道ミサイルと宇宙探査機という二つの異なった人工物が作られるケースを見てみよう。これら二つのうち弾道ミサイルは専ら軍事目的で使用され、宇宙探査機は民生目的にのみ使用されている。実際、弾道ミサイルは宇宙探査の役には立たず、宇宙探査機には敵基地攻撃能力が備わっていないのである。結果として、ここでは技術と人工物と使用の間に1：2：2という対応関係が成り立っている（図12-2⑴）。言い換えると、人工物と軍民使用の間には、二つの人工物の各々が軍民いずれかの使用にのみ供されるという並行的単用関係が成り立っているのである。確かにこのケースでは、同じ一つの技術が二つの異なった人工物を生み出し、そのことで軍民二つの異なった使用に供せられている。技術に関する軍民ボーダーレス化、技術のデュアルユース化は起こっているのである。

だが一方、人工物に関しては、そのようなボーダーレス化、デュアルユース化は未だ発生していないのである。

一方、(5.4)民間の車両が戦時徴用されたケースを考えてみよう。この場合、民用車両という同じ一つの人工物に関して、戦時における(兵員輸送といった)軍事的使用と、平時における商用的運行という民生的使用の二つの異なった使用が対応していることになる。ここでは車両製造技術、それを用いて製造された特定の民用車両という人工物、そして軍事用、民生用という二つの使用の間に1：1：2という対応関係が見て取れる(図12-2(2))。言い換えると、軍民デュアルユース化が、技術のみならず人工物まで及んでいる。軍民で共用される人工物において、(5.2)の軍民共用サービスと同様、共用的な両用性が発生しているのである。

ここで冒頭で触れた製造技術と運用技術という技術の二側面を改めて思い起こし、便宜的にそれらを別個の技術と捉えることで、人工物の両用化に伴い(製造技術ではなく)運用技術の両用化が起こることを確認しておこう。

人工物の両用化がまだ起こっていない(5.3)のケースでは、例えば軍用人工物である弾道ミサイルに関する運用技術と民生人工物である宇宙探査機に対するそれは、互いに大きく異なる。前者には軍用人工物の運用に特化した軍事的運用技術が、後者には民生人工物に焦点を絞った民生的運用技術が対応しているのである。ここでは人工物の軍民区分に応じて、運用技術に対しても軍民区分が残存していることになる。一方、製造技術は軍用人工物と民生人工物を共に生み出す技術として軍民両用技術と化している。右記でデュアルユース化を確認した技術とは、正確には製造技術だったのである。結果として(5.3)では、デュアルユース化は製造技術のみに及び、運用技術と人工物には波及していないことになる(図12-3(1))。

一方、人工物が両用化した(5.4)では話は異なる。ここでは人工物は軍民共用のものへと一本化されている結果、それを対象とする軍民共用の一つの運用技術のみが存在していることになる。ここでは人工物のボーダーレス化に

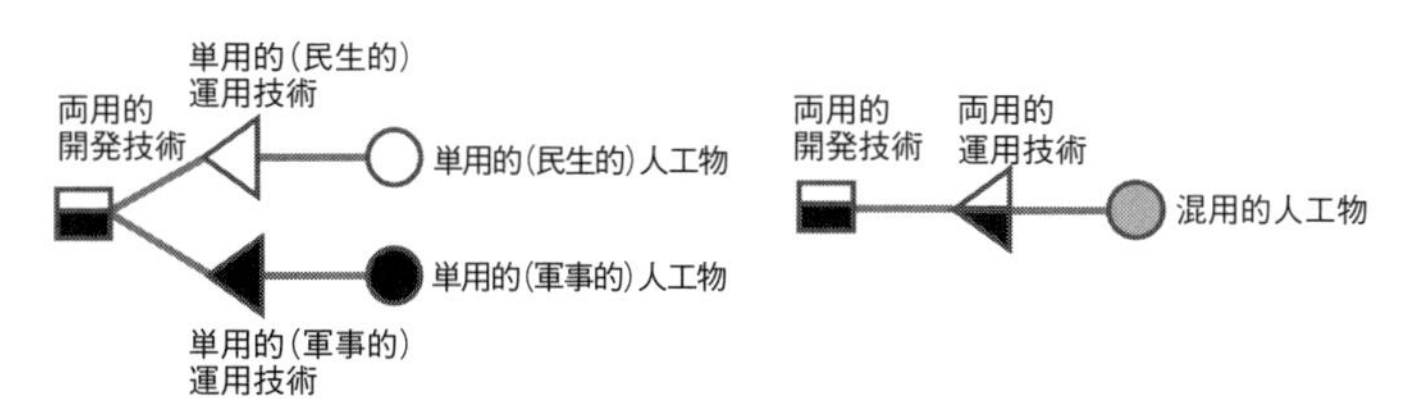

(1) 開発技術の両用的ボーダーレス化　(2) 開発技術・運用技術の両用的ボーダーレス化

図12-3　開発技術と運用技術の両用的ボーダーレス化

応じて、製造技術のみならず運用技術のボーダーレス化が起こっているのである（図12-3(2)）。

次にサービスと人工物の両用化の前後関係を確認しておこう。両者間には、（5.1のように、一つの人工物（地上観測衛星）に対して軍民二つのサービスが対応しているケースもある。この場合、人工物の両用化は起こっているが、サービスのそれは未だ生じていない。一方、民生的人工物（アメリカの国家航空宇宙局（ＮＡＳＡ）の衛星）と軍事的人工物（アメリカ空軍北米防空司令部（ＮＯＲＡＤ）の衛星）が協働して同一の宇宙デブリ監視サービスを提供しているケースのように、軍民二つの人工物が一つのサービスを提供しているケースもある（宇宙開発戦略本部事務局 二〇〇九：二）。この場合、サービスはすでに両用化している一方、人工物の両用化は起こっていない。このように、サービスと人工物の両用化の間には定まった前後関係はないのである。

すべての技術の使用に際してサービスや人工物が独立のファクターとして介在しているわけではない。例えば、ある技術製品の購入以外、特段の売買関係が発生していない場合、その技術をめぐるサービスの提供は行われていない。また特段の道具を使わない修理の場合、その修理技術は特定の人工物なしに使用されていることになる。このような場合、サービスないし人工物は技術使用ファクターから脱落し、それに関する「狭義の両用性」と「共用的両用性」の違いもなくなる。両者は、一つの「両用性」へと集約されるのである。

狭義の両用態であれ共用態であれ、そもそも使用目的の軍民カテゴリー区分を前提した概念であった。そこでは目的は単用的だとされていたのである。それに対して、目的そのものが中立化し、それに関する軍民区分がボーダーレス化するのが混用態である。

5　混用態

前述のように、使用のボーダーレス化は目的と使用者の（単用的か両用的か混用的かという）ありようの影響を受ける。この場合、目的と使用者のありようの組み合わせに応じて、使用のありようも様々に変わりうる。だがここでは最終と近接の二つの目的がともに混用的（すなわち中立的）である場合に焦点を絞る。後で具体例に即して確認するように、この場合、使用者のカテゴリーにかかわらず、目的カテゴリーは混用的（中立的）となる。このことは、使用者のボーダーレス化がいまだ起こっていない場合でも、目的や使用のボーダーレス化が発生しうることを意味する。目的から使用者へとボーダーレス化が段階的に進展するという構図が成り立つのである。

使用目的の軍民区別は常にグレーゾーンを許す、曖昧なものであったことを思い起こそう。混用的な目的とは、このような通常のよくある意味でのグレーケースと一線を画したもの、いわば「ディープグレーケース」でなければならない。そのようなケースとして、以下の二つが考えられる。

第一は、目的に関する典型例と典型反例が明確に切り分けられず、シームレスにつながってしまっているケースである。これは、ホワイトゾーン（典型例）とブラックゾーン（典型反例）をともに飲み込んでしまったようなグレーケース、言い換えると技術の典型的な軍事目的と典型的な非軍事目的（すなわち民生目的）が合体しているケースである。これを合体型ディープグレーケースと呼ぼう。また第二のケースとして、本来は例外的であるべきグレーケースが多発し、むしろ標準的なケースになってしまっている場合が考えられる。このように、グレーケースが脱例外化し、代わりに典型的なケースが希少な例外的ケースに追いやられている事態を例外逆転型ディープグレーケースと呼ぶことにする。以下では、これらのディープグレーケースがすでに発生しているケースとして、ある種のサイバー技術を取り上げる。

サイバー技術の混用的使用

コンピュータやそのネットワークに侵入し、そこに保存されている情報を改竄したり破壊したり流出させたり、またコンピュータシステム自体を破壊したり乗っ取ったりする行為はサイバー攻撃と呼ばれる。一方、このような攻撃からコンピュータやそのシステムを守る営為がサイバーセキュリティ活動である。コンピュータをめぐる攻防の現場では、同じ一つの技術がサイバーセキュリティにもサイバー攻撃にも用いられるケースが多い。例えば、サイバー攻撃技術は、コンピュータを実際に攻撃してその脆弱性を検知するサイバーセキュリティ活動である「脆弱性検証演習」でも用いられている（第6章参照）（以下では、このような演習で用いられる技術を「アタック演習技術」、またサイバー攻撃技術としてもサイバーセキュリティ技術としても用いられる技術を一般に「サイバー技術」と呼ぶ）。サイバー技術については、通例、その防御的使用が「善用」、攻撃的使用が「悪用」とされる（第6章参照）。アタック演習技術などのサイバー技術は、善悪デュアルユース性を持つ技術の典型例なのである。*[15]

では軍民デュアルカテゴリーに関しては、どうか。サイバー技術の用途の中には、先に触れた、国家の安全保障と物的資源の侵襲的破壊という二つの使用目的に照らして、それぞれ典型的な軍事的使用、典型的な民事的使用と目せるものが別個に存在している。

典型的な軍事的使用の例としては、二〇一〇年のイラン核施設へのサイバー攻撃事件が知られている（第6章参照）。この事件では、敵対国の核開発を阻止するという意図の下、その国の核施設に実質的損害を与えることを目論んで、サイバー技術（具体的には、悪意を持ったソフトウェア（マルウェア）技術）が使用されたと見なされている。これは、自国の安全保障のため、敵対国の物的資源に実質的損害を与えることを目指している点で、（正当か不当かは別として）典型的な軍事的使用といえる。

一方、私企業の秘密情報（例えば人事情報）へのアクセスを管理・制限するための認証技術の使用は、国家の安全保障とは差し当たって無関係で、また人的・物的資源の破壊を意図していない点で、サイバー技術の典型的な民生的使用例である。

また同じ一つのサイバー技術が、それぞれ独立に軍事的にも民生的にも使用されるケースも多い。例えば、前記の脆弱性検証演習は軍事セクターでも民間でも盛んに行われている。同じ一つのアタック演習技術が軍事セクターでの演習と民間での演習とで用いられた場合、その技術は、善悪デュアルユース性に加え、軍民デュアルユース性も持つことになる。

注目すべきは、サイバー技術に関しては、軍事的な使用と民生的な使用に加え、軍民いずれかのカテゴリーに分類することを許さない使用、すなわち軍民混用的な使用がすでに登場していることである。具体的には、サイバー攻撃技術の、「軍民共用可能情報インフラ」を防御するための「アタック演習技術」としての使用がそれに該当する。

この使用では、その究極目的に関しては、先に見た「合体型ディープグレー化」が生じ、近接目的に関しては、「例外反転型ディープグレー化」が生じている。以下ではまず、「軍民共用可能情報インフラ」に即して、究極目的の合体型ディープグレー化を確認していく。

軍事セクターと民間が共用している社会インフラとしては、例えば軍民共用空港が挙げられる。そのような軍民共用の可能性を、少なくとも潜在的に持つ情報インフラが、ここでいう「軍民共用可能情報インフラ」である。例えば、民生的で商用的な情報インフラである携帯電話通信網も、このようなインフラの一つである。通常、軍の通信システムは、民間のそれとは独立別個のシステムとして運用されている。だが二〇一四年のロシアのクリミア侵攻では、ロシア軍はウクライナ軍の軍用通信システムを電波妨害によって使用不能とすることで、ウクライナ軍が民間の携帯電話通信網を使わざるをえないように仕向けた上で、その携帯電話システムにサイバー攻撃を仕掛け、ウクライナ軍に偽の情報を流し、軍事的損害を与えたとされている（第6章参照）。このように、軍民共用可能情報インフラには、あらかじめ軍民による共用が想定されている情報システムに加え、偶発的な理由や敵意ある操作によって軍民共用を余儀なくされる潜在的可能性を抱え込んだ民間インフラまでもが含まれる。結果として、その範囲は、ほぼすべての民間情報インフラに及ぶのである。

このような軍民両用可能情報インフラの、有事のみならず平時における維持・防衛は、民生サービスをサイバー犯罪から守る非軍事的な防犯活動であるのと同時に、国家の安全保障の確保という軍事的意味をも担っている。軍民両用可能情報インフラを対象とするサイバー技術の使用の究極目的は、典型的な軍事目的と典型的な民生目的が一体化したものとなっている。それは究極目標に関して、軍事的とも民生的ともいいうる、合体型のディープグレー使用なのである。

一方、近接目的はどうか。潜在的な軍民共用性を孕んでいる民間携帯電話網を守るための脆弱性検証演習を例にとろう。そこで用いられるアタック演習技術は、通信ネットワークを構成する何らかのコンピュータデバイスに侵入し、それを毀損するために使用されている。だがそのデバイスは実際の通信網からは切り離された演習的環境におかれているため、ここで生じる侵襲的破壊は社会に実害を及ぼさない。ここにあるのは、先に触れた、実質的被害を及ぼす侵襲的破壊性と侵襲的破壊性のまったくの欠如との間のグレーゾーンに当たるセミ侵襲的破壊性なのである。重要なのは、このような非実質的な侵襲的破壊性は、脆弱性検証演習において例外的に発生している事柄ではないことである。それはアタック演習技術の使用が持つ典型的な性質なのである。アタック演習技術の近接目的においては、実質的な侵襲的破壊を与えるという軍事目的と、侵襲的破壊を一切意図しない民生目的との間の中間領域の典型化、すなわち例外逆転型ディープグレー化が起こっている。アタック演習におけるサイバー技術の使用は、その近接目的に関して軍事的とも民生的とも言い切れない例外逆転型ディープグレーケースなのである。

ここで前記の話をまとめて、改めて、軍民共用可能情報インフラに対する脆弱性検証演習におけるサイバー攻撃技術の使用について考えよう。ここでの使用は、その究極目的に関しては、国家の安全保障と民生インフラのサイバー犯罪からの防犯という軍事目的と民生目的を兼ね備え、近接目的に関しては、インフラを構成するデバイスに対して非実質的な侵襲的破壊を与えるという軍事的とも民生的ともいえない中間的な目的を担っている。ここでは究極目的と近接目的に関してダブルのディープグレー化が起こっている。ここにあるのは軍民デュアルカテゴリーへの分類を許さない軍民混用的な使用なのである。右記のようなサイバー技術では、技術ではなく使用自体の軍民ボーダーレス化、混用化が発生している。端的にいって、単なる両用的技術ではない混用的技術が、近未来的にではなく、すでに現に登場しているのである。

6　混用ディストピア・ジレンマ

混用的技術の登場、すなわち混用態の出現は社会に様々な影響を与える。[*16] 中でも最大の影響の一つは、兵器化された混用的技術、すなわち「混用兵器（mixed weapon）」の市中蔓延という治安や安全保障上の危機、ないしはそれは防ぐための過剰監視社会の到来という、いずれも望ましくない社会状況、すなわちディストピアを招く点にある。言い換えると、ここにあるのは、混用兵器に関して、その市中化（これを「第一ディストピア」と呼ぶ）か、または、それを防ぐための過剰監視社会（これを「第二ディストピア」ないし「ラスウェル・ディストピア」と呼ぶ）かという二つのディストピアに挟まれたジレンマ状態（これを「混用ディストピア・ジレンマ」と呼ぶ）なのである。[*17]

このジレンマとは何かを見定めるために、まずは混用兵器とは何かを明らかにしておこう。そもそも兵器とは何か。それは狭義には軍隊で使われる人工物、すなわち軍用品・軍需品の中でも、特に（敵の人的・物的資源を損傷するという）実質的な侵襲的破壊性を持った人工物であるといえる。したがって、混用兵器とは、そのような実質的な侵襲的破壊性を持つに至った混用的人工物ということになる。このような混用兵器の特徴を明らかにするため、それを、軍事単用的人工物としての兵器（すなわち「分離可能兵器（separable arm）」）と軍民両用的人工物と比べてみよう（図12-4）。

まず軍事単用的人工物としての兵器とは、民生的必需性（民需性）を持たず、（単用的な）民生人工物とは別個の人工物である。核兵器・ミサイル・戦車・戦闘機など、実質的な侵襲的破壊性を備えた古典的な兵器がこれに相当する。このような兵器に対しては、それを民需品から分離した上で市中から締め出し、厳重に管理・制御することも可能である。その意味で、それは分離可能兵器なのである。また民生的な社会活動を損なうことなく、それらを削減したり廃絶することも可能である。このような兵器の分離可能性を前提とした軍備管理政策を分離政策と呼ぼう。もちろん内戦後の国家のように、このような分離可能兵器（例えば機関銃やライフル銃）が市中蔓延してしまうケースもある。だが、それらは民生的必需品ではないので、例えば有償の引き取りを行うことで再分離化することも可能である（図12-4(1)）。

次に、例えば戦時徴用される民間車両のような軍民両用的人工物である。これは民生的必需品として、市中で広く用いられている、すなわち市中化している人工物である。重要なのは、民需品である以上、これらの人工物は実質的な侵襲的破壊性を持たないことである。[*18] したがって軍事転用された場合でも、それらは軍需品であっても兵器とはいえない（図12-4(2)）。

さらに、コンピュータやそのネットワークといったアタック演習で用いられる人工物を取り上げよう。これらは、社会インフラの防御演習に用いられる場合、それを運用する技術と同様に軍民混用性を持つ。例えば、それは非実質的であるが侵襲的破壊性を持つのである。分離可能兵器と異なり、このような混用的人工物は民需性を持ち、したがって市中化している。ここで問題なのは、サイバー技術が持つ善悪（すなわち防御／攻撃）デュアルユース性によって、このような人工物（そしてそれを運用する技術）は、ほとんど無コストで容易に、インフラに対する攻撃手段として用いられることである。言い換えると、混用的人工物（とその混用的運用技術）の侵襲的破壊性は容易に実質化しうるのである。このことは、コンピュータやそのネットワークといった市中にありふれた民生品が（軍民両用人工物と異なり）単なる軍需品ではなく兵器となる可能性を常に抱えてしまっていることを意味する。サイバー

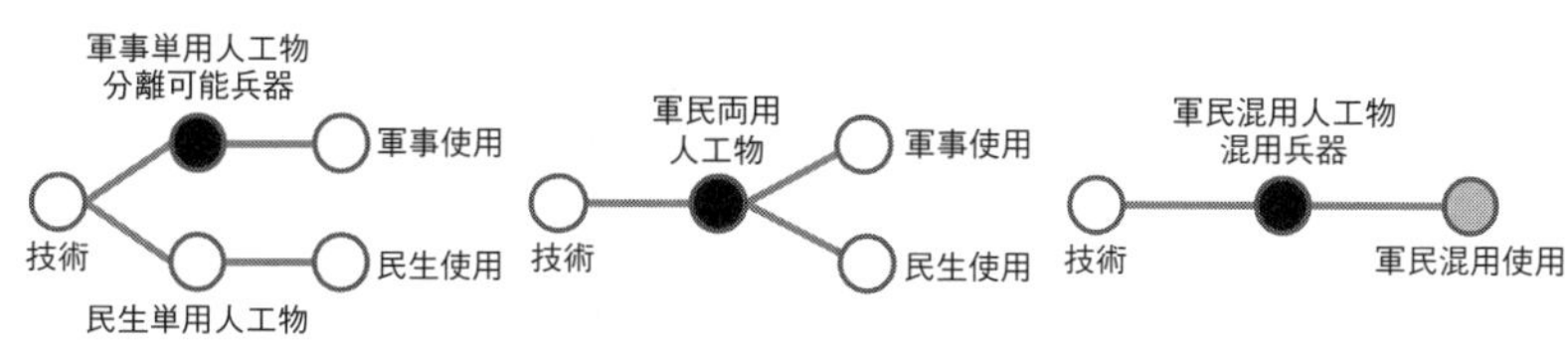

図12-4　分離可能兵器・軍民両用人工物・混用兵器

技術によって運用されるコンピュータ等の人工物は潜在的兵器なのである（図12-4(3)）。

前述のように、古典的な分離可能兵器と異なり、民生的必需性を持つこのような混用兵器（ないしはその潜在態）は最初から市中蔓延している。また民生的な社会活動を円滑に運営していくためには、このような民需品を社会から分離することは、そもそも不可能である。兵器を社会から分離して管理するという分離政策は、ここでは無効となってしまうのである。

このように、潜在的な武器が民需品として市中蔓延することでサイバーテロやサイバー戦といった治安や安全保障のリスクが常態化している状態。これが第一ディストピアたる混用兵器の市中化である。混用的人工物とそれを運用する混用的技術の登場とともに、社会はすでにこのようなディストピア状態に突入してしまっているのである。

混用兵器の市中氾濫という現実を前にして、潜在的に兵器となりうる（コンピュータとそのネットワークという）混用的人工物や（サイバー技術という）その運用技術を、国家の安全保障を理由に、徹底的に管理・監視する体制が構築されたとしよう。これこそまさに、かつてラスウェルが「兵営警察国家（garrison-police state）」と呼んだ、安全保障上の脅威を背景に軍部と警察が社会の主導権を握った国家にほかならない*[19]（Lasswell 1950: 46-49; Smith 1951: 19-32）。ここにあるのは、個人の行動や情報が軍事・警察権力によって過剰に監視され、様々な市民活動が過度に制限されるディストピア、ラスウェル・ディストピアなのである。

「混用兵器の市中蔓延か、はたまた過剰監視社会の到来か」というこのジレンマから我々はいかにして逃れることができるのか。ジレンマからの脱出口を探る前に、エスカレーションの最終段階、融合態を見定めておこう。

7　融合態

混用的事態としての目的のボーダーレス化は、さらなるボーダーレス化、すなわち使用者のボーダーレス化を現に招きつつある。そこから、混用的技術や混用兵器の登場によって軍民が協調を余儀なくされることで、軍民にまたがった第三の使用者カテゴリーが出現するというシナリオが見て取れる。このような事態を本章は「融合態」と呼ぶ。

実質的な「使用者のボーダーレス化」は混用態の登場とともに、すでに始まっているといえる。前述のように、社会インフラをサイバー犯罪から守る民間の防犯活動は、軍事セクターによるサイバー攻撃を防ぐ安全保障活動と実質的には違いがない。そこでは同じ混用的技術、同じ人工物が用いられているのである。このような状況に加え、軍事を含めたあらゆる分野への情報技術の普及に伴い、現在では、軍事作戦の細部に文民の情報技術者が関与する潜在的可能性が高まっているとされる（Owens 2017: 8）。

近い将来、軍民を跨った融合組織が設立され、そのメンバーが軍民に両属する新たな社会的立場を得ることで、このような使用者のボーダーレス化が名実ともに現実のものとなるのが、ここでいう軍民融合である。このような軍民カテゴリーに対して中立的な組織や立場の登場を促す要因として、以下のようなものが挙げられる。

サイバー技術に関しては、ハッカーと呼ばれる高度な技術を持った在野のエキスパートが多数存在している。民間企業も軍事セクターも、このような人材を集めサイバーセキュリティ技術の開発や運用に当たらせる必要性に迫られている（第6章参照）。その場合、軍と民で、民間ハッカーを取り合うよりは、彼らを迎え入れるプラットフォームを共同で設立するという選択がなされる可能性がある。在野からの人材確保の必要性が軍民融合組織の成立を促しうるのである。

また軍民が協調してサイバーセキュリティ活動に当たらざるをえない場合、軍民の組織が別個で、情報管理基準・指揮系統・人事制度等が異なったままでは十分な協調効果が得られないと判断されることもありうる。サイバーセキュリティにおける軍民協調をいっそう推進するために、結果として軍民の組織的融合がもたらされる可能性があるのである。

軍民融合を促すさらなる要因としては、サイバーセキュリティをめぐる国際環境の変化も挙げられる。今、ある国家がサイバーセキュリティに関する軍民融合を推し進め、結果としてより強固なセキュリティ体制を構築したとする。その場合、他国も対抗上、同様の措置を取らざるをえない状況に追い込まれる可能性が生じる。サイバーセキュリティ組織の軍民一体化に対して、軍拡競争と同じ相互亢進メカニズムが働くことになるのである。

以上のような融合圧力の下、サイバーセキュリティを担う軍民に跨った組織が登場するというのが、我々の社会の一つの近未来像なのである。ちなみにサイバーセキュリティに関しては、それを担う多様な組織が互いに並存し、様々なネットワークの防御に当たっているのが現状である。ここでいう多様な組織としては、例えば民間のボランティア組織として始まったＣＳＩＲＴ（シーサート）（Computer Security Incident Response Team）（例えば日本の社団法人である「ＪＰＣＳＩＲＴコーディネートセンター」）、生活機器のセキュリティ対策を進める業界横断的組織（例えば「重要生活機器連携セキュリティ協議会（ＣＣＤＳ）」）、サイバーセキュリティサービスを提供する民間企業、各国の正規軍の一部門（例えば「自衛隊サイバー防衛隊」）、政府の文民セクターに属する組織（例えば日本の「内閣サイバーセキュリティセンター（ＮＩＳＣ）」）、各種の国際機関（例えばマレーシアの「対サイバーテロ国際多国間連携（ＩＭＰＡＣＴ）」）などがある。このように現状では、正規軍の部隊、文民的政府機関、民間機関が別立ての組織として並び立っている。サイバーセキュリティ技術の使用者に関する軍民の区別が未だ維持されているのである。それに対して、例えば正規軍の組織、政府の文民セクター、さらには民間組織が統合され新たな機関が設置された場合、その機関やそのメンバーは軍民いずれかのカテゴリーへの排他的な分類を許さない存在、軍民区分中立的なサイバー技術の使用者となる。使用者のボーダーレス化としての軍民融合が成立するのである。

技術の使用者の軍民ボーダーレス化である軍民融合を、第二次世界大戦後の米国でその必要性が唱えられた「政軍融合（political-military fusion）」と比べてみよう。後者の背後にあったのは、軍事的施策と政治的施策がますます密接に結びつきつつあるという認識の下、当時のドイツ軍部のナチス政権への「盲従」への反省を踏まえ、軍部の上層部に政治的な識見を兼ね備えさせるべきだという考えだった（Huntington 1957: 350-354）。このように、この場合の「融合」とは、組織やその人員の軍民区別（したがって「軍人」というカテゴリー）は維持しつつ、軍人指導層が持つべき理念や統治能力における政軍（したがってまた軍民）カテゴリー区分の打破を意味していた。一方、融合態における軍民融合は、軍でも民でもある（ないしは軍とも民とも言い切れない）組織やその構成員の登場によって、政軍融合が前提していたそれらの軍民区分自体が成立しなくなる事態を指す。この融合組織においては、軍事業務と警察業務の区別、戦時と平時の違いが姿を消す。かつてジャノヴィッツが、（恐怖の均衡下での冷戦と対ゲリラ戦という異なった文脈で描いた）「軍隊の警察化」と同様の事態がここでは起こっているのである[*20]（Janowitz 1960: 418）。

　また軍民融合的な組織は、軍産複合体（ないし軍産学複合体）とも異なる。軍産（学）複合体とは、軍事費の維持拡張という互いの利益にかなう政策の実現を目指す、軍部と軍需産業（さらには研究開発機構）からなる利益共同体を意味する（Huntington 1957: 361-367; Eisenhower 1961; 三宅 二〇〇一：一〇六―一一七）。この共同体を構成する軍民に跨る組織同士は人事交流等を通じて密接な関係を維持しつつも、組織として融合を遂げているわけではない。*[21] 軍民組織（やその構成員）の一体化を含意する点で、軍民融合は政軍融合や軍産複合よりもラディカルな事態なのである。

　サイバーセキュリティに関する軍民融合組織の出現によって、近代軍民体制のハンチントンモデルに大きな穴が空くことになる。サイバーセキュリティという国家の安全保障にとって枢要な事案が、今や純粋に軍関係者とはいえない新組織のメンバーによって担われることになるからである。加えて、この新しい融合組織は日夜サイバーセキュリティ活動の最前線に立つ実働部隊でもある。それは従来の概括的な文民統制とは異なり、軍事の専門領域への直接の介入を日常的に行う組織なのである。その結果、ハンチントンモデルが想定していた軍事関係者の「聖域」が姿を消す。「軍事の聖域化によって軍人の政治的野心を削ぐ」というハンチントンの文民統制戦略が根本的な見直しを迫られることになるのである。

　同じことは分離理論の他の有力なモデル（例えばジャノヴィッツやフィーバーのそれ）についてもいえる（Janovitz 1960; Feaver 2003）。軍民融合組織の暴走を食い止めるためには、軍事関係者と文民の区別を自明視しない軍民関係のモデル（すなわち非分離モデル）が必要となるのである。

　サイバーセキュリティを担う軍民融合組織は、個人情報も含めた広範囲にわたる社会の様々な情報を把握・監視し、場合によっては社会の治安維持と国家の安全保障の名の下に、市民活動や個人の営みに介入する権限をも持ちうる。このような、軍民に跨る権限を一手に掌握した融合組織は、そうでない組織に比べて、よりいっそう過剰に社会を監視し抑圧する危険性をも孕むのである。そのような過剰監視や抑圧が生じてしまった場合、そこにあるのは軍と（警察を含めた）民が未だ分離していた社会におけるラスウェル・ディストピアがさらに増悪したディストピア、ジョージ・オーウェルが『一九八四』で描いたオーウェル・ディストピアにほかならない。軍民融合は、混用的技術によってもたらされうるラスウェル・ディストピアの増悪化をも招きうるのである。

8　ジレンマからの脱出

ここで混用ディストピア・ジレンマに立ち返り、そこからの脱出策、すなわち混用兵器の市中化による治安と安全保障環境の悪化を防ぐ一方、ラスウェル・ディストピアやオーウェル・ディストピアのような過剰監視・抑圧社会を回避する方策を考えてみよう。

ジレンマ脱出の一つの鍵は、（融合型であれ非融合型であれ）サイバーセキュリティを担う組織による過剰監視や抑圧をいかにして防ぐかにある。これは、軍の独走をいかにして防ぐかという政軍関係論のテーマと類比的な課題である。そこで以下では政軍関係論のモデルを援用することで、この課題に答えていく。

とはいえ、軍事関係者と文民の区別を自明視しているハンチントンモデルなどの分離理論は、民間ＩＴ技術者の軍事作戦関与の可能性すら語られるなど、両者の間の明確な区別が実質的に失われつつある今日、その有効性を失いつつあるといえる。そこでここでは、先にその区別が名実共に失われた融合態における有望なモデルとして言及した非分離モデルに目を向けることにしよう。

非分離モデルとしてはシフの「調和理論（Concordance Theory）」が知られている（Schiff 1995, 1996, 2009; Owens 2017: 15-16, 18）。シフのモデルの特徴は以下の三点にまとめることができる（Schiff 1995: 12-16）。（9.1）軍民関係のプレーヤーとして「軍関係者」「政治エリート」「一般市民」の三者を想定する。すなわち、従来の「文民」を「政治エリート」と「一般市民」に分け、後者を独立したエージェントとして扱う。（9.2）三者の間には様々な組織的・制度的関係が成り立つことを許す。すなわち三者が（米国におけるように）互いに分離されている場合も、（イスラエルにおけるように）互いに頻繁に人事交流し合うという意味で「統合（integrate）」されているケースもありうるとする。（9.3）これら三者間に「調和」、すなわち「対話、調整、価値観や目的の共有」（ibid.: 12）を通じた、軍隊のあり方に関する「合意」が成り立っている場合、（分離理論が想定していた）軍民区分やそれを前提とする文民統制がなくとも、軍隊による市民生活の抑圧を防ぐことができるとされる。ちなみにここで三者間の合意事項とされるのは「将校団の構成」「政策決定のプロセス」「兵員補充の方法」「軍隊のスタイル」という四項目である。[*22]

このようにシフのいう軍民統合とは、軍関係者・文官・民間人の間の人的移動の常態化を意味する。それは、「軍民融合」とは異なり、軍関係者と文民のカテゴリー区分を保持する一方、それが常態的な人的移動によって実質を失っている状態を指しているのである。その意味で、それは、そのカテゴリー区分が残存しつつも、混用的兵器の登場によって非実質化しつつある混用態の状況と（非実質化の機序は異なるものの）重なるものである。

一方、シフは軍民組織の統合を、一定の文化的・社会的・歴史的背景を持った特定の国・時代に固有な事態と捉えており、混用態や融合態の出現という、いつでもどこでも起こりうる事態は想定していない。また彼女が右記の三者合意によって抑止できるとする軍隊による抑圧は主としてクーデターであり、過剰監視や抑圧を伴うディストピア社会ではない。シフのモデルで混用ディストピアが防げるかどうかは（控えめにいって）定かではない（Owens 2017: 18）。さらにシフのいう統合、すなわち軍民間の人的交流の常態化は、具体的には軍出身者の政治家化や徴兵制をも意味しうるが、このような事態は、軍隊人脈の社会蔓延を通じて、むしろディストピアの悪化を招く恐れすらある。

だが軍民区分の非実質化を視野に入れ、一般市民を独立のアクターとして認め、一方的な統制（コントロール）ではなくアクター間の対話による合意を重視する点で、シフのモデルは評価できる。

そこで、シフのいう「統合」は想定せず、合意事項に、国家安全保障と治安維持活動が一体化した混用型のサイバーセキュリティ活動のあり方そのものを加えることで、シフモデルを変更ないし拡張しよう。そして、この変更されたシフモデルに基づいてデザインされる、軍関係者・文官・民間人の三者が対等なアクターとして参画し、その間の対話と相互調整を通じて、過剰監視や抑圧をもたらさない、混用型サイバーセキュリティ活動のあるべき姿についての合意を目指す組織を「シフ機構」と名づけよう。このシフ機構は、サイバーセキュリティ活動を実践すると同時にサイバー技術の開発と洗練にも当たる実働組織である。またそこでは政治エリートによる軍関係者に対する一方的で概括的な文民統制ではなく、その二者に民間技術者や一般市民を加えた三者によるフラットで細部にわたる相互調整も行われる。そのことで、混用的兵器による犯罪・テロ・軍事攻撃を防ぎつつ、社会の過剰監視や抑圧を避けるというディストピア・ジレンマからの脱出が図られるのである。

シフ機構にとっては、安全保障と治安維持への民間の関与と、それを通じた軍・警察に対する抑制が決定的に重要である。このような民間による関与的抑制が骨抜きにされれば、シフ機構は、単に軍・警察が民間の技術を吸収するための装置、「擬似シフ機構」と化してしまう。シフ機構を設立し、その擬似化を防ぐことで、サイバー犯罪・

テロ・戦争を未然に防ぎつつ、ラスウェルが恐れた社会の兵舎化ではなく、兵舎の中に民間人が出入りするラウンドテーブルを設置すること。これがジレンマを脱する一つの方策なのである。

シフ機構の一つのプロトタイプと見なせる既存の組織としては、フランス外務省の安全保障防衛協力局（La Direction de la Coopération de Sécurite et de Défense：ＤＣＳＤ）が挙げられる。ＤＣＳＤはサブサハラ地域などフランスの旧植民地を含む発展途上国の安全保障・治安維持・（有事・災害時に住民の生命を守る活動としての）市民保護を一体的に支援する組織で、外交官に加え軍・国家憲兵隊（＊８参照）・警察・消防等からの出向者からなる。[＊23] ＤＣＳＤは民間人を含まず、またその主たる支援業務も現地での人材育成に限られている一方、その構成員の軍民カテゴリー区分を維持しつつも、その枠を超えた協働が日常的に行われている点、（外務省の一部局という位置付けによって）軍や警察による一元的支配を容易に許さない制度的立て付けを有している点など、シフ機構の構築にとって参考となる属性を備えている。[＊24]

異なったアクター間の対話と合意によって事を進めるシフ機構は、例えば軍部が一元的な支配権を握ってしまった融合組織に比べれば、様々な点で効率が悪い機関だろう。したがって、国際的なサイバーセキュリティ状況の悪化によって、融合態への移行に向けた国際的な相互亢進が起こった場合、シフ機構に対しても、よりいっそうの効率化を図るべく、軍主導の一元化・融合化への圧力が強まることが予想される。シフ機構が融合化してしまうと、その先にあるのはオーウェル・ディストピアである。このような事態を招かないためにも、融合化の相互亢進という負のスパイラルの発生を避ける必要がある。その際重要となるのは、サイバーセキュリティに関する国際協調だろう。また、グローバル化しているサイバー空間におけるサイバー犯罪やサイバーテロには、そもそも国境はない。このようなサイバー攻撃を抑止・防止するためにも国際協調は欠かせないのである。そのためには、右で言及した対サイバーテロ国際多国間連携（ＩＭＰＡＣＴ）を発展させ、サイバーセキュリティの国際管理を進める一方、各国に対してディストピアを増悪させかねない軍民融合に安易に走らないよう働きかける必要があるのである。

以上では、混用兵器の登場により、兵器の社会からの隔離可能性を前提する兵器管理の分離政策が無効化しつつある現状に触れた。このことは、混用兵器という新たな兵器の登場を前にして、分離可能兵器のみを念頭に置いた軍備管理規定の実効性が大きく損なわれつつあること、すなわち空文化が進んでいることを意味する。その中には分離可能な戦力のみの「不保持」を謳う日本国憲法第九条第二項も含まれうる。[*25] だがその同じ憲法が前文で掲げる国際協調主義は、ディストピアの国際的連鎖を防ぐ意味でも、今後とも色あせることはないだろう。科学技術が軍民の混用化へと歩みを進め、その先にディストピア・ジレンマが姿を現しつつある現在、「いづれの国家も、自国のことのみに専念して他国を無視してはならない」という前文の文言の重みは、むしろいっそう増しつつあるのである。

9　新たなデュアルユース問題へ

本章では、デュアルユース技術の登場の次に起こる事態として、共用態、混用態、融合態を挙げ、サイバー技術に即して混用態がすでに出現していることを指摘するとともに、その危険性を「混用ディストピア・ジレンマ」として描き、そこから逃れる一つの方策として「シフ機構」の青写真を描いた。

このような軍民ボーダレス化のエスカレーションの起点ないし背後にあったのは、いうまでもなく、科学技術・

サービス・人工物・使用目的・使用者に跨る軍民区分だった。このような軍民区分をもたらした要因の一つは、国家がある分野の専門家を認定し、彼らにその分野に関する専権を与えるという近代の「専門家主義」である。第2節で見たように、法曹・医療・研究・教育など幅広い領域で見られる、このような近代の専門家主義が、軍事安全保障分野にも導入され、結果として右記のような軍民区分を生み出してきたのである。

近代専門家主義は、様々な専門分野の発展を促す一方、それに対しては様々な問題点や限界も指摘されてきた。例えば、原子力発電の是非や環境アセスメントのあり方をめぐって、従来は専門家の専権事項とされてきた事柄に対する、非専門家の積極的関与――ハリー・コリンズのいう「民主的参画」――の必要性が指摘されて久しい（Collins 1985）。軍事安全保障分野においても同様である。専門家主義は軍事セクター以外の社会の非軍事化をもたらす一方、軍部の独走をも招いてきたのである。

このような軍事安全保障部門における近代専門家主義（そこには技術の使用目的の軍民区分を前提する安保研究制度も含まれる）が、混用的技術・人工物・兵器の登場によって、好むと好まざるとにかかわらず、時代遅れとなりつつあるのが現状なのである。デュアルユース技術の登場は、このような軍事安全保障における近代専門家主義の「終わりの始まり」を告げる事態でもあった。このような状況下にあって、我々は、近代専門家主義とそれに基づいた分離的な施策に代わる、新たな安全保障・軍備管理・軍部制御の体制を構築する必要に迫られている。どのような民主的参画をいかに確保していくかという新たな問題に直面しつつあるのである。ここにあるのは、デュアルユースを軍民ボーダーレス化の段階的進展という鳥瞰的な視点から捉えることで見えてくる、もう一つのデュアルユース問題なのである。*[26]

注

＊1　「軍民融合」は、昨今、特に中国による新たな軍備近代化の動きを指して使われることもあるが、本章では、これを特定の国家の政策に結びつけるのではなく、以下で説明するような一般的な意味で用いる。
＊2　例えば日本学術会議（二〇一七：三）。
＊3　ハンチントンは国家安全保障政策を軍事的政策、公安的政策、社会情勢的政策に分類した上で、それぞれの目的を示した（Huntington 1957: 1）。ここでいう「最終軍事目的」は彼が示す国家安全保障政策一般の目的、「近接軍事目的」は軍事的政策のそれをそれぞれパラフレーズしたものである。
＊4　後述のように、同じく使用者の軍民区分を維持しながら、技術の使用目的の区分がもはや成り立たない「混用態」では、分離理論の有効性が揺らぎ始めている。
＊5　ハンチントン説に対する批判としては例えば山田（二〇〇七：七―九、一二）、Owens（2017: 17）を参照。
＊6　後述する、使用の軍民区別のケース（3.2）のように正規軍による軍事独占には例外もある。
＊7　ハンチントン本人は、「軍事部門の専門家集団化による文民部門の成立」という主張を明示的に行っているわけではない。
＊8　もちろん例外もある。例えばフランスの国家憲兵隊（Gendarmerie）は治安維持も含めた警察活動を担う警察機構の一部である一方、その構成員には軍人としての資格も付与されている。https://www.devenirpolicier.fr/actualites/police-gendarmerie-quelles-differences（二〇二二年四月一四日閲覧）
＊9　ハンチントンは、「暴力の管理」という専門技能を有する点で将校団としての軍関係者と文民とを恣意的でない仕方でシャープに切り分けることができると主張している（Huntington 1957: 11）。だがそのことで彼は、一方では「技術者、医者、パイロット、兵站専門家、リクルーター、諜報専門家、情報通信専門家」が軍事にとって必要不可欠な「専門家」として「将校団」に含まれるとしながら、他方ではそれらを「暴力の管理」という専門技能を持たない単なる「補助的」な存在として、狭義の軍事の専門家集団から排除することになる（ibid.: 11-12）。ここで問題なのは、将校団を構成する、軍事活動にとって必要な専門家のうち、なぜ「暴力管理」の専門家のみが非補助的で、それ以外の専門家が補助的なのかを説明する独立の理由や

根拠が示されていないことである。このような理由を欠いたハンチントンの軍民区分は、それ自体、恣意的な線引きとなっていると言わざるをえないのである。

＊10　例えばハーグ陸戦条約の第一章第二条は、文民である「住民（inhabitants）」であっても、一定の条件を満たせば、軍事行動に従事する「戦闘員（belligerents）」と見なされうるとする（Laws and Customs of War on Land 1907: 644）。

＊11　例えば私企業の人員と利益を守るための民間軍事会社による護衛活動もケース（3.6）に当たる。それは、あくまで民間の自己防衛の特殊形態である民生的な活動とされるのである。

＊12　警察と軍隊それぞれのあり方や権限、両者の間の関係は国や時代によって様々である。警察は一般には文民と見なされているが、例えば＊8で触れたフランスの国家憲兵隊のような例外も存在している。

＊13　もちろん正確には、軍隊の治安出動を軍事活動と見なすかどうかは国によって異なる。例えば米国では州兵の治安出動は重要な軍事活動の一環として位置づけられているが、日本の自衛隊に関してはそうではない。

＊14　例えば東日本大震災に際しては自衛隊と米軍に加え、オーストラリア軍や韓国軍も災害支援活動を行ったが（笹本二〇一一：六一―六二）、これらの外国軍隊の日本国内での活動は軍事活動と見なされなかったからこそ可能となったといえる。

＊15　サイバー技術では、善悪デュアルカテゴリーに関しても混用的使用が発生しつつある。例えば、近年、積極的サイバー防御（Active Cyber Defense）として提案されているサイバー技術の使用例の中には、自らのコンピュータシステムへの不正侵入者を特定し、その相手のコンピュータに警告的に侵入するという使用や（Strand et al. 2017）、侵入相手に奪われた自らのデータを破壊したり、相手の不正侵入能力を無害化する「逆ハッキング（Hackback）」という使用までもが想定されている。これらは「防御のための攻撃」とも、また「攻撃的防御」とも呼びうる使用であり、純粋な防御的使用、すなわち善用とも、純粋な攻撃的使用、すなわち悪用とも言い切れない両用的な使用である。またこれらは、限定された侵襲的破壊性を持つ技術の使用、すなわち第2節で触れた、セミ侵襲破壊的な使用の一例でもある。ちなみに二〇二二年三月の時点で、日本では警告的侵入や逆ハッキングは認められていない一方、アメリカ連邦議会では逆ハッキングの権限を民間機関に認める積極的サイバー防御法案が審議中である。https://cyberhoot.com/blog/hack-back-bill/（二〇二二年四月一五日閲覧）

＊16　例えば、軍事技術の民生技術への転用を意味する「スピンオフ」、民生技術の軍事技術への応用を意味する「スピンオン」といった概念は、軍事技術と民生技術、したがってまた技術の軍事利用と民生利用の区別を前提している点で、これらの区別が維持される両用態では有意味である。だが、そもそも軍事使用と民生使用の区別が成立しない混用態では、それらは意味をなさなくなる。

＊17　この第一と第二ディストピアを結ぶ「選言（または）」は排他的ではない。すなわち、両ディストピアがともに生じてしまうケースも十分に想定されるのである。

＊18　もちろん多くの人工物と同様、共用的人工物も凶器として用いられる危険性を孕んでいる。

＊19　なおラスウェルは軍部と警察の組織的融合までは想定していない。

＊20　ちなみに軍隊と警察の機能や役割における区別の曖昧化を説いたジャノヴィッツも、両者の組織的融合というシナリオまでは描いていない。

＊21　例えば米国における軍産複合を推進する機構と目されることもある国家安全保障産業協会（ＮＳＩＡ）やその後身である国防産業協会（ＮＤＩＡ）も、軍事権や警察権を持たない純粋な民間団体にすぎない（Huntington 1957: 365）。

＊22　イスラエルではこれら四項目について次のような仕方で合意ないし調和が成り立っているとされる（Schiff 1995: 16-19）。イスラエルの将校団は東欧出身者が多いが、全国民からなる一般兵士もこの偏りを受け入れている。また予算や装備や規模といった軍事に関わる政策決定には政府と軍の双方が関わっているが、その力関係は流動的であり、また両セクター間の人的交流も盛んである。そして一般市民もこのような状況を問題視していない。イスラエルでは徴兵制が敷かれているが、多くの市民は納得した上で軍務に服している。制服や儀礼や行動様式といったイスラエル軍のスタイルは概してカジュアルであり、市民のそれと断絶していない。

＊23　https://www.diplomatie.gouv.fr/en/french-foreign-policy/security-disarmament-and-non-proliferation/security-and-defence-cooperation-directorate-dcsd/（二〇二二年四月一四日閲覧）

＊24　「欧州のための人間の安全保障ドクトリン――欧州安全保障戦略検討グループによるバルセロナ報告書」（The Study Group of Europe's Security Capabilities 2004）も同様の組織を提案している（本書第11章参照）が、この提案は未だ実現されていな

い。

＊25　もちろんシフ組織の設立を含めた混用兵器への対処が憲法下で許容可能である限り、それを現憲法体制下で法制化することは十分可能である。

＊26　本章の執筆にあたっては橋本靖明氏・藤重博美氏から有益な助言を得た。記して謝したい。

参照文献

宇宙開発戦略本部事務局　二〇〇九「安全保障分野における宇宙開発利用について」https://www.kantei.go.jp/jp/singi/utyuu/senmon/dai5/siryou1_1.pdf（二〇二二年二月二四日閲覧）。

笹本浩　二〇一一「東日本大震災に対する自衛隊等の活動について」『立法と調査』三一七：五九―六七。

日本学術会議　二〇一七「報告　軍事的安全保障研究について」。

三宅正樹　二〇〇一『政軍関係研究』芦書房。

山田邦夫　二〇〇七「シリーズ憲法の論点　第一三巻　文民統制の論点」国立国会図書館調査及び立法考査局、https://dl.ndl.go.jp/view/download/digidepo_1001021_po_200702.pdf?contentNo=1。

Collins, H. 1985. *Changing Order: Replication and Induction in Scientific Practice*. London, Beverly Hills: Sage Publications.

Eisenhower, D. 1961. Farewell address. https://www.eisenhowerlibrary.gov/sites/default/files/file/farewell_address.pdf

Feaver, P. 2003. *Armed Servants*. Cambridge: Harvard UP.

Huntington, S. P. 1957. *The Soldier and the State: The Theory and Politics of Civil-Military Relations*. New York: Belknap Press.

Janovitz, M. 1960. *The Professional Soldier: A Social and Political Portrait*. Glencoe: Free Press.

Lasswell, H. 1950. *National Security and Individual Freedom*. New York: McGraw-Hill.

Laws and Customs of War on Land（Hague IV）, 1907, https://www.loc.gov/law/help/us-treaties/bevans/m-ust000001-0631.pdf

Owens, M. T. 2017（published in print: 2010）Civil-Military Relations. Oxford Research Encyclopedia of International Studies. https://oxfordre.com/internationalstudies/view/10.1093/acrefore/9780190846626.001.0001/acrefore-9780190846626-e-123

（二〇二二年四月一六日閲覧）

Schiff, R. 1995. Civil-Military Relations Reconsidered: A Theory of Concordance. *Armed Forces & Society* 22(1): 7-24.

—— 1996. Concordance Theory: A Response to Recent Criticisms. *Armed Forces & Society* 23: 277-283.

—— 2009. *The Military and Domestic Politics: A Concordance Theory of Civil-Military Relations*. London: Routledge.

Smith, L. 1951. *American Democracy and Military Power: A Study of Civil Control of the Military Power in the United States*. Chicago: University of Chicago Press.

Strand. J., et al. 2017. *Offensive Countermeasures: The Art of Active Defense*, 2nd ed.

The Study Group of Europe's Security Capabilities 2004. A Human Security Doctrine for Europe: The Barcelona Report of the Study Group on Europe's Security Capabilities. https://www.europarl.europa.eu/meetdocs/2004_2009/documents/dv/human_security_report_/human_security_report_en.pdf （二〇二二年二月一七日閲覧）

あとがき

「序論」でも触れたように、本書成立のきっかけとなったのは、防衛装備庁が、軍民デュアルユース研究を推進するために二〇一五年に創設した「安全保障技術研究推進制度」と、二〇一七年三月の日本学術会議の「声明」をはじめとする、それをめぐる学界内外の動向であった。「安保研究制度」は戦後日本の科学技術研究における軍民関係に大きな変革をもたらす制度といえる。それに関する議論は大いになされてしかるべきである。だが、ことはそれに止まらない。

現在、科学技術の様々な分野で、軍事研究をめぐる従来の議論の枠組みに収まらない新たな事態が起こりつつあるのではないか。デュアルユースをめぐる右記の動向も、科学技術と人間や社会の関係をめぐるこの大きな地殻変動の一つの現れにすぎないのではないか。だとすると、ここでは何が起こりつつあるのか、我々はそれにどう向き合えばよいのだろうか。

このような問題意識を共有する研究者が集まり、二〇一八年度から科研費共同研究「軍事研究を哲学する――デュアルユースの観点から」(18K18480：研究代表者・出口康夫)が始まった。本書は、この共同研究の成果である。

共同研究への参加者や本書への寄稿者の専門分野や思想信条、さらには政治的立場は様々である。だがそのような違いを超えて、研究会では自由闊達な議論が繰り広げられた。本書のあちこちから、我々の研究会の風通しの良さを感じ取っていただければ幸いである。

本書に寄稿している哲学者や倫理学者は、応用哲学会や京都大学文学部の応用哲学倫理学教育研究センター（CAPE）のメンバーとして、これまで日本の応用哲学のムーブメントに関わってきた面々でもある。その意味で本書は、現代日本のアクチュアルな問題に対する応用哲学からの一つのレスポンスの記録であるともいえる。

本書の意義を認め、その出版を引き受けていただいたのは昭和堂の松井久見子氏である。研究会に積極的に参加し、その活動を支えてくれた河村聡人氏、本書に素敵な装丁を施していただいた洛北出版の竹中尚史氏と併せ、ここで厚く御礼を申し上げたい。

＊＊＊

この間、我々の共同研究や本書の執筆・編集作業も、新型コロナパンデミックの影響を被った。一方、その中で、新型コロナウィルスの起源の如何にかかわらず、我々としても、今回のパンデミックを受け、本書でも論じられたバイオテクノロジーの善悪デュアルユース性に潜む危険性、例えば人工的に改変されたウィルスの流出による新たなパンデミックの可能性についてより深刻な懸念を抱かざるをえなくなった。また二〇二二年二月に勃発したロシアによるウクライナ侵略では、我々は、これまた本書で触れられたドローン技術やサイバー技術の善悪・軍民デュアルユース性を、その威力・影響力をも含めて、まざまざと目にしつつある。例えば、SNSを通じて、市民目線で見られた戦場の様相がリアルタイムでグローバルに発信されることで国際世論を動かし、戦争の帰趨にも影響を与えかねない状況を、我々は目の当たりにしている。結果として、我々は、「軍／民」「善／悪」がボーダーレス化した社会に生きていることを痛感せざるをえないのである。またウクライナ戦争は、なによりも、戦争の悲惨さ、残酷さ、愚かさを我々に改めて突きつけている。そして、それは、平和の尊さ、安全保障の難しさをも、我々に知らしめている。科学技術・学術と軍事・安全保障のあるべき関係を問う本書が、市民の命、子どもたちの命、若い兵士の命が、このような無残な仕方で奪われることのない世界の実現に向けた人々の努力の糧になれば、幸いである。

ここで時計の針を戻すと、二〇二〇年秋には、総理大臣による学術会議の会員の任命拒否を発端とするいわゆる「学術会議問題」が起こった。この問題の背景として、二〇一七年の「声明」を指摘する声もあちこちから聞かれた。再三触れてきたように、本書の論者の「安保研究制度」や「声明」に対する評価は多様である。だがそれとこれとは話が違う。「総合的、俯瞰的」という「理由」しか示さないまま一部の会員の任命を拒否することは、学術の自由のみならず、自由で民主的な社会のあり方をも損なうおそれがある。この点に関しては、我々の間には一ミリの見解のズレもないことを、編者としては確信している。このことを最後に言明しておきたいと思う。

二〇二二年四月一六日

出口康夫
大庭弘継

■編者紹介

出口康夫（でぐち やすお）
京都大学大学院文学研究科教授
博士（文学） 専門：哲学
おもな著作：*What Can't Be Said: Paradox and Contradiction in East Asian Thought*（共著, Oxford University Press, 2021），*The Moon Points Back*（共編, Oxford University Press, 2015）など

大庭弘継（おおば ひろつぐ）
京都大学大学院文学研究科研究員
博士（比較社会文化） 専門：国際政治学、応用哲学・倫理学
おもな著作：『国際政治のモラル・アポリア――戦争／平和と揺らぐ倫理』（共編、ナカニシヤ出版、2014年）、『超国家権力の探究――その可能性と脆弱性』（編著、南山大学社会倫理研究所、2017年）など

軍事研究を哲学する
――科学技術とデュアルユース

2022年8月15日 初版第1刷発行

編 者 出口康夫
大庭弘継

発行者 杉田啓三

〒607-8494 京都市山科区日ノ岡堤谷町3-1
発行所 株式会社 昭和堂
振替口座 01060-5-9347
TEL（075）502-7500／FAX（075）502-7501
ホームページ http://www.showado-kyoto.jp

印刷 モリモト印刷
装幀 竹中尚史

ISBN978-4-8122-2129-7

■執筆者紹介（執筆順）

出口康夫
＊編者紹介参照

喜多千草（きた ちぐさ）
京都大学大学院文学研究科教授
博士（文学） 専門：現代技術文化史
おもな著作：「戦後の日米における軍事研究に関する議論の変遷——デュアルユースという語の使用を着眼点に」（『年報　科学・技術・社会』26、2017年）、『インターネットの思想史』（青土社、2003年）など

玉澤春史（たまざわ はるふみ）
京都大学大学院文学研究科研究員、京都市立芸術大学美術学部客員研究員
修士（理学） 専門：天文学史、科学コミュニケーション
おもな著作：『天文文化学序説——分野横断的にみる歴史と科学』（分担執筆、思文閣出版、2021年）、『シリーズ〈宇宙総合学〉』全4冊（共編、朝倉書店、2019年）など

本田康二郎（ほんだ こうじろう）
金沢医科大学一般教育機構医療人文学教室准教授
修士（学術・文学） 専門：技術哲学、医療倫理、科学技術倫理
おもな著作：『イノベーション政策の科学——SBIR の評価と未来産業の創造』（共著、東京大学出版会、2015年）、「軍事研究と基礎研究——戦前の理化学研究所の科学技術政策」（『同志社商学』72(6)、2021年）など

土屋貴志（つちや たかし）
大阪公立大学大学院文学研究科准教授
文学修士　専門：倫理学（とくに倫理学基礎論、医療倫理学、人権論、道徳教育論）
おもな著作：『医学研究・臨床試験の倫理——わが国の事例に学ぶ』（共著、日本評論社、2018年）、「倫理学するのに倫理思想研究は（なぜ、どこまで）必要か」（関西倫理学会『倫理学研究』48、2018年）など

村上祐子（むらかみ ゆうこ）
立教大学大学院人工知能科学研究科教授
Ph.D.（philosophy） 専門：情報哲学
おもな著作：「人工知能の倫理の現在」（『電子情報通信学会　基礎・境界ソサイエティ Fundamentals Review』11(3)、2017年）, Utilitarian Deontic Logic（*Advances in Modal Logic* 5, Kings College Publication, 2005）など

濱村　仁（はまむら じん）
東京大学大学院総合文化研究科研究生、学習院大学法学部非常勤講師
修士（学術） 専門：国際政治学
おもな著作：*Hiroshima-75: Nuclear Issues in Global Contexts*（分担執筆, Ibidem, 2020）、「『休戦ライン』としての核不拡散体制——衝突する規範の妥協と二重基準論争」（『国際政治』184、2016年）など

橋本靖明（はしもと やすあき）
防衛研究所主任研究官
修士（法学）、博士候補（ライデン大学）
専門：国際法（宇宙法、サイバー法）、安全保障関連法制
おもな著作：『宇宙の研究開発利用の歴史――日本はいかに取り組んできたか』（分担執筆、大阪大学出版会、2022年）など

四ノ宮成祥（しのみや なりよし）
防衛医科大学校学校長
博士（医学）
専門：微生物・免疫学、分子腫瘍学、高圧・潜水医学、バイオセキュリティ
おもな著作：『いざという時に役立つ！すぐに分かるCBRN事態対処Q&A』（編著、イカロス出版、2020年）、『生命科学とバイオセキュリティ――デュアルユース・ジレンマとその対応』（編著、東信堂、2013年）など

荻野　司（おぎの つかさ）
一般社団法人重要生活機器連携セキュリティ協議会代表理事、ゼロワン研究所代表
情報セキュリティ大学大学院客員教授
博士（工学）
おもな著作：『企業リスクを避ける　押さえておくべきIoTセキュリティ――脅威・規制・技術を読み解く！』（共著、インプレス、2018年）など

久木田水生（くきた みなお）
名古屋大学情報学研究科准教授
博士（文学）　専門：技術哲学、技術倫理
おもな著作：『人工知能と人間・社会』（共編、勁草書房、2020年）、『ロボットからの倫理学入門』（共著、名古屋大学出版会、2017年）など

井出和希（いで かずき）
大阪大学感染症総合教育研究拠点科学情報・公共政策部門特任准教授
社会技術共創研究センター（ELSIセンター）兼担
博士（薬科学）、薬剤師　専門：社会医学、科学技術・学術情報流通
おもな著作：『学問の在り方――真理探究、学会、評価をめぐる省察』（共著、ユニオン・エー、2021年）、Ethical Aspects of Brain Organoid Research in News Reports: An Exploratory Descriptive Analysis（*Medicina*（*Kaunas*）57(6), 2021）など

伊勢田哲治（いせだ てつじ）
京都大学大学院文学研究科教授
修士（文学）、Ph. D.（Philosophy）　専門：科学哲学、倫理学
おもな著作：『宇宙倫理学』（共編、昭和堂、2018年）、『科学哲学の源流をたどる――研究伝統の百年史』（ミネルヴァ書房、2018年）など

神崎宣次（かんざき のぶつぐ）
南山大学国際教養学部教授
博士（文学） 専門：倫理学
おもな著作：『宇宙倫理学』（共編、昭和堂、2018年）、『ロボットからの倫理学入門』（共著、名古屋大学出版会、2017年）など

眞嶋俊造（まじま しゅんぞう）
東京工業大学リベラルアーツ研究教育院教授
Ph. D.（Global Ethics） 専門：応用倫理学
おもな著作：『平和のために戦争を考える――「剥き出しの非対称性」から』（丸善出版、2019年）、『正しい戦争はあるのか？――戦争倫理学入門』（大隅書店、2016年）など

大庭弘継
＊編者紹介参照

索　引

あ行

か行

さ行

た行

な行

は行

ま行

や行

ら行

わ行

アルファベット